Elogios a
Transformação Digital

"*Transformação Digital*, de Tom Siebel, alertará a todos os chefes executivos e líderes governamentais sobre a chegada simultânea de uma ameaça tecnológica existencial — e uma oportunidade histórica. Uma leitura obrigatória para todos os líderes nos negócios e no governo."
—Robert M. Gates,
Ex-secretário de Defesa dos Estados Unidos

"Siebel explica por que a evolução dos negócios está acelerando, inaugurando uma nova era de análise e previsão de dados em tempo real. *Transformação Digital* é uma leitura fundamental para chefes executivos e diretorias."
—Rich Karlgaard,
Editor e futurista, *Forbes*

"A tecnologia digital está mudando o mundo a uma velocidade extraordinária. Em um livro escrito com clareza e que combina experiência testada no mercado com uma visão penetrante, Tom Siebel fornece aos líderes os conselhos de que eles precisam para orientar as organizações."
—Christopher L. Eisgruber,
Presidente, Universidade de Princeton

"Com vivacidade, Tom Siebel proporciona aos leitores um guia de informações privilegiadas sobre os riscos e as oportunidades criados pela confluência de quatro tecnologias: Computação em Nuvem, Big Data, Internet das Coisas e Inteligência Artificial. É uma leitura essencial para os decisores dentro de qualquer organização pública ou privada que espera enfrentar com clareza e visão os desafios colocados pela transformação digital."
—Anantha P. Chandrakasan,
Reitora da Escola de Engenharia, MIT

"Em *Transformação Digital*, Tom Siebel descreve como as tecnologias disruptivas de Inteligência Artificial, Computação em Nuvem, Big Data e a Internet das Coisas estão impulsionando numerosas mudanças no modo como nações, indústrias e corporações funcionam. Ao longo do livro, ele oferece conselhos valiosos para empresas e indivíduos trabalhando nesse campo transformador."
—Robert J. Zimmer,
Presidente, Universidade de Chicago

"Tom Siebel descreve a importância monumental da transformação digital em curso no contexto histórico por meio de exemplos convincentes, em um nível que pode ser facilmente compreendido por qualquer pessoa familiarizada com negócios ou com a indústria tecnológica. *Transformação Digital* é uma excelente introdução de um tema importante."
—Zico Kolter,
Professor assistente, Ciências da Computação, Universidade Carnegie Mellon

"Tom Siebel fornece uma explicação convincente e acessível dessa nova geração de tecnologias da informação, sendo claro sobre a natureza específica de seu efeito perturbador sobre o comércio e o governo. Este livro é um roteiro essencial para as lideranças empresariais e o governo."

—Richard Levin,
22º presidente da Universidade de Yale

"Com uma escrita e argumentação vigorosa, seu livro é uma leitura essencial para quem procura entender as mudanças tecnológicas revolucionárias que estão transformando nosso mundo."

—Carol Christ,
Chanceler, Universidade da Califórnia, Berkeley

"Tom Siebel, visionário de TI de longa data, demonstrou através de sua empresa pioneira C3.ai que a Inteligência Artificial pode transformar positivamente uma variedade impressionante de setores. Ele explica de maneira convincente como a IA melhorará a segurança e a saúde do planeta e de todos seus habitantes se garantirmos segurança, privacidade e implementação ética."

—Emily A. Carter,
Reitora, Escola de Engenharia, Universidade de Princeton

"Siebel mais do que argumenta sobre por que a transformação é imperativa — apresentando as oportunidades e os desafios que mudam o mundo, trazidos conjuntamente pela Computação em Nuvem, Big Data, Internet das Coisas e a Inteligência Artificial."

—Ian A. Waitz,
Vice-Chanceler, MIT

"Tom Siebel escolheu um título enganador para seu último trabalho. Este livro é realmente sobre nossa capacidade de prever o futuro. Estamos todos hipnotizados com nosso futuro, e isso explica por que esta é uma leitura tão fascinante."

—Francesco Starace,
Presidente executivo, Enel

"Após quatro décadas como líder em ideias e empreendedor de muito sucesso, Tom Siebel reuniu neste livro fascinante o conhecimento que todo executivo deve ter em todas as tecnologias digitais críticas: Big Data, a Internet das Coisas, a Nuvem e, é claro, a Inteligência Artificial."

—Isabelle Kocher,
Presidente executivo, ENGIE

"Uma leitura obrigatória para qualquer chefe executivo que tente navegar no labirinto que é a era digital. O sucesso digital pessoal de Tom e as explicações claras sobre como isso funciona e como realizá-lo como chefe executivo fazem deste livro uma leitura convincente para CEOs."

—Dave Cote,
Presidente do Conselho de Administração e chefe executivo, Honeywell (aposentado)

"*Transformação Digital* é uma leitura essencial para os responsáveis pelos atuais sistemas econômicos, políticos e sociais e um apelo à ação para aqueles que cuidarão para um futuro seguro e próspero de nosso mundo."

—Andreas Cangellaris,
Vice-chanceler e reitor da Universidade de Illinois em Urbana-Champaign

"Este livro é uma leitura irresistível para aqueles de nós que não se interessam pela tecnologia, mas que estão tentando remodelar as empresas e indústrias. Tom é um daqueles indivíduos únicos que têm credibilidade e experiência para falar com ambos."

—Tilak Subrahmanian,
Vice-presidente, Eficiência Energética, Eversource Energy

"Tom Siebel é simplesmente um dos mais destacados empreendedores e líderes do Vale do Silício. Seu novo livro oferece uma descrição seminal das profundas tecnologias que estão colidindo hoje e oferecem oportunidades notáveis para os empreendedores e líderes que agem com paixão e rapidez."

—Jim Breyer,
Fundador e chefe executivo, Breyer Capital

"Acompanhar a jornada de Tom Siebel no incrível mundo digital é fascinante e assustador. Ele lhe ajuda a ver os desafios que virão e oferece uma maneira de gerenciá-los como oportunidades."

—Fabio Veronese,
Chefe de Infraestrutura de ICT e Solução de Redes Center, Enel

"Neste livro surpreendente, Tom Siebel está nos levando através da dinâmica da alta tecnologia desde a Explosão Cambriana aos mais recentes desenvolvimentos de aprendizado de máquinas e Inteligência Artificial. Essa deliberada perspectiva histórica de longo prazo nos dá as chaves para compreender em profundidade a indústria que impulsiona o mundo para o século XXI."

—Yves Le Gélard,
Diretor digital e CIO do Grupo, ENGIE

"Esta é uma análise brilhante, rigorosa e visionária do impacto dramático e perturbador da transformação digital em nossa sociedade pós-industrial. Com seu talento e sua experiência únicos, Tom Siebel capturou e destacou claramente os principais desafios da transição tecnológica que estamos enfrentando."

—Marco Gilli,
Reitor (aposentado) e professor de Engenharia Elétrica no Politécnico di Torino;
"adido científico" na Embaixada da Itália nos EUA

"*Transformação Digital*, de Tom Siebel, é um livro promissor e maravilhoso. O posicionamento histórico do autor sobre o assunto e sua profunda compreensão das capacidades da próxima geração de tecnologia digital tornam a leitura excelente."

—Tim Killcen,
Presidente, Universidade de Illinois

"Este livro o forçará a pensar nos efeitos da transformação digital no seu negócio e mudará sua perspectiva."

—Cristina M. Morgan,
Vice-presidente, Banca de Investimento em Tecnologia, J.P. Morgan

"Tom examina brilhantemente as forças tectônicas em ação e expressa de maneira persuasiva a urgência com que os CEOs da indústria e os elaboradores de políticas públicas devem se adaptar a essa nova realidade ou se extinguir."

—Brien J. Sheahan,
Presidente e CEO, Comissão do Comércio de Illinois

"Todo mundo está comentando sobre a transformação digital, e aqui está nossa chance de realmente compreendê-la e executá-la bem."

—Jay Crotts,
Diretor de Informações, Royal Dutch Shell

"Tom Siebel prevê um mundo em que os riscos são tão grandes quanto as recompensas, um mundo transformado por tecnologias equipadas com a liberdade e a força da mente. Seu livro é tanto uma inspiração como um conselho. Ignorá-lo é cometer um erro grave."

—Lewis H. Lapham,
Editor, Lapham's Quarterly; ex-editor, *Harper's Magazine*

"Poucas pessoas estão aptas a reunir a perspectiva comercial, técnica e histórica que Tom tece tão bem. Recomendo este livro a qualquer líder empresarial que queira pular os modismos e compreender como chegamos onde estamos hoje."

—Judson Althoff,
Vice-presidente executivo, Worldwide Commercial Business, Microsoft

"Com *Transformação Digital*, Tom Siebel brilhantemente forneceu muito mais do que um guia de sobrevivência essencial para organizações na Era da Informação. Ele traça um verdadeiro caminho para que líderes civis e militares e suas equipes naveguem com sucesso pelas águas turbulentas da mudança dinâmica rumo a muito mais segurança e valor humano para a sociedade global."

—Vice-almirante Dennis McGinn,
Ex-secretário adjunto da Marinha dos Estados Unidos (aposentado)

"O livro é uma leitura obrigatória para qualquer executivo que precise entender os desafios e também as oportunidades de para onde o mundo se dirige durante este tempo de mudanças revolucionárias."

—Robert E. Siegel,
Professor, Stanford Graduate School of Business

"Os negócios são fundamentalmente diferentes no século XXI, e a transformação digital é mais imprescindível do que nunca. A diferença entre prosperar ou se tornar o próximo Blockbuster ou Kodak é até onde as empresas estão dispostas a ir para se preparar para competir digitalmente. *Transformação Digital* fornece o modelo mais claro de sempre para os líderes que procuram reinventar seus negócios através da tecnologia da informação, operações, cultura e modelos de negócios."

—Aaron Levie,
Cofundador e CEO, Box

Transformação Digital

Transformação Digital

Como Sobreviver e Prosperar em uma Era de Extinção em Massa

Thomas M. Siebel

PREFÁCIO PELA
Exma. Condoleezza Rice

ALTA BOOKS
EDITORA
Rio de Janeiro, 2021

Transformação Digital

Copyright © 2021 da Starlin Alta Editora e Consultoria Eireli.
ISBN: 978-85-5081-557-2

Translated from original Digital Transformation: Survive and Thrive in an Era of Mass Extinction. Copyright © 2019 by Thomas M. Siebel. ISBN 978-1-9481-2248-1. This translation is published and sold by permission of RosettaBooks, the owner of all rights to publish and sell the same. PORTUGUESE language edition published by Starlin Alta Editora e Consultoria Eireli, Copyright © 2021 by Starlin Alta Editora e Consultoria Eireli.

Todos os direitos estão reservados e protegidos por Lei. Nenhuma parte deste livro, sem autorização prévia por escrito da editora, poderá ser reproduzida ou transmitida. A violação dos Direitos Autorais é crime estabelecido na Lei nº 9.610/98 e com punição de acordo com o artigo 184 do Código Penal.

A editora não se responsabiliza pelo conteúdo da obra, formulada exclusivamente pelo(s) autor(es).

Marcas Registradas: Todos os termos mencionados e reconhecidos como Marca Registrada e/ou Comercial são de responsabilidade de seus proprietários. A editora informa não estar associada a nenhum produto e/ou fornecedor apresentado no livro.

Impresso no Brasil — 1ª Edição, 2021 — Edição revisada conforme o Acordo Ortográfico da Língua Portuguesa de 2009.

Erratas e arquivos de apoio: No site da editora relatamos, com a devida correção, qualquer erro encontrado em nossos livros, bem como disponibilizamos arquivos de apoio se aplicáveis à obra em questão.
Acesse o site **www.altabooks.com.br** e procure pelo título do livro desejado para ter acesso às erratas, aos arquivos de apoio e/ou a outros conteúdos aplicáveis à obra.

Suporte Técnico: A obra é comercializada na forma em que está, sem direito a suporte técnico ou orientação pessoal/exclusiva ao leitor.

A editora não se responsabiliza pela manutenção, atualização e idioma dos sites referidos pelos autores nesta obra.

Produção Editorial
Editora Alta Books

Gerência Comercial
Daniele Fonseca

Editor de Aquisição
José Rugeri
acquisition@altabooks.com.br

Produtores Editoriais
Illysabelle Trajano
Maria de Lourdes Borges
Thales Silva

Marketing Editorial
Livia Carvalho
Gabriela Carvalho
Thiago Brito
marketing@altabooks.com.br

Equipe de Design
Larissa Lima
Marcelli Ferreira
Paulo Gomes

Diretor Editorial
Anderson Vieira

Coordenação Financeira
Solange Souza

Produtor da Obra
Thiê Alves

Equipe Ass. Editorial
Brenda Rodrigues
Caroline David
Luana Rodrigues
Mariana Portugal
Raquel Porto

Equipe Comercial
Adriana Baricelli
Daiana Costa
Fillipe Amorim
Kaique Luiz
Victor Hugo Morais
Viviane Paiva

Atuaram na edição desta obra:

Tradução
Nathalie Magalhães

Copidesque
Alessandro Thomé

Revisão Técnica
Flávio Barbosa
(Cientista político e pesquisador na área de inteligência artificial e transformações no mercado)

Revisão Gramatical
Carol Suiter
Kamila Wozniak

Diagramação
Lucia Quaresma

Ouvidoria: ouvidoria@altabooks.com.br

Editora afiliada à:

Dados Internacionais de Catalogação na Publicação (CIP) de acordo com ISBD

S571t   Siebel, Thomas M.
             Transformação Digital: como sobreviver e prosperar em uma Era de extinção em massa / Thomas M. Siebel ; traduzido por Nathalie Magalhães. - Rio de Janeiro : Alta Books, 2021.
             256 p. ; 16cm x 23cm.

             Tradução de: Digital Transformation
             ISBN: 978-85-5081-557-2

             1. Empresas. 2. Organizações. 3. Tecnologia. 4. Computação. 5. Era digital. I. Magalhães, Nathalie. II. Título.

2021-3440
CDD 005.13
CDU 004.62

Elaborado por Odílio Hilario Moreira Junior - CRB-8/9949

Rua Viúva Cláudio, 291 — Bairro Industrial do Jacaré
CEP: 20.970-031 — Rio de Janeiro (RJ)
Tels.: (21) 3278-8069 / 3278-8419
www.altabooks.com.br — altabooks@altabooks.com.br

AGRADECIMENTOS

Transformação Digital é o resultado de uma década de colaboração, discussões e debates com centenas de colegas, clientes, colegas de trabalho, pesquisadores e amigos.

Ouvi o termo pela primeira vez em salas de reuniões em Nova York, Xangai, Roma e Paris em 2010. Em 2011, 2012 e nos anos seguintes, a transformação digital foi cada vez mais elevada como um mandato corporativo estratégico pelos CEOs e equipes executivas que visitaram a mim e à minha equipe no C3.ai no Vale do Silício.

Achei o termo curioso. Transformação digital? Em oposição a quê? Transformação analógica? O que significava? Estava claro, quando ouvi o termo — com muito interesse —, que havia algo nessa ideia que era percebido como algo crítico. Também ficou claro que havia uma falta de compreensão de seu significado. Quando tentei encontrar o significado pretendido, encontrei pouco e com pouca substância.

Depois de centenas, talvez milhares de discussões ao longo da última década, este livro é uma tentativa de destilar a essência do que aprendi de líderes corporativos, governamentais e acadêmicos, a motivação principal que está a conduzir o mandato e suas implicações sociais e econômicas no contexto dos últimos cinquenta anos de inovação nas tecnologias da indústria da informação.

Tive o grande privilégio profissional de me envolver e aprender com muitos dos grandes líderes empresariais e governamentais do século XXI que estão impulsionando a inovação em grande escala, incluindo Jacques Attali; Francesco Starace, Livio Gallo e Fabio Veronese, na Enel; Isabel Kocher e Yves Le Gélard, na ENGIE; Jay Crotts e Johan Krebbers, na Royal Dutch Shell; Mike Roman e Jon Lindekugel, na 3M; Brandon Hootman e Julie Lagacy, na Caterpillar; John Maio, na John Deere; Tom Montag, no Bank of America; Gil Quiniones, como advogado em Nova York; Manny Cancel, na Con Edison; Lorenzo Simonelli, na Baker Hughes; Mark Clare e David Smoley, na AstraZeneca; Jim Snabe, na Siemens; Heinrich Hiesinger; secretária Heather Wilson e assistente secretário Will Roper, da Força Aérea dos Estados Unidos; subsecretário de Estado do Exército Ryan McCarthy; Mike Kaul e Mike Brown, na Defense Innovation Unit; general John Murray, no Comando de Exército do Futuro Americano; Mark Nehmer, do Serviço de Segurança da Defesa; general Gustave Perna, no Comando Material do Exército dos Estados Unidos; e Brien Sheahan, presidente da Comissão do Comércio de Illinois.

Muitos contribuíram para este livro. Pat House, com quem eu cofundei duas das principais empresas de software do Vale do Silício, foi a principal força para organizar a conclusão deste projeto. Eric Marti serviu como editor-chefe com uma mão editorial graciosamente incrível. Muitos de meus colaboradores contribuíram significativamente para este esforço, incluindo Ed Abbo, Houman Behzadi, Adi Bhashyam, Rob Jenks, David Khavari, Nikhil Krishnan, Sara Mansur, Nikolai Oudalov, Carlton Reeves, Uma Sandilya, Rahul Venkatraj, Merel Witteveen, Danielle YoungSmith, Lila Fridley, Erica Schroeder, Adrian Rami e Amy Irvine.

Este esforço beneficiou-se grandemente da generosa e ativa gestão de muitos líderes acadêmicos, incluindo Condoleezza Rice, da Universidade Stanford; Shankar Sastry, na UC Berkeley; Andreas Cangellaris e Bill Sanders, na Universidade de Illinois em Urbana-Champaign; Vince Poor e Emily Carter, da Universidade de Princeton; Anantha Chandrakasan e Ian Waitz, no MIT; Jacques Biot, na École Polytechnique; Michael Franklin, da Universidade de Chicago; Zico Kolter, em Universidade Carnegie Mellon; Pedro Domingos, na Universidade de Washington; e Marco Gilli, no Politécnico di Torino.

Obrigado a todos.

SOBRE O AUTOR

THOMAS M. SIEBEL é fundador, presidente e ex-diretor-executivo da C3.ai, uma empresa líder no fornecimento de software IA. Com uma carreira de quatro décadas em tecnologia, ele tem estado na vanguarda de vários grandes ciclos de inovação, incluindo bases de dados relacionais, empresas de software de aplicação, computação da internet, AI e IoT.

Após uma carreira na Oracle Corporation, começando no início da década de 1980, foi pioneiro na categoria de Gestão de Relacionamento com Clientes (CRM), em 1993, com a fundação da Siebel Systems, onde atuou como presidente e CEO. A Siebel Systems rapidamente se tornou uma das maiores empresas de software empresarial, com mais de 8 mil funcionários, mais de 4.500 clientes corporativos e receita anual superior a US$2 bilhões de dólares. A Siebel Systems fundiu-se com a Oracle em janeiro de 2006.

A Fundação Thomas e Stacey Siebel financia projetos de apoio a soluções energéticas, programas educacionais e de pesquisa, saúde pública, aos desabrigados e aos desprivilegiados. A Fundação apoia a Siebel Scholars Foundation (bolsas para estudantes de pós-graduação em informática, ciência, engenharia e negócios), o Instituto Siebel de Energia (financiamento de investigação em soluções energéticas) e o Siebel Stem Cell Institute (apoiando a investigação para explorar o potencial da medicina regenerativa), entre outras atividades filantrópicas.

Siebel é autor de três livros anteriores: *Virtual Selling*, *Cyber Rules* (estes dois sem tradução para o Brasil), e *Princípios de um eBusiness*.

Ele foi reconhecido como um dos 25 melhores gestores em negócios globais pela *BusinessWeek* em 1999, 2000 e 2001. Recebeu o prêmio de Empreendedor EY do ano em 2003, 2017, e 2018, e o Prêmio Glassdoor Top CEO em 2018.

É graduado da Universidade de Illinois, em Urbana-Champaign, onde conseguiu um bacharelado em História, um MBA e um mestrado em Ciências da Computação. É ex-curador da Universidade de Princeton e atua no conselho de assessores na Universidade de Illinois College of Engineering e na Faculdade UC-Berkeley de Engenharia. Foi eleito para a Academia Americana de Artes e Ciências em 2013.

SUMÁRIO

Apresentação: Condoleezza Rice — xv

Prefácio: A Sociedade Pós-Industrial — xix

1. Equilíbrio Pontuado — 1
2. A Transformação Digital — 11
3. A Era da Informação se Acelera — 31
4. A Nuvem Elástica — 51
5. Big Data — 65
6. O Renascimento da IA — 83
7. A Internet das Coisas — 111
8. A IA no Governo — 137
9. A Empresa Digital — 155
10. Uma Nova Pilha de Tecnologia — 169
11. O Plano de Ação do CEO — 189

Notas — 213

APRESENTAÇÃO

Um Chamado para a Ação

Ao longo dos anos, como consultora de líderes empresariais e em minhas funções no governo, aprendi em primeira mão a importância de identificar os riscos e as oportunidades — suas fontes, seu âmbito e seu potencial impacto na realização dos principais objetivos. Em seu novo livro, Tom Siebel assume o que é simultaneamente um dos maiores riscos e a maior oportunidade que as organizações do setor público e privado têm diante de si globalmente: a transformação digital. O livro de Tom traz a clareza necessária a um assunto crítico que, embora amplamente discutido, permanece mal compreendido.

Como Tom explica nas páginas deste livro, a confluência de quatro grandes forças tecnológicas — Computação em Nuvem, Big Data, Inteligência Artificial (AI) e internet das coisas (IoT) — está causando um evento de extinção em massa em empresa após empresa, deixando em seu rastro um número crescente de organizações que deixaram de existir ou se tornaram irrelevantes. Ao mesmo tempo, novas espécies de organizações estão surgindo rapidamente, com um tipo diferente de DNA nascido desta nova era digital.

Assim sendo, vimos os efeitos mais proeminentes dessa onda da transformação digital, semelhante a um tsunami, em indústrias como varejo, publicidade, mídia e música ficando nas mãos de empresas da era digital, como Amazon, Google, Netflix e Spotify. A transformação digital criou novas indústrias e modelos de negócios — serviços de transporte sob demanda, como Uber e Didi Chuxing; serviços de hospedagem, como Airbnb e Tujia; e mercados digitais, como o OpenTable, na indústria de restaurantes, e o Zillow no setor imobiliário. Em um futuro não muito distante, a transformação digital reinventará o setor automobilístico com a chegada de tecnologias de autocondução alimentadas por inteligência artificial, como Waymo.

Estamos começando a ver sinais da transformação digital nos serviços financeiros, como no caso de centenas de startups do tipo fintech — apoiadas por bilhões de dólares em capital de risco — que reatam cada pedaço da cadeia de valor de serviços financeiros, desde a gestão de investimentos e seguros à banca de varejo e pagamentos.

Em indústrias complexas com utilização intensiva de ativos, como a do petróleo e do gás, da manufatura, os serviços públicos e a logística, a transformação digital está se apegando à implantação de aplicativos com inteligência artificial, gerando ganhos exponenciais em produtividade, eficiência e economia de custos. Embora não sejam tão amplamente divulgadas ou visíveis quanto a transformação digital das indústrias de consumo, essas indústrias intensivas em ativos estão passando por mudanças maciças, resultando em benefícios econômicos e ambientais substanciais.

É apenas uma questão de tempo até que a transformação digital varra todos os setores. Nenhuma empresa ou agência governamental será imune ao seu impacto. Em minhas conversas com executivos de negócios e líderes governamentais de todo o mundo, descobri que a transformação digital está no topo de suas preocupações e prioridades.

No caso de Estados-nação, o grau em que os países abraçam e possibilitam a transformação digital hoje determinará sua posição competitiva e seu bem-estar econômico nas próximas décadas. A história ensina que aqueles que assumem a liderança na revolução tecnológica — que a atual transformação digital certamente é — colhem as maiores recompensas. O dever de agir, e de agir rapidamente, é claro e presente. Não há discussões de que a transformação digital estaria completa sem um relato de seu impacto na segurança nacional e global. Como Tom deixa claro, a inteligência artificial terá um papel profundo na determinação das capacidades e das relações militares nacionais entre as principais potências mundiais. A avaliação realista de Tom sobre a competição global pela liderança da inteligência artificial, e o que ela implica para o futuro, certamente captará a atenção dos líderes empresariais e governamentais.

Poucas pessoas estão tão bem qualificadas quanto Tom Siebel para ajudar as empresas a entender e navegar com sucesso pelos desafios da transformação digital. Durante quase uma década, tive o privilégio de trabalhar em estreita colaboração com Tom em meu cargo de diretora externa na diretoria de administração da C3.ai — empresa que Tom fundou e lidera como CEO e que fornece uma plataforma tecnológica especificamente projetada para permitir a transformação digital empresarial. Ao adquirir o conhecimento de uma carreira que se estende por quatro décadas como tecnólogo, executivo de negócios e empresário, Tom traz uma perspectiva única para o tema da transformação digital, ganhando a confiança e o respeito dos líderes empresariais e governamentais de todo o mundo.

Neste livro, Tom explora exemplos específicos e estudos de caso baseados diretamente nas experiências das empresas com quem a C3.ai trabalha em todo o mundo. São iniciativas do mundo real da transformação digital — uma das maiores do gênero já realizadas — em organizações como 3M, Caterpillar, Royal Dutch Shell e a Força Aérea dos Estados Unidos.

Transformações digitais bem-sucedidas, escreve Tom nestas páginas, exigem o mandato e a liderança dos principais executivos de uma organização: a transformação digital deve ser conduzida de cima para baixo. Embora os leitores desejados deste livro sejam CEOs e outros líderes seniores dos setores público e privado em todo o mundo — líderes que hoje estão lutando com os riscos e oportunidades apresentados pela transformação digital —, qualquer leitor aprenderá muito com a análise perspicaz de Tom.

Como todos os empreendedores talentosos, Tom é tanto um otimista constitucional, sempre vendo o copo meio cheio, quanto uma pessoa de visão e ação. Seu objetivo não é apenas ajudar os leitores a entender o que é a transformação digital, mas, sim, fornecer conselhos práticos — baseados em experiência comprovada — para ajudá-los a avançar e alcançar resultados significativos. O Plano de Ação dos CEOs, que apresenta na conclusão de seu livro, dá aos leitores as orientações concretas sobre como começar com seus empreendimentos de transformações digitais.

Meus conselhos para os líderes empresariais e governamentais de todo o mundo: leiam este livro. Estudem suas lições. Sigam de coração os conselhos. Não há melhor guia do que Tom Siebel para mostrar o caminho do sucesso da transformação digital.

Condoleezza Rice

Professora catedrática em Negócios Globais e Economia,
Universidade Stanford, Escola de Pós-Graduação em Negócios
Ex-secretária de Estudo dos Estados Unidos
Ex-conselheira de Segurança Nacional
Ex-reitora, Universidade de Stanford

PREFÁCIO

A Sociedade Pós-Industrial

Em 1980, como estudante de pós-graduação da Universidade de Illinois em Urbana-Champaign, me deparei com uma antologia na livraria Illini Union, intitulada *A Revolução da Microeletrônica: O Guia Completo para as Novas Tecnologias e Seu Impacto na Sociedade*, recentemente publicada pela Imprensa do MIT.[1] O penúltimo capítulo, intitulado "A Estrutura Social da Sociedade da Informação", foi escrito por Daniel Bell.

Meu interesse nesse assunto foi despertado por minhas aulas de Pesquisa Operacional e Sistemas de Informação — aulas que me levaram ao laboratório de informática para explorar a tecnologia da informação nos primeiros dias da computação em mainframe: computadores CDC Cyber, FORTRAN, máquinas de perfuração de chaves e computação em lote. Achei tudo muito fascinante. Eu queria saber mais.

Fiquei particularmente intrigado com a grande ideia de Daniel Bell, publicada pela primeira vez em seu livro *The Coming Post-Industrial Society* (*A Próxima Sociedade Pós-Industrial*, em tradução livre) em 1973.[2]

Bell começou sua carreira como jornalista. Ele recebeu seu Ph.D. pela Columbia University em 1960, pelo corpo de sua obra publicada, e tornou-se professor lá em 1962.[3] Em 1969, foi recrutado para a faculdade de Harvard, onde passou o resto de sua carreira. Ele foi um escritor prolífico, tendo publicado quatorze livros e centenas de artigos acadêmicos, e é talvez mais conhecido por ter cunhado o termo "A Sociedade Pós-Industrial".

Bell foi um intelectual norte-americano do século XX altamente influente. Em um estudo de 1974 sobre os setenta principais intelectuais dos Estados Unidos que mais contribuíram para revistas e jornais de grande circulação, Bell foi classificado entre os dez melhores.[4]

Ele explorou a história do desenvolvimento da estrutura das economias humanas e da evolução do pensamento filosófico subjacente a essas estruturas no contexto das tendências econômicas e desenvolvimentos em curso na tecnologia da informação e comunicação.

Bell introduziu o conceito de Sociedade Pós-Industrial e passou a prever uma mudança fundamental na estrutura da interação econômica e social humana — com impacto na ordem da Revolução Industrial —, uma mudança que ele chamou de "A Era da Informação".

Ele teorizou o surgimento de uma nova ordem social — orientada e centrada na tecnologia da informação — alterando radicalmente a maneira como as interações sociais e econômicas são conduzidas. A forma como o conhecimento é promulgado e recuperado. Como nos comunicamos. Como nos entretemos. Como os bens e serviços são produzidos, fornecidos e consumidos. E a própria natureza do sustento e do emprego da humanidade.

A Sociedade Pós-Industrial

Bell concebeu essa ideia antes do advento do computador pessoal, antes da internet como a conhecemos, antes do e-mail, da interface gráfica do usuário. Ele previu que, no século seguinte, um novo quadro social surgiria, com base nas telecomunicações, que mudaria o comércio social e econômico, mudaria a forma como o conhecimento é criado e distribuído, e alteraria a natureza e a estrutura da força de trabalho.[5]

O conceito ressoou. Era intuitivamente confortável. E era consistente com a minha visão de mundo.

O termo *sociedade pós-industrial* foi usado para descrever uma série de mudanças macroeconômicas e sociais na estrutura econômica global, na ordem de magnitude da Revolução Industrial. Bell desenvolveu sua teoria no contexto da história da civilização econômica, colocando três construções: Pré-Industrial, Industrial e Pós-Industrial.

Sociedades Pré-Industriais

Bell descreveu a sociedade pré-industrial como um jogo contra a natureza. Em uma sociedade pré-industrial, a força muscular bruta é aplicada contra a natureza, principalmente nas indústrias extrativas: pesca, mineração, agricultura, silvicultura. A energia transformadora é a humana. A força muscular é moderada pelas vicissitudes da natureza. Existe uma alta dependência das forças naturais: chuva, sol, vento. A principal unidade social é a família ampliada. Sociedades pré-industriais são estruturas principalmente agrárias em maneiras tradicionais de ritmo e autoridade. A produtividade é baixa.[6]

Nas sociedades pré-industriais, o poder é mantido por aqueles que controlam os recursos mais escassos, neste caso, a terra. As figuras dominantes são os proprietários e os militares. A unidade econômica é a fazenda ou plantação. Os meios de poder são o controle direto da força. O acesso ao poder é determinado principalmente por herança ou invasão e apreensão militar.[7]

As Sociedades Industriais

Bell descreveu as sociedades industriais produtoras de bens como um jogo contra a natureza fabricada. "A máquina predomina", escreveu ele, "e os ritmos da vida são mecanicamente ritmados: o tempo é cronológico, metódico, uniformemente espaçado... é um mundo de coordenação no qual homens, materiais e mercados são adaptados à produção e distribuição de bens".[8]

O jogo é sobre a agregação de capital para estabelecer empresas de manufatura e aplicar energia para transformar o natural em técnico.[9]

Nas sociedades industriais, o recurso mais escasso é o acesso a várias formas de capital, especialmente a maquinaria. A unidade econômica essencial é a empresa. A figura dominante é o líder de negócios. A energia transformadora é mecânica. O meio de poder é a influência indireta da empresa. Bell argumenta que a função das organizações é lidar com os requisitos dos papéis, não dos indivíduos. O poder é determinado pela propriedade imobiliária, estatura política e habilidade técnica. O acesso ao poder se dá por meio da herança, do patrocínio e da educação.[10]

Sociedades Pós-Industriais

Uma sociedade pós-industrial tem a ver com a prestação de serviços. É um jogo entre pessoas. É alimentada por informação, não por força muscular, não por energia mecânica: "Se uma sociedade industrial é definida pela quantidade de bens que marcam um padrão de vida, a sociedade pós-industrial é definida pela qualidade de vida medida pelos serviços e equipamentos — saúde, educação, recreação e artes — que hoje estão disponíveis para todos."[11] O elemento central é o profissional, pois ele ou ela está equipado com a educação e o treinamento para fornecer as habilidades necessárias para capacitar a sociedade pós-industrial.[12] Isso anuncia a ascensão da elite intelectual — o trabalhador do conhecimento. As universidades tornam-se proeminentes. A força de uma nação é determinada pela sua capacidade científica.[13]

Em uma sociedade pós-industrial, o principal recurso é o conhecimento. Os dados tornam-se a moeda da região. A maioria dos dados — o de maior volume, o mais preciso, o mais rápido — produz a maior potência. O foco central é a Universidade. Pesquisadores e cientistas, incluindo cientistas da computação, tornam-se os jogadores mais poderosos. A estrutura de classes é determinada pelas habilidades técnicas e pelos níveis de educação. O acesso ao poder é fornecido pela educação.[14]

Bell traçou a evolução da economia norte-americana desde uma sociedade agrária pré-industrial em 1900 até uma sociedade industrial em meados do século, para uma sociedade pós-industrial em 1970. Ele apoiou seu argumento com uma análise da força de trabalho norte-americana, mostrando o declínio constante dos trabalhadores rurais e agrícolas de 50% em 1900 para 9,3% em 1970. Ele mostrou o aumento de trabalhadores de serviço de colarinho branco crescendo de 17,6% em 1900 para 46,7% em 1970.[15] E forneceu os dados mostrando o aumento de "trabalhadores da informação" de 7% em 1860 para 51,3% em 1980.[16]

Bell identificou o conhecimento e os dados como os valores cruciais na era pós-industrial. Ele escreveu:

> Por informação, quero dizer processamento de dados no sentido mais amplo; o armazenamento, a recuperação e o processamento de dados tornam-se o recurso essencial para todos os intercâmbios econômicos e sociais. Estes incluem:
>
> (1) Processamento de dados de registros: folhas de pagamento, benefícios do governo (por exemplo, previdência social), compensações bancárias e afins. Processamento de dados para agendamento: reservas de linhas aéreas, programação de produção, análise de inventário, informações sobre misturas de produtos e afins.
>
> (2) Bases de dados: características das populações, tais como dados censitários, pesquisas de mercado, inquéritos de opinião, dados eleitorais etc.[17]

A Era da Informação

Em escritos posteriores, Bell introduziu a ideia da era da informação emergente, uma era que seria dominada por uma nova elite de tecnocratas profissionais. Ele previu o dia em que os cientistas e engenheiros substituiriam a burguesia propriamente dita como a nova classe dominante.

É difícil exagerar a escala da visão de Bell para a Era da Informação. "Se a tecnologia de ferramentas era uma extensão dos poderes físicos do homem", escreveu ele, "a tecnologia de comunicação, como a extensão da percepção e do conhecimento, era o aumento da consciência humana".[18]

Bell imaginou a confluência de tecnologias para criar a Era da Informação. No século XIX e na primeira metade do século XX, o principal meio de comunicação da informação eram livros, jornais, revistas e bibliotecas. Na segunda metade do século XX, estes foram suplantados pelo rádio, pela televisão e por comunicações codificadas transmitidas por ondas de rádio ou por meio de fio. A confluência dessas tecnologias com o advento do computador na segunda metade do século XX foi a faísca que iniciou a Era da Informação.[19]

Bell identificou cinco mudanças estruturais que aconteceriam para moldar a Era da Informação:[20]

1. A confluência das comunicações telefônicas e informáticas em um único meio.
2. A substituição da mídia impressa por comunicações eletrônicas, permitindo serviços bancários eletrônicos, correio eletrônico, entrega de documentos eletrônicos e notícias eletrônicas remotas.
3. A dramática expansão da televisão aprimorada pelas comunicações por cabo, permitindo uma panóplia de canais e serviços especializados, conectados a terminais domésticos para acesso imediato e conveniente.
4. O advento do banco de dados de computadores como o principal agregador centralizado do conhecimento e das informações de mundo, permitindo pesquisas de grupo interativas, remotas e acesso pessoal imediato a residências, bibliotecas e escritórios.
5. Uma expansão dramática do sistema educacional por meio da educação assistida por computador sobre praticamente qualquer assunto, imediata e remotamente acessível em escala global.

Olhando para o futuro a partir da perspectiva de 1970, Bell não perdeu muito. A internet, o e-mail, a TV a cabo e o satélite, mecanismos de busca, tecnologia de banco de dados — ele até previu o surgimento da indústria de software de aplicativos empresariais. Ele viu claramente esse desenvolvimento. Por exemplo, ele sugeriu explicitamente a hipótese da criação de uma nova indústria de reservas da Era da Informação: "Essa 'indústria' vende seus serviços a companhias aéreas, trens, hotéis, bilheterias de teatro e empresas de aluguel de automóveis através de redes de dados informatizadas... Se uma única empresa criasse uma rede de reservas eficiente... poderia vender a todas essas indústrias."[21]

Ao olharmos para essas previsões dos primeiros 25 anos do século XXI, tudo isso pode parecer bastante óbvio. É surpreendente que alguém possa ter previsto esse futuro meio século atrás, durante uma década de estagnação e guerra, quando a economia era dominada por General Motors, Exxon, Ford Motor Company e General Electric. As receitas da Exxon eram um décimo do que são hoje. O processador Intel 4004 tinha acabado de ser inventado. Seu principal uso foi nas calculadoras eletrônicas, que automatizam a adição, subtração e outros cálculos matemáticos relativamente simples. O Home Brew Computer Club, a gênese que mais tarde desencadeou a invenção do computador pessoal, reuniu-se pela primeira vez dois anos depois que Bell publicou seu livro. Os grandes nomes da computação eram Control Data, Data General, Sperry — tudo irrelevante hoje em dia. A tecnologia da informação era uma indústria nascente. Esse homem teve uma grande visão.

Muito do equilíbrio de minhas atividades educacionais, profissionais e comunitárias tem a ver com prosseguir essa ideia. Compreender essa ideia. Desenvolver essa ideia. E tentar contribuir para a realização dessa ideia. Foi um ponto de inflexão na minha vida. Essa ideia me levou a me matricular na escola de pós-graduação em Engenharia da Universidade de Illinois para concluir uma pós-graduação em Ciência da Computação.

Motivado a desenvolver uma fluência nas línguas de engenharia e tecnologia da informação, busquei uma pós-graduação nesses campos.

Por sua vez, isso me levou ao Vale do Silício, onde fundei, gerenciei e financiei empresas. Atuei em conselhos de Administração de Empresas e de Universidades, de Conselhos da Faculdade de Engenharia, de Administração de Escolas de Negócios. Fui publicado, palestrei, construí negócios. Meu objetivo era ter um lugar na mesa como esta, e essa visão pela qual tanto lutei se concretizou. Os anos de 1980 até hoje realmente desdobraram-se como Bell previu. A tecnologia da informação cresceu de aproximadamente US$50 bilhões na indústria em 1980 para US$3,8 trilhões em 2018.[22]

A previsão é de se que atinja US$4,5 trilhões até 2022.[23] Esta é minha quarta década no jogo. Tive a oportunidade de ter um lugar à mesa com os muitos gigantes que fizeram isso acontecer: Gordon Moore, Steve Jobs, Bill Gates, Larry Ellison, Lou Gerstner, Satya Nadella, Andy Jassy, e muitos outros.

Tive o grande privilégio de ser um participante inovador e ativo no desenvolvimento da indústria de banco de dados, do software de aplicativos empresariais e da computação da internet.

À medida que avançamos para o século XXI, fica claro para mim que as tendências identificadas por Daniel Bell estão acelerando. Estamos vendo uma nova convergência de vetores tecnológicos, incluindo a computação em nuvem elástica, big data, inteligência artificial e a internet das coisas, cuja confluência nos permite abordar classes de aplicativos que eram inconcebíveis até 25 anos atrás. Podemos agora desenvolver motores de previsão. É disso que trata a transformação digital. É aqui que começa a diversão.

Capítulo 1

Equilíbrio Pontuado

Eu não tenho certeza se a história se repete, mas parece que sim.[1] No gerenciamento, penso que uma das habilidades mais importantes é o reconhecimento de padrões: a capacidade de classificar através da complexidade para encontrar as verdades básicas que são reconhecidas por meio de outras situações. À medida que me aproximo de meus objetivos com a tecnologia da informação, minhas decisões e escolhas são tomadas em contexto histórico.

Recentemente me apresentei em uma conferência de investimento em Nova York. Lá, durante o almoço com Jim Coulter, fundador do Texas Pacific Group, fiquei intrigado com uma discussão. Jim estava pensativo, lutando com as semelhanças que ele viu entre a dinâmica da biologia evolucionária e a mudança social. Sua palestra destacou a ideia de evolução por "equilíbrio pontuado" — uma visão relativamente nova sobre como e por que a evolução ocorre. Isso despertou minha curiosidade, e comecei a pesquisar o tema.

Em seu primeiro livro, *A Origem das Espécies*,[2] Charles Darwin propôs que a seleção natural era a força motriz da especiação* e da evolução. A evolução darwiniana é uma força de mudança contínua — um acúmulo lento e incessante dos traços mais aptos ao longo de vastos períodos. Por outro lado, o equilíbrio pontuado sugere que a evolução ocorre como uma série de explosões de mudanças evolutivas. Essas explosões geralmente ocorrem em resposta a um desencadeamento ambiental e são separadas por períodos de equilíbrio evolutivo. A razão pela qual essa ideia é tão convincente é o seu paralelo no mundo dos negócios: hoje estamos vendo uma explosão de mudança evolucionária — uma extinção em massa entre empresas e uma especiação em massa de novas categorias de empresas. O alcance e o impacto dessa mudança e a evolução necessária para a sobrevivência das empresas são o foco deste livro.

---

* É o processo de formação de novas espécies a partir de eventos de separação de linhagem de espécies preexistentes.

Segundo a seleção natural darwiniana, os organismos se transformam gradualmente de uma espécie para outra. As espécies passam por formas intermediárias entre o ancestral e o descendente. Assim, todas as formas devem persistir no registro fóssil. Os biólogos evolucionários como Darwin dependiam fortemente dos fósseis para compreender a história da vida. O registro fóssil de nosso planeta, no entanto, não mostra a mesma continuidade de forma assumida pela seleção natural. Darwin atribuiu essa descontinuidade a um registro fóssil incompleto: os organismos mortos devem ser enterrados rapidamente para fossilizar, e, mesmo assim, os fósseis podem ser destruídos por processos geológicos ou intempéries.[3] Essa premissa central da *Origem* tem sido muito debatida e amplamente criticada desde sua publicação, em 1859. Mas nenhum crítico forneceu uma alternativa viável que pudesse explicar o registro fóssil disperso.

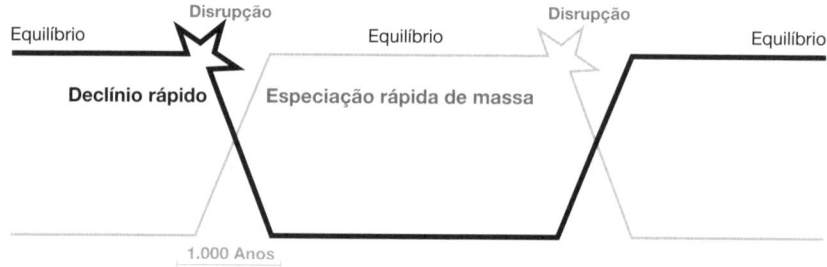

FIGURA 1.1

No tempo geológico, o registro fóssil mostra a descontinuidade como regra, não como exceção. A evidência das primeiras formas de vida remonta a cerca de 3,5 bilhões de anos atrás, como organismos microscópicos, unicelulares. Essas células semelhantes a bactérias governaram o planeta em estabilidade evolucionária por quase 1,5 bilhão de anos — cerca de um terço da história de nosso planeta. Os fósseis mostram, então, uma explosão de diversidade, resultando nos três tipos de células que fundaram os três domínios da vida. Um desses tipos de células foi o primeiro ancestral de tudo o que é comumente considerado vida hoje em dia: animais, plantas, fungos e algas.

De acordo com o registro fóssil, outros 1,5 bilhão de anos se passaram em equilíbrio relativo antes que a vida na Terra experimentasse outra explosão evolucionária, aproximadamente 541 milhões de anos atrás. Essa rápida diversificação da vida multicelular, conhecida como Explosão Cambriana, foi vital para transformar organismos simples no rico espectro da vida como a conhecemos hoje. Ao longo de um intervalo de 20 a 25 milhões de anos — menos de 1% da história da Terra —, evoluiu de esponjas pré-históricas do mar para plantas e animais terrestres. A forma básica do corpo de todas as espécies de plantas e animais vivos no planeta de hoje pode ser rastreada até aos organismos nascidos da Explosão Cambriana.[4]

O registro fóssil conhecido indica que as espécies aparecem de repente, persistem e, na maioria das vezes, desaparecem milhões ou bilhões de anos depois.

Em 1972, o trabalho fundamental de Darwin na teoria da evolução foi reinterpretado com sucesso no contexto de um registro fóssil bastante pontuado. O biólogo e paleontólogo evolutivo Stephen Jay Gould publicou sua nova teoria da evolução em *Equilíbrio Pontuado*,[5] "esperando validar os dados primários de nossa profissão como sinal, em vez de vazio".[6] O *Equilíbrio Pontuado* sugere que a ausência de fósseis já é o conjunto de seus próprios dados em si, sinalizando explosões abruptas de mudanças evolutivas, em vez de transformações contínuas e graduais. De acordo com Gould, a mudança é a exceção. As espécies permanecem em equilíbrio por milhares de gerações, mudando muito pouco no grande esquema das coisas. Esse equilíbrio é pontuado por explosões rápidas de diversidade, criando inúmeras novas espécies, que se instalam no novo padrão.

Uma parte essencial dessa teoria evolutiva é a *escala*. Em equilíbrio pontuado, Gould foca em padrões de evolução de toda a espécie, enquanto a evolução darwiniana extrai um insight dos traços, da sobrevivência e da reprodução de organismos individuais através de gerações. Um tentilhão e seus descendentes diretos, por exemplo, certamente mostrarão pequenas mudanças na forma como elas são transmitidas através das gerações. Assim como o milho agrícola se tornou gordo e suculento a partir de gerações de reprodução e cruzamento entre grãos mais gordos e suculentos, os tentilhões com bicos que lhes permitem acessar e comer mais facilmente sua principal fonte de alimento, assim passando sua estrutura de bico para as gerações futuras. Alguns tentilhões têm um bico mais comprido, para alcançar insetos em pequenas fendas; outros têm um bico mais grosso e robusto, para quebrar sementes. Mas o ponto crucial que Gould mostra é que um bico ainda é um bico — ele não é uma inovação revolucionária. É a diferença entre grafite e tinta, não caneta e impressora.

Extinção em Massa, Diversificação em Massa

Quando a ciência e a tecnologia encontram os sistemas sociais e econômicos, você tende a ver algo como equilíbrio pontuado. Algo que permaneceu estável por um longo período de tempo, de repente, rompe radicalmente — e então, encontra uma nova estabilidade. Exemplos incluem a descoberta do fogo, a domesticação dos cães, a agricultura, a pólvora, o cronógrafo, o transporte transoceânico, a imprensa Gutenberg, a máquina a vapor, a máquina de Jacquard, a locomotiva, a eletrificação urbana, o automóvel, o avião, o transistor, a televisão, o microprocessador e a internet. Cada uma dessas inovações colidiu com a sociedade estável, e então um pequeno inferno eclodiu.

Às vezes, literalmente, é como se o inferno aparecesse na Terra. Desastres naturais como erupções vulcânicas, impactos de asteroides e mudanças climáticas enviam a vida para um estado de confusão evolutiva. Isso não significa apenas uma explosão de novas espécies. Historicamente, as pontuações evolutivas têm estado intimamente ligadas à morte generalizada de espécies. Especialmente os dominantes. Várias e várias vezes.

Desde a Explosão Cambriana, o ciclo da estabilidade evolutiva e a rápida diversificação tornaram-se mais frequentes e mais destrutivas a cada repetição. Há cerca de 440 milhões de anos, 86% das espécies da Terra foram eliminadas na extinção de Ordoviciano-Silúria por glaciação massiva e queda do nível do mar. A vida em nosso planeta quase chegou ao fim há cerca de 250 milhões de anos, no que é frequentemente chamado de "a Grande Morte".[7] Nessa extinção Permiano-Triássica, 96% das espécies se extinguiram devido a enormes erupções vulcânicas e ao subsequente aquecimento global e à acidificação dos oceanos. Talvez mais conhecida, há 65 milhões de anos, a combinação do impacto de um asteroide no Yucatán, a atividade vulcânica e a mudança climática resultante eliminou 76% das espécies da Terra, incluindo os dinossauros, um grupo de animais que se sustentou com sucesso por mais de 150 milhões de anos de relativa estabilidade.[8]

As pontuações evolutivas são responsáveis pela natureza cíclica das espécies: início, diversificação, extinção, repetição.

Nos últimos 500 milhões de anos, houve cinco eventos globais de extinção em massa. Uma minoria de espécies sobreviveu. Os vazios no ecossistema foram então rapidamente preenchidos pela especiação maciça dos sobreviventes. Depois do evento Cretáceo-terciário, por exemplo, os dinossauros foram substituídos em grande parte por mamíferos. E graças a Deus. Se não fosse isso, eu não estaria aqui para escrever, e nem você para ler.

As pontuações evolutivas não são uma questão de vantagem competitiva como o tamanho do bico; são *existenciais*. Este é o caso tanto da tecnologia e da sociedade como da biologia. Pense em carruagens puxadas por cavalos desaparecendo com o advento dos automóveis. Mas não é só desgraça e melancolia. Da extinção em massa surge uma surpreendente diversificação de massa.

Eventos Evolucionários de Extinção em Massa

A Terra assistiu a cinco eventos de extinção em massa, nos quais até 96% das espécies desapareceram devido a perturbações ambientais.

FIGURA 1.2

A primeira extinção em massa conhecida na história da Terra foi o Grande Evento de Oxidação, cerca de 2,45 bilhões de anos atrás. Também conhecido como o Holocausto do Oxigênio,[9] este foi um apocalipse global. Na primeira metade da história de nosso planeta, não havia oxigênio na atmosfera. Na verdade, o oxigênio era venenoso para toda a vida, e quase toda a vida que existia residia nos oceanos. As espécies dominantes na época eram as cianobactérias, também conhecidas como algas azuis. Eram fotossintéticas: utilizavam a luz solar para produzir combustível e liberar oxigênio como produto residual. À medida que as cianobactérias floresciam, os oceanos, as rochas e, finalmente, a atmosfera foram se enchendo de oxigênio. As cianobactérias estavam literalmente se envenenando e ficaram ameaçadas como espécie. Sua população diminuiu, como quase todas as outras formas de vida na Terra.[10]

As espécies anaeróbias — aquelas que não conseguiam metabolizar o oxigênio — morreram ou foram relegadas às profundezas do oceano, onde o oxigênio era mínimo. Organismos que sobreviveram ao Grande Evento de Oxidação usaram o oxigênio para produzir energia de um modo extremamente eficiente — dezesseis vezes mais do que o metabolismo anaeróbico. A vida havia se reinventado. A vida anaeróbica permaneceu microscópica, oculta e lenta, enquanto a vida aeróbica se reproduzia mais depressa, crescia mais depressa e vivia mais depressa. Sem surpresa, esses sobreviventes explodiram em um conjunto enorme de novas espécies pioneiras, que prosperaram com o oxigênio e finalmente se aventuraram fora do oceano.[11] Foi a primeira e possivelmente a maior extinção em massa já vista. Mas sem ela, os dinossauros nunca teriam existido para que nossos ancestrais mamíferos os substituíssem.

Cada extinção em massa é um novo começo.

O Equilíbrio Pontuado e A Desordem Econômica

Considero a construção do equilíbrio pontuado útil como um quadro de reflexão sobre as perturbações na economia atual. No mundo da tecnologia, muitas vezes pensamos na Lei de Moore,[12] que fornece a base para uma mudança cada vez maior, assim como a constante acumulação de mudanças da evolução darwiniana. Mas não é assim que a evolução revolucionária funciona.

A tendência exponencial descrita pela Lei de Moore de que o número de transistores em um circuito integrado dobra a cada dois anos à metade do custo é apropriada. Mas sua aplicação subestima a evolução. Assim como a profunda evolução biológica não é uma medida de quão rapidamente o bico de um tentilhão se alonga, a profunda evolução tecnológica não é uma medida da rapidez com que o número de transistores em um circuito aumenta. As medidas de crescimento evolutivo não devem girar em torno de taxas de mudança de inovações. Em vez disso, devem se concentrar no que provoca essas mudanças revolucionárias. A história mostra que as próprias pontuações são cada vez mais frequentes, provocando perturbações cada vez mais rápidas das espécies e das indústrias.

Só nos últimos milhões anos, o mundo experimentou pontuações evolutivas disruptivas, em média, e cada 100 mil anos.[13] São 10 pontuações em 1 milhão de anos. Compare isso com 5 extinções em massas em 400 milhões anos e com o Grande Evento de Oxidação ocorrido 3,3 bilhões de anos atrás. As pontuações perturbadoras estão claramente aumentando, e os períodos de estase entre as pontuações estão diminuindo. Esse mesmo padrão é evidente no domínio industrial, tecnológico e social.

Vemos isso nas telecomunicações. O telégrafo revolucionou a comunicação de longa distância na década de 1830, graças a Samuel Morse. Quarenta e cinco anos depois, Alexander Graham Bell interrompeu a comunicação telegráfica com o primeiro telefone. Foram necessários quarenta anos para fazer a primeira chamada transcontinental de Nova York para São Francisco. Adicione mais quarenta anos para a primeira telecomunicação sem fio com pagers. Apenas 25 anos depois, os pagers e as operadoras de telefonia fixa foram poderosamente interrompidos pelos primeiros telefones celulares. A chegada da tecnologia sem fio de alta velocidade, o aumento do poder de processamento e as telas sensíveis ao toque levaram aos primeiros "telefones da Web" e, depois, a bilhões de smartphones a partir de 2000.[14] Vimos a "especiação" econômica da Motorola, Nokia e RIM (fabricante do BlackBerry), cada uma delas dominando o mercado. A indústria de telefonia móvel, por sua vez, foi derrubada com a introdução do iPhone pela Apple em 2007. Na década seguinte, instalou-se um novo estado de estabilidade com a Samsung, Huawei e Oppo oferecendo um conjunto de produtos que se assemelham ao iPhone. Hoje em dia, a indústria das telecomunicações é dominada por mais de 2,5 bilhões de consumidores de smartphones.[15] E não se passaram nem vinte anos!

A indústria de entretenimento digital tem tido uma aceleração impulsionada pela tecnologia e pelas tendências sociais. O primeiro cinema do mundo, o Nickelodeon, abriu suas portas em 1905, mostrando exclusivamente filmes pelo preço de um níquel (daí vem seu nome). Cinquenta anos depois, a televisão em casa dizimou a indústria do teatro. As fitas VHS dominaram o mercado por cerca de vinte anos até que os DVDs fizeram delas uma relíquia. Agora, os DVDs e a sua substituição evolutiva, os discos Blu-ray, quase desapareceram no mercado. A convergência do computador pessoal e da internet — com serviços de streaming de vídeo, como Netflix, Hulu e Amazon — levou a uma explosão de conteúdo de vídeos profissionais e amadores e a uma visualização compulsiva, remodelando o mundo do entretenimento de vídeo.[16] A classificação dessa mudança em uma indústria estabelecida é tão interessante e complexa quanto a invenção da nova tecnologia.

As pontuações na indústria de transporte pessoal resultaram em grande parte em evolução interna. Depois que o primeiro automóvel substituiu os veículos movidos a humanos e animais, a forma geral dos automóveis permaneceu notavelmente estável, embora quase tudo sob o capô tenha mudado. Isso soa familiar? Assim como a Explosão Cambriana lançou as bases para as estruturas corporais subjacentes de toda a vida em existência hoje, os primeiros automóveis definiram a forma básica de todos aqueles que se seguiram. Quaisquer que fossem as substituições ocorridas, sob a carne ou sob o capô, elas forneciam a mesma funcionalidade ou melhoravam a performance. O motor a vapor, por exemplo, foi substituído pelo motor a gasolina no início do século XX, porque era mais leve e mais eficiente, e a gasolina era barata, abundante e prontamente disponível na época.[17] A gasolina era arriscada — inflamável e tóxica —, mas o risco compensava. Parece familiar outra vez? Como o Grande Evento de Oxidação fez para toda a vida, essa revolução energética permitiu que os automóveis fossem mais rápidos e mais fortes com maior duração. Após um período de equilíbrio relativo, a chegada síncrona de carros elétricos como o Tesla, serviços de ride-sharing como a Uber e a Lyft, e tecnologias de veículos autônomos como a Waymo está agora criando o caos na indústria. Isso acabará por instalar um novo estado de estabilidade.

A evidência sugere que estamos no meio de uma pontuação evolutiva: estamos testemunhando a extinção em massa no mundo corporativo nas primeiras décadas do século XXI. Desde 2000, 52% das empresas da Fortune 500 foram adquiridas, fundidas ou declararam falência. Estima-se que 40% das empresas existentes hoje fecharão suas operações nos próximos 10 anos. Na esteira dessas extinções, vemos uma especiação em massa de entidades corporativas inovadoras com DNA inteiramente novo, como Lyft, Google, Zelle, Square, Airbnb, Amazon, Twilio, Shopify, Zappos e Axios.

Não basta apenas seguir as tendências de mudança. Assim como os organismos que enfrentam o Grande Evento de Oxidação, as organizações precisam reinventar a forma como interagem com o mundo em mudança. Elas devem reconhecer quando um modelo existente já percorreu seu curso e evoluir. Devem criar processos novos e inovadores que aproveitem os recursos mais abundantes e disponíveis. Devem se preparar para futuras convulsões através do desenvolvimento de sistemas com peças intercambiáveis: produzir mais rápido, escalar mais rápido, trabalhar mais rápido. Elas devem construir algo que estabelecerá uma clara vantagem existencial, a fim de sobreviver a uma nova estase e prosperar.

Extinção em massa e a subsequente especiação não acontecem sem razão. No mundo dos negócios, acredito que o fator causal é a "transformação digital". Prevê-se que as indústrias que enfrentam a onda de transformação digital sigam as mesmas tendências de diversificar ou morrer, como era a vida durante o Grande Evento de Oxidação. Enquanto as empresas transformadas digitalmente levam suas indústrias a se elevarem acima do oceano, as demais são apanhadas na corrida para aprender a respirar novamente ou se extinguir.

Este livro tenta descrever a essência da transformação digital: o que é, de onde vem e por que é essencial para as indústrias globais. Por enquanto, basta dizer que no centro da transformação digital está a confluência de quatro tecnologias profundamente disruptivas — computação em nuvem, big data, internet das coisas (IoT) e inteligência artificial (IA).

Viabilizada pela computação em nuvem, uma nova geração de IA está sendo aplicada em um número crescente de casos de uso com resultados impressionantes. E vemos a IoT em todos os lugares — conectando dispositivos em cadeias de valor em todo o setor e infraestrutura e gerando terabytes de dados todos os dias.

No entanto, hoje em dia, poucas organizações têm o know-how para gerenciar, muito menos para extrair valor de tantos dados. Big data agora permeia todos os aspectos do negócio, do lazer e da sociedade. As empresas enfrentam agora sua própria Revolução do Oxigênio: a Revolução do Big Data. Assim como o oxigênio, o big data é um recurso importante com o poder de sufocar e impulsionar a revolução. Durante o Grande Evento de Oxidação, as espécies começaram a criar canais de fluxo de informações, usando os recursos de forma mais eficiente e mediando conexões antes desconhecidas, transformando oxigênio de uma molécula letal em fonte de vida. Big data e IA, juntamente com computação em nuvem e IoT, prometem transformar o cenário tecnológico em um grau semelhante.

A história da vida mostra que as espécies estabelecidas cuja sobrevivência depende de processos experimentados e verdadeiros, perfeitamente funcionais, não têm espaço para erros, nem para inovações. Espécies que só podem utilizar um conjunto finito de recursos correm o risco de perder esses recursos à medida que o mundo muda à sua volta. Da mesma forma, aqueles que tentam usar novos recursos sem o conhecimento, os instrumentos ou a determinação para processá-los também fracassarão. As empresas que sobreviverem a essa pontuação serão verdadeiramente transformadas digitalmente. Eles reinventarão completamente a forma como a sociedade, a tecnologia e a indústria se relacionam entre si. A diversidade resultante da inovação provavelmente será tão extraordinária quanto a respiração aeróbica, a Explosão Cambriana e a raça humana.

É quase impossível saber como serão essas inovações no final de uma pontuação evolutiva como a transformação digital. É o processo obstinado de inovação rápida, aprendizagem constante através da experiência e reiteração ao longo do caminho que fará a diferença entre existência próspera e extinção final. As empresas que descobrirem como respirar big data — como aproveitar o poder desse novo recurso e extrair seu valor aproveitando a nuvem, a IA e a IoT — serão as próximas a sair do lago de dados e dominar a nova terra digital.

Capítulo 2

A Transformação Digital

O que é a transformação digital? Ela surge da interseção entre computação em nuvem, big data, IoT e IA, e é vital para as indústrias em todo o mercado atualmente. Alguns a descrevem como o poder da tecnologia digital aplicada a todos os aspectos da organização.[1] Outros se referem a ela como o uso de tecnologias digitais e análises avançadas para valor econômico, agilidade e velocidade.[2]

Acredito ser mais valioso descrever a transformação digital através de exemplos. Isso se deve, em parte, ao fato de estarmos no meio de uma interrupção massacrante e de uma mudança constante. O escopo da transformação digital e suas implicações ainda estão evoluindo, e seus impactos ainda estão sendo compreendidos. Cada iteração — seja entre empresas ou indústrias, ou mesmo dentro de uma única organização — trará novos insights e camadas à nossa compreensão da transformação digital.

Para ser claro, a transformação digital não é uma série de mudanças geracionais em tecnologia da informação ou simplesmente a migração de processos, dados e informações de uma empresa para uma plataforma digital. Como escreve o analista da indústria Brian Solis, da Altimeter Group, "Investir em tecnologia não é a mesma coisa que transformação digital".[3] Escreverei sobre isso mais tarde.

Este livro percorrerá as fundações do atual período da transformação digital e explicará como as empresas podem enfrentar e evitar sua extinção. Isso é fundamental para empresas de todos os portes, que correm o risco de extinção se não se transformarem. E é de extrema importância para grandes organizações incumbentes que enfrentam ameaças de participantes menores e mais ágeis, que têm as ferramentas e os dados para potencialmente liderar a transformação.

Para contextualizar a transformação digital, faremos um recuo no tempo e olharemos para as ondas anteriores da evolução digital. O que vemos é uma reminiscência de períodos pontuais de equilíbrio — períodos de estabilidade seguidos de mudanças e rupturas rápidas, resultando em novos vencedores e perdedores. Aqueles de nós que estão na tecnologia há várias décadas, podem rastrear as ondas de crescimento extraordinário da produtividade entre organizações e governos. Mas veremos que as mudanças durante os períodos passados são muito diferentes daquelas que estamos vivendo hoje com a transformação digital.

Algo diferente e mais profundamente perturbador está acontecendo hoje. A primeira e a segunda ondas de inovação — a digitalização e a internet — serão esmagadas pelo tsunami da transformação digital. Embora ela traga benefícios de produtividade semelhantes, estes benefícios serão alcançados de uma forma muito diferente.

A Primeira Onda: A Digitalização

Antes que os grupos de trabalho começassem a adotar computadores pessoais na década de 1980, a computação era completamente centralizada. Mainframes eram controlados por um pequeno grupo de administradores, e era necessário reservar tempo apenas para poder usá-los. Mainframes e minicomputadores foram usados principalmente para realizar cálculos.

A chegada do PC marcou o início de uma grande flexibilidade. Os trabalhadores podiam controlar seus horários e fazê-lo de forma mais eficiente. Além dos cálculos, os trabalhadores poderiam executar tarefas como processamento de texto (com aplicativos de software como WordStar, WordPerfect e Microsoft Word) e design gráfico (Corel Draw, PageMaker, Adobe Illustrator). Com os sistemas de grupos de trabalho de e-mail, as comunicações transformaram-se. Digitalização de cálculos, planilhas e bancos de dados — previamente criados e mantidos manualmente — transformados em horas, dias ou meses de trabalho humano em segundos de lógica automatizada disponível pelo teclado.

Logo, suítes concorrentes de aplicativos de desktop, e-mail, sistemas operacionais com interfaces gráficas de usuário, computadores de baixo custo, modems e notebooks trouxeram nova produtividade ao trabalhador. Em seguida, várias gerações de suítes de desktop nos deram aplicações sofisticadas que substituíram sistemas especializados de publicação em desktop, sistemas de design gráfico (estações de trabalho Apollo, design assistido por computador, ou CAD, aplicações como Autodesk) e planilhas multi-tab complicadas com fórmulas e algoritmos que começaram a sugerir o que podemos fazer com a IA nos dias de hoje.

Todas essas melhorias permitiram uma enorme onda de crescimento econômico. O crescimento anual do PIB global subiu de 2,5% entre 1989 e 1995 para 3,5% entre 1995 e 2003 — um aumento de 38% na taxa de crescimento.[4] A digitalização tornou o trabalho mais fácil, mais preciso e mais automatizado.[5]

A Segunda Onda: A Internet

A Agência de Projetos de Pesquisa Avançada (ARPA, hoje conhecida como Agência de Projetos de Pesquisa Avançada em Defesa, ou DARPA) foi criada em 1958, no auge da Guerra Fria. Os Estados Unidos estavam cada vez mais preocupados com um potencial ataque da União Soviética para destruir sua rede de comunicações de longa distância. Em 1962, o cientista J.C.R. Licklider, da ARPA e do MIT, sugeriu conectar computadores para manter as comunicações vivas no caso de um ataque nuclear. Essa rede passou a ser conhecida como ARPANET. Em 1986, a rede pública (National Science Foundation Network, ou NSFNET) foi separada da rede militar e conectada aos departamentos de informática das universidades. A NSFNET tornou-se a espinha dorsal da internet, ligando fornecedores de serviços internet (ISP) emergentes. Em seguida, vieram o protocolo de transferência de hipertexto (HTTP), a World Wide Web, o navegador web Mosaic e a ampliação do NSFNET para uso comercial.[6] Nasceu a internet.

As primeiras instâncias da web, como as páginas iniciais do Yahoo! e Netscape, consistiam principalmente de páginas estáticas e de uma experiência de usuário passiva e somente de leitura. No início dos anos 2000, o surgimento da Web 2.0 trouxe melhorias de usabilidade, dados gerados pelo usuário, aplicações web e interação através de comunidades virtuais, blogs, redes sociais, Wikipédia, YouTube e outras plataformas colaborativas.

Os primeiros anos da internet causaram disrupção nos negócios, no governo, na educação — todos os aspectos de nossas vidas. As empresas inovadoras simplificaram os processos, tornando-os mais rápidos e robustos do que seus equivalentes analógicos. Recursos humanos e sistemas de contabilidade automatizados significavam que os serviços dos funcionários e a folha de pagamento operavam mais rapidamente e com menos erros. As empresas interagiam com os clientes de acordo com insights baseados em regras dos sistemas de gerenciamento de relacionamento com o cliente (CRM).

Antes da internet, reservar férias exigia agentes de viagem humanos e, potencialmente, um longo planejamento de gastos com itinerários. E a própria viagem em si envolvia o aborrecimento de itinerários de papel, bilhetes e mapas. Considere o varejo pré-internet: lojas físicas, cupons de papel, catálogos de produtos enviados por correio e números 0800. Ou bancos pré-internet: idas à agência, cheques em papel e jarros de moedas. Os investidores digitalizaram colunas de jornais, passavam algum tempo na biblioteca local ou contatavam diretamente uma empresa para obter uma cópia do último relatório financeiro que lhes foi enviado pelo correio.

Com a internet, essas indústrias colheram enormes aumentos de produtividade e surgiram vencedores e perdedores. As viagens agora podem ser reservadas através de um aplicativo, fornecendo passagens e ingressos instantâneos por celular. Os hotéis podem ser comparados em sites sociais. E uma nova "gig economy*" surgiu com aplicativos para aluguel de carros, aluguel de salas, passeios e muito mais. O varejo se tornou praticamente sem fricção: um mercado global para mercadorias em massa e artesanatos, compras com um clique, digitalização e compra, quase tudo entregue em casa, cadeias de suprimentos mais rápidas para uma tendência mais rápida para as lojas, serviço ao cliente via Twitter. Muitas marcas novas surgiram, e muitas (antigas e novas) desapareceram, à medida que as empresas experimentavam o comércio eletrônico e as transações digitais.

Em todos esses casos, os processos foram simplificados, mas não revolucionados: eram os mesmos processos analógicos, duplicados em formato digital. Mas essas disrupções de mercado, no entanto, causaram mudanças entre empresas, organizações e comportamentos individuais.

O Impacto das Duas Ondas

A maioria desses avanços de produtividade normalmente está sob o controle da função tradicional de tecnologia da informação (TI) de uma organização. Eles estimularam a produtividade por meio de tecnologias digitais para trabalhar de forma mais eficaz e eficiente. Substituíram as horas humanas por segundos de computação e simplificaram drasticamente a experiência do usuário em muitos setores. A década de 1990 até o início dos anos 2000 viu a ascensão do CIO (Chief Information Officer — Diretor de Informática) como um importante motor de inovação. Exemplos como o trimestral Virtual Close[7] da Cisco, onde a empresa poderia fechar seus registros e fornecer resultados de desempenho em quase tempo real, significaram agilidade considerável e inteligência de negócios.

A maioria das organizações começou por digitalizar departamentos não reais ("escritório acarpetado"), onde os riscos de ganhos de produtividade eram relativamente baixos. Os serviços dos funcionários, como o RH, eram um levantamento relativamente fácil. A contabilidade foi outra das primeiras áreas a adotar o processamento de dados, onde décadas de processamento sustentaram a adoção sucessiva de aplicativos cliente-servidor, recursos de data center e, finalmente,

---

* É um conceito novo que envolve desde novas relações de mercado de trabalho (entre empresas privadas e empregados freelancers) até a formação de um novo tipo de livre mercado.

soluções de nuvem. A automação das funções voltadas para o cliente com CRM foi outro grande passo para as organizações: os sites da internet permitiram que os clientes pesquisassem, comprassem e acessassem o serviço por meio da web.

Algumas indústrias que dependem fortemente de sistemas de informação, como a financeira, digitalizaram partes centrais de seu negócio de forma rápida e precoce, pois as vantagens competitivas eram extremamente claras. Por exemplo, os bancos passaram para a negociação de alta velocidade, em que milissegundos poderiam significar dinheiro real. Eles investiram agressivamente em data centers desde o início para fornecer velocidade e escala para os banqueiros, além de flexibilidade e serviço para os clientes.

Mais recentemente, o Chief Marketing Officer (CMO — Diretor de Marketing) tem sido frequentemente visto como o *locus* da transformação digital em muitas grandes empresas. Uma pesquisa de 2016 constatou que, em 34% das grandes empresas, a propriedade da transformação digital residia no CMO.[8] Isso provavelmente porque outras operações comerciais, tais como vendas, RH e finanças, já foram digitalizadas com ferramentas como CRM e planejamento de recursos empresariais (ERP). O marketing foi uma das últimas funções de suporte à digitalização.

Os ganhos de produtividade de cada uma dessas transições foram significativos e mensuráveis. Comunicações internas mais rápidas e melhor tomada de decisão, operações de cadeia de suprimentos mais suaves, maior receita, melhor atendimento ao cliente e maior satisfação do cliente foram apenas alguns dos benefícios que as empresas colheram do crescimento das tecnologias Web 2.0.

O impacto tanto da internet quanto da onda de digitalização que a precedeu foi percebido principalmente na digitalização das *competências existentes*. Eles foram simplesmente terceirizados para um novo trabalhador: computadores. Mas nenhuma das ondas mudou fundamentalmente os processos que estavam a ser substituídos. Eram era apenas isso: *substitutos*. Pense em companhias aéreas digitalizando reservas e passagens, bancos fornecendo informações e serviços de contas eletrônicas e o Walmart digitalizando sua cadeia de suprimentos.

Semelhante aos tentilhões de Darwin, as duas primeiras ondas de mudanças digitais deram às indústrias novas adaptações com as quais elas poderiam usar os recursos existentes de forma mais fácil e eficaz.

"A digitalização estava usando ferramentas digitais para automatizar e melhorar a maneira existente de trabalhar sem realmente alterá-la fundamentalmente ou jogar as novas regras do jogo", diz Dion Hinchcliffe, estrategista de tecnologia e analista veterano da indústria. A transformação digital "é um processo mais lagarta-borboleta, movendo-se graciosamente de uma forma de trabalhar para uma totalmente nova, substituindo completamente partes da carroceria corporativa e formas de funcionar, em alguns casos, para capturar muito mais valor do que era possível usando-se negócios legados de baixa escala e baixa alavancagem".

Simplesmente investir em tecnologia para digitalizar funções e processos existentes não é o suficiente para transformar verdadeiramente uma empresa ou indústria. É um ingrediente necessário, mas não suficiente. A transformação digital exige mudanças revolucionárias nos principais processos corporativos competitivos.

As farmácias são um bom exemplo: a Walgreen's e a CVS inovaram com conveniências para que os clientes possam recarregar ou verificar o status de uma prescrição usando um aplicativo ou encomendar medicamentos por e-mail. Mas eles podem ser interrompidos por recém-chegados, como vimos no início de 2018, quando a Amazon, a Berkshire Hathaway e o JP Morgan anunciaram sua intenção de entrar no mercado. As ações de empresas de saúde existentes caíram em resposta às notícias.

Os bancos investiram muito em TI e melhoraram drasticamente o atendimento ao cliente com recursos flexíveis e ofertas personalizadas. Mas eles também enfrentam a concorrência de estrelas como Rocket Mortgage e LendingTree nos Estados Unidos, e de empresas como a Ant Financial e a Tencent na China.

A forma de manter a liderança é inovar. Walt Bettinger, presidente e CEO da Charles Schwab, observa que "as empresas bem-sucedidas perturbam a si mesmas".[9] Um exemplo notável é o sistema de pagamento eletrônico Zelle, da Early Warning Services, que é de propriedade conjunta de um grupo de bancos, incluindo o Bank of America, BB&T, Capital One, JPMorgan Chase, PNC Bank, US Bank e Wells Fargo, entre outros. Zelle é uma resposta da indústria a uma onda de ofertas de participantes não tradicionais — incluindo Venmo (de propriedade do PayPal), Apple Pay e Google Pay — no mercado global de pagamentos digitais de US$2 trilhões. Desde seu lançamento em 2017, a Zelle superou a Venmo como o principal líder de pagamentos digitais nos Estados Unidos.[10]

A Adaptação Evolutiva

A transformação digital é uma evolução disruptiva para uma forma inteiramente nova de trabalhar e pensar. E esse processo pode exigir uma transformação completa das partes sociais para novas formas de funcionamento. É por essa razão que vemos tantas empresas-legados falindo e extinguindo-se. Eles acham difícil projetar novos processos radicais, porque dependem muito dos atuais.

E é por isso que a transformação digital pode ser tão assustadora: as empresas devem tirar o foco daquilo que sabem que funciona e investir em alternativas que consideram arriscadas e não comprovadas. Muitas empresas simplesmente se recusam a acreditar que estão enfrentando uma situação de vida ou morte. Isso é o que Clayton Christensen apropriadamente chamou de "Dilema do Inovador": as empresas não conseguem inovar porque isso significa mudar o foco do que está funcionando para algo não comprovado e arriscado.

As ameaças surgem com o aumento de empresas que utilizam as mais recentes ferramentas, tecnologias e processos, sem os encargos das gerações anteriores. As ameaças também podem chegar através de concorrentes com uma visão clara e foco. Muitas vezes isso vem com organizações lideradas pelo fundador — Jeff Bezos, da Amazon; Elon Musk, da Tesla; Reed Hastings, da Netflix; Jack Ma, da Alibaba; e Brian Chesky, do Airbnb, apenas para citar alguns. Mas uma ameaça potencial também pode vir de um CEO de uma grande empresa já existente, com a visão e o apoio para fazer as mudanças necessárias.

Empresas maiores e estabelecidas tendem a se tornar avessas ao risco — por que inovar quando as operações atuais estão indo tão bem? Quando a Apple introduziu o iPhone, ele foi desacreditado pela Nokia e pela RIM, entre outros.[11] A Apple estava com um desempenho ruim na época, estimulando-a a correr riscos. A Nokia e a RIM não sentiram a necessidade de inovar. Que empresa está prosperando hoje? Pense na carruagem sem cavalos do Henry Ford. Pense no Walmart destruindo o Main Street. E agora, a Amazon está destruindo o Walmart.

Lembre-se de como as cianobactérias e o oxigênio do Grande Evento de Oxidação resultaram em novos processos de respiração oxigenada. Hoje, a computação em nuvem, big data, IoT e a IA também estão se unindo para formar novos processos. Cada extinção em massa é um novo começo. Alterar uma competência essencial significa remover e revolucionar as principais partes corporativas da carroceria. É isso que a transformação digital exige.

As empresas que sobreviverão através da era da transformação digital são aquelas que reconhecem que sobrevivência é sobrevivência, independentemente de como ela acontece; que os ambientes mudam e os recursos flutuam rapidamente. Se uma empresa é dependente de um único recurso, então ela não sobreviverá, porque não pode ver a grande oportunidade de revolucionar e dar vida nova às suas habilidades essenciais.

A Transformação Digital nos Dias de Hoje

Hoje em dia, a transformação digital está em toda parte. É uma das maiores palavras-chave dos últimos anos. Pesquise "transformação digital" e veja quantos resultados obtém. (Acabei de receber 253 milhões.) As listas "Top Ten Digital Transformation Trends" (Top Dez Tendências da Transformação Digital) são abundantes. Somente em 2017, mais de vinte conferências de transformação digital foram realizadas, não incluindo inúmeras mesas redondas, fóruns e exposições. A transformação digital está sendo falada por todos, incluindo a C-suite, governos, formuladores de políticas e acadêmicos.

A transformação digital tem muitos nomes diferentes. Talvez o mais conhecido seja "quarta Revolução Industrial". As revoluções passadas ocorreram quando tecnologias inovadoras — a máquina a vapor, a eletricidade, os computadores, a internet — foram adotadas em escala e difundidas por todo o ecossistema. Estamos nos aproximando de um ponto de inflexão semelhante — em que computação em nuvem, big data, IoT e IA estão convergindo para conduzir os efeitos de rede e criar mudanças exponenciais.[12]

Outros se referem à transformação digital como "A Segunda Era das Máquinas". Os professores do MIT Erik Brynjolfsson e Andrew McAfee argumentam que o ponto crucial dessa era de máquinas é que os computadores — ótimos em seguir instruções — são agora capazes de aprender. Extensamente prevista, essa capacidade terá efeitos dramáticos no mundo. Os computadores diagnosticarão doenças, dirigirão carros, anteciparão interrupções nas cadeias de suprimentos, cuidarão de nossos idosos, falarão conosco — e a lista continua, com coisas nas quais ainda nem sequer pensamos. A primeira Revolução Industrial permitiu que os humanos dominassem o poder mecânico. Na última, nós nos aproveitamos da energia eletrônica. Na era da transformação digital, *dominaremos o poder mental*.[13]

Isso nos traz de volta ao equilíbrio pontuado. Como na teoria da evolução, períodos de estabilidade econômica são subitamente interrompidos com pouco aviso prévio, alterando fundamentalmente a paisagem. Uma diferença significativa com essa onda é a velocidade com que está acontecendo. Em 1958, o prazo médio de permanência das empresas no S&P 500 era superior a sessenta anos. Em 2012, ela havia caído para menos de vinte anos.[14] Antes, empresas emblemáticas como Kodak, Radio Shack, GM, Toys R Us, Sears e GE foram rapidamente interrompidas e expulsas do S&P 500. A transformação digital acelerará ainda mais o ritmo das perturbações.

Como resultado de sua força disruptiva, a transformação digital está se tornando rapidamente um foco no mundo corporativo — da sala de reuniões às conferências da indústria e aos relatórios anuais. A Economist Intelligence Unit descobriu recentemente que 40% dos CEOs colocam a transformação digital no topo da agenda da sala de reuniões.[15] Mas eles não estão pensando sobre isso de uma maneira uniforme.

Os líderes que se concentram na transformação digital entendem que, para sobreviver, suas empresas terão de passar por uma mudança fundamental. E estão sendo proativos em relação a essa mudança.

O CEO da Ford, por exemplo, Jim Hackett, anunciou recentemente: "A Ford vai se preparar para a disrupção ao se adaptar. Não há dúvida de que entramos nesse período de disrupção, todos sabem que... A disrupção é frequentemente referida, mas não é facilmente compreendida. É como o ladrão da noite que você não esperava, mas que pode roubar seu sustento. E não se espera que as empresas estejam na melhor forma de lidar com isso também."[16]

Ou como disse o CEO da Nike, Mark Parker: "Impulsionados por uma transformação do nosso negócio, estamos atacando as oportunidades de crescimento através da inovação, velocidade e o digital para acelerar o crescimento no longo prazo, sustentável e rentável."[17]

Os revolucionários também existem no setor público. O Departamento de Defesa dos Estados Unidos investiu dezenas de milhões de dólares em sua Unidade de Inovação em Defesa (DIU), uma organização criada sob a presidência de Barack Obama para estabelecer laços com o Vale do Silício e o setor de tecnologia comercial. A DIU foi criada para financiar startups inovadoras com exclusividade de tecnologias: financiando projetos de transformação, como o lançamento de microssatélites para fornecer imagens em tempo real das tropas norte-americanas em solo; desenvolver softwares de autocorreção que usa IA para identificar e corrigir vulnerabilidades de códigos; testar aeronaves com simulações baseadas em IA; utilizá-la para gerir o inventário e as cadeias de abastecimento; e aplicando a IA para realizar manutenção preditiva em aeronaves militares, identificando falhas antes que elas aconteçam.[18]

Na Europa, a ENGIE, uma empresa francesa de eletricidade, fez da transformação digital uma prioridade estratégica fundamental, "convencida de que uma nova revolução industrial impulsionada pelo mundo da energia e da tecnologia digital está agora em curso".[19] Sob a liderança ousada da CEO Isabelle Kocher, a ENGIE embarcou nesse esforço em praticamente todos os aspectos de suas operações e serviços: digitalizando os serviços de cobrança e autogestão do consumo de energia dos clientes, analisando a economia de energia através do uso de sensores inteligentes, otimizando a geração de energia a partir de fontes renováveis e estabelecendo sua Fábrica Digital para unir cientistas de dados, desenvolvedores e analistas de negócios para propagar técnicas de transformação digital em toda a empresa.[20] Discutirei os esforços da ENGIE em mais detalhes nos próximos capítulos deste livro.

Mas outros têm uma visão mais estreita — simplesmente tratando a transformação digital como o próximo investimento em TI da empresa ou a próxima onda de digitalização. Por exemplo, alguns executivos seniores veem isso apenas como uma mudança necessária na interação com o cliente. Uma pesquisa da IBM Research no início de 2018 descobriu que "68% dos executivos da C-suite esperam que as organizações enfatizem a experiência do cliente sobre os produtos". Questionado sobre quais forças externas mais os impactarão, os executivos da C-suite listaram mudanças nas preferências dos clientes no topo.[21] Essa visão estreita é insuficiente e perigosa.

Ainda mais perigoso, alguns CEOs simplesmente não percebem. Embora eles possam reconhecer o que é a transformação digital, eles não demonstram nenhum senso de urgência. Um estudo de 2018 observou que um terço dos executivos da C-suite relataram pouco ou nenhum impacto da transformação digital em seus setores, e quase metade não sentiu urgência em evoluir.[22] Eles ou não veem a enorme mudança que se abate sobre eles, ou não entendem o quão rápida e esmagadoramente ela surgirá.

Alguns CEOs veem, compreensivelmente, a transformação digital como um risco fundamental para suas empresas. O tamanho não é garantia de estabilidade ou longevidade. Se as grandes empresas não evoluírem, podem ser substituídas por empresas menores e mais ágeis. Jamie Dimon, CEO do JP Morgan Chase, soou um alarme no relatório anual da empresa de 2014: "O Vale do Silício está chegando. Há centenas de startups com muitas cabeças e dinheiro trabalhando em várias alternativas à banca tradicional. No negócio de empréstimos estão as quais mais se lê sobre, no qual as empresas podem emprestar a indivíduos e pequenas empresas muito rapidamente e — acreditam essas entidades — de forma eficaz, usando Big Data para melhorar a subscrição de crédito."[23] Ela agora está abrindo caminho em um campo de mil funcionários em Palo Alto para transformar digitalmente a fintech.

John Chambers, ao deixar seu papel de duas décadas como CEO e presidente da Cisco, proferiu um discurso no qual ele predisse: "Quarenta por cento dos negócios nesta sala, infelizmente, não existirão de forma significativa em dez anos. Se não estou te fazendo suar, deveria estar."[24]

O foco deste livro está nas empresas vigentes — empresas já consolidadas — que correm o risco de extinção se não se transformarem. Meu objetivo é discutir como as empresas líderes em todos os setores podem entender com sucesso a oportunidade à frente e aproveitar as tecnologias subjacentes — computação em nuvem, big data, Internet das Coisas e Inteligência Artificial — para transformar digitalmente seu *núcleo*.

O modelo de Geoffrey Moore de "contexto" versus "core" nos negócios ajuda a ilustrar por que a transformação no núcleo é importante.[25] O modelo de Moore descreve o ciclo de inovação no que se refere aos processos vitais e de suporte de uma empresa. "Core" é o que cria diferenciação no mercado e conquista clientes. O "contexto" consiste em todo o resto — coisas como finanças, vendas e marketing. Não importa o quão bem você faz isso ou quantos recursos você coloca no contexto, isso não cria uma vantagem competitiva. Todas as empresas o fazem. De acordo com Moore:

> Core se refere às empresas investirem seu tempo e seus recursos naquilo em que seus concorrentes não investem. Core é o que permite a uma empresa ganhar mais dinheiro e/ou mais margem e tornar as pessoas mais atraídas para uma empresa do que para seus concorrentes. O Core dá um poder de barganha ao negócio: é o que os clientes querem e não podem obter de mais ninguém.[26]

Em seu livro *Dealing with Darwin*[27] (*Lidando com Darwin*, em tradução livre), Moore usa o exemplo de Tiger Woods para esclarecer o núcleo e o contexto. Não há debate de que o core business de Tiger Woods é o golfe, e seu negócio de contexto é o marketing. Enquanto o marketing gera uma grande quantidade de dinheiro para Woods, não poderia mesmo haver marketing (o contexto) sem o seu golfe (o núcleo). O contexto ajuda a apoiar e manter o núcleo funcionando, enquanto o núcleo é a vantagem competitiva de uma empresa. A regra geral: contexto significa terceirização, enquanto núcleo significa propriedade intelectual.

De forma esmagadora, as empresas e indústrias de hoje já substituíram a maioria, se não todas suas competências de contexto por contrapartes digitais. Mas o seu núcleo continua a ser digitalizado. O núcleo não pode simplesmente ser substituído por algo que funcione da mesma forma, mas que tenha um acabamento mais brilhante ou um motor mais rápido. Digitalizar o núcleo é uma verdadeira transformação. Essa transformação digital exige uma revisão completa dos principais processos e capacidades. Ela exige a remoção de partes do corpo da empresa com a promessa de não as substituir, mas, sim, de criar algo mais rápido, mais forte e mais eficiente que possa fazer o mesmo trabalho de uma maneira totalmente diferente — ou fazer coisas totalmente novas.

Como a transformação digital vai para o cerne das capacidades corporativas, ela só pode acontecer quando a mudança é capacitada para permear toda a organização — não apenas no nível de TI, marketing ou qualquer outro nível de linha de negócios. Não pode ser tratado apenas como um investimento em tecnologia, ou como um problema com um determinado processo, ou departamento de negócios. Isso requer uma transformação fundamental dos modelos de negócio e das oportunidades de negócio, e o CEO precisa conduzi-la. O mandato deve vir do topo.

Tenho testemunhado vários ciclos de adoção de tecnologia nas últimas quatro décadas. Com a promessa de melhorias de desempenho e aumentos de produtividade, essas inovações foram introduzidas na indústria por meio da organização de TI. Ao longo de meses ou anos, e após vários ensaios e avaliações, cada um ganhou a atenção do diretor de informação, que foi responsável pela adoção da tecnologia. O CEO foi informado periodicamente sobre o custo e o resultado.

Com a transformação digital do século XXI, o ciclo de adoção se inverteu. O que estou vendo agora é que, quase invariavelmente, as transformações digitais corporativas são iniciadas e impulsionadas pelo CEO. CEOs visionários, individualmente, são os motores dessa mudança incalculável. Isso é sem precedentes na história da tecnologia da informação — possivelmente sem precedentes na história do comércio. Hoje, a transformação digital ordenada pelo CEO impulsiona o roteiro e as metas da empresa.

Para que tal mudança aconteça, toda a organização precisa ser comissionada — desde o CEO ao conselho de administração, passando por cada função e linha de negócio. Essa mudança precisa prosseguir de uma forma unificada e holística.

É por isso que as empresas que terão sucesso são aquelas que não só transformam um processo de negócio, ou um departamento, mas também olham para a reinvenção digital atacadista. Elas levam isso tão a sério, que criam Centros de Excelência para reunir cientistas de dados, analistas de negócios, desenvolvedores e gerentes de linha de toda a organização. Esses Centros de Excelência podem alinhar a organização em torno dos esforços de transformação digital, unificar departamentos díspares e conceder aos funcionários as habilidades necessárias para serem bem-sucedidos nesse esforço. Por exemplo, a CEO da ENGIE, Isabelle Kocher, reuniu uma equipe de C-suite para conduzir a transformação da empresa. Em conjunto, atualizaram a estratégia da ENGIE com novos objetivos empresariais que incluem expectativas específicas para a criação de valor digital.

Outros CEOs com quem trabalho estão pensando em cenários para antecipar futuras disrupções, fazendo perguntas como: "O que nossos clientes realmente estão comprando? Eles realmente precisam de nós, ou um concorrente digital pode fornecer uma melhor visão, ou produto a um custo menor?" Eles estão usando esses cenários "e se" para romper com mentalidades confinadas e realocar investimentos para futuros esforços digitais.

Um CEO do setor de saúde usou cenários para criar um roteiro para centenas de melhorias de aplicativos de última geração em todas suas linhas de negócios. Onde novos talentos são necessários para reforçar os esforços de nível C, os CEOs agora recrutam para funções como diretor digital com autoridade e orçamento para fazer as coisas acontecerem.

Se Prepare, ou Perderá o Barco

Os índices de transformação digital estão surgindo em todos os lugares para capturar o quão preparados (ou despreparados) os CEOs e suas empresas estão. O índice de transformação digital da Dell classifica 4.600 líderes empresariais em sua jornada digital.[28] O índice da indústria digital da McKinsey Global Institute (MGI) classifica os setores dos Estados Unidos baseado em seu grau de digitalização, sua transformação digital.[29]

O Índice de Maturidade Industrie 4.0 da Alemanha se concentra nas empresas do setor transformador. A lição mais convincente desses índices confirma o que já sabemos: o fosso entre as empresas e os setores que se transformaram digitalmente e os que ainda não o fizeram já é grande, e aumentará exponencialmente.

Em um extenso relatório de 2015, a MGI quantificou a diferença entre os setores mais digitalizados e o resto da economia ao longo do tempo. Ele descobriu que, "apesar de uma enorme onda de adoção, a maioria dos setores mal fechou essa lacuna na última década".

> Os setores mais atrasados são menos de 15% tão digitalizados quanto os setores principais. As empresas que lideram a carga estão ganhando a batalha pela quota de mercado e pelo crescimento do lucro; algumas estão remodelando indústrias

inteiras em seu próprio benefício. Mas muitas empresas estão lutando para evoluir com rapidez suficiente. Os trabalhadores das indústrias mais digitalizadas desfrutam de um crescimento salarial que é o dobro da média nacional, enquanto a maioria dos trabalhadores dos EUA enfrenta a estagnação da renda e perspectivas incertas.[30]

As apostas são altas. A Europa pode acrescentar 1,25 trilhão de euros de valor industrial bruto ou perder 605 bilhões de euros de valor até 2025, segundo a Roland Berger Strategy Consultants.[31]

Quando se perde o barco, torna-se mais difícil embarcar.

Mais otimista, e para repetir um tema deste livro, esses índices mostram o tamanho massacrante da oportunidade pela frente. Setores nos estágios iniciais da transformação digital — como o de saúde e da construção — podem ser grandes impulsionadores do crescimento econômico. Como McKinsey argumenta, "Olhando apenas para três grandes áreas de potencial — plataformas de talentos online, análise de big data e internet das coisas —, estimamos que a digitalização poderia somar até US$2,2 trilhões ao PIB anual até 2025, embora as possibilidades sejam muito maiores".[32]

Como abordaremos nos capítulos seguintes, uma variedade de ferramentas e recursos surgiu para impulsionar as organizações no caminho da transformação digital. As empresas agora podem aproveitar as plataformas robustas de computação em nuvem, como Amazon Web Services, Microsoft Azure, IBM Watson e Google Cloud, para permitir iniciativas de transformação.

As consultorias da transformação digital estão crescendo à medida que os CEOs começam a entender que a disrupção está chegando, e lutam para se posicionar contra o tsunami que está por vir. O mercado de consultoria da transformação digital, sozinho, vale cerca de US$23 bilhões. McKinsey, BCG e Bain construíram novas divisões de consultoria digital, e muitas estão adquirindo empresas digitais e de design para reforçar suas capacidades. Novas empresas de consultoria de nicho estão sendo criadas inteiramente para focar a transformação digital.[33]

Desde o surgimento da internet, o mercado de consultoria digital evoluiu com as sucessivas ondas de digitalização. Na primeira onda, as empresas de consultoria começaram a ajudar os clientes a construir sua presença digital. Em seguida, com a Web 2.0, empresas de consultoria focadas em design interativo e experiência do cliente. Hoje, na atual onda da transformação digital, as consultorias estão ajudando os clientes a usar os dados para reinventar seus modelos de negócios. Continuaremos a ver essa mudança na forma como as empresas se envolvem com os clientes, colaboram com parceiros de tecnologia e pegam essa onda de interrupções.

A Transformação Digital Criará Trilhões de Dólares de Valor

Embora as estimativas variem em relação ao impacto econômico global da transformação digital, os principais estudos preveem na ordem de trilhões de dólares anuais.

Potencial Impacto Econômico

Aumento do Valor Empresarial e Social Global	Período de Tempo	Origem
$100 Trilhões	2016–2030	Fórum Econômico Mundial, 2016

Aumento do PIB Anual Global		
$15,7 Trilhões (impulsionado pela IA)	Até 2030	PwC, 2017
$13 Trilhões (impulsionado pela IA)	Até 2030	McKinsey, 2018
$11,1 Trilhões (impulsionado pela IoT)	Até 2025	McKinsey, 2015
$3,9 Trilhões (impulsionado pela IA)	Até 2022	Gartner, 2018

FIGURA 2.1

Os governos também se concentram na necessidade de evoluir e se manter competitivos. As nações competem há muito tempo — por trabalhadores qualificados, empregos, empresas, novas tecnologias e, finalmente, crescimento econômico. Essa competição só se intensificará, especialmente à medida que a urbanização cresce como uma força motriz na esfera pública. À medida que mais pessoas se mudam para as cidades (68% do mundo viverá nas cidades até 2050), a infraestrutura e os recursos públicos — água e energia, em particular — estão sendo sobrecarregados.[34] A transformação digital será essencial para os esforços do governo para acompanhar essa rápida mudança, por meio de uma prestação de serviços mais eficiente e da eventual criação de "cidades digitais" — cidades projetadas em torno de uma infraestrutura integrada que trate de tráfego, energia, manutenção, serviços, segurança pública e educação com serviços como transporte eletrônico, assistência médica eletrônica e governo eletrônico.[35]

Os governos que entendem isso estão se esforçando para garantir que a próxima onda da transformação digital ocorra em seus próprios países. Eles estão estimulando o investimento em pesquisa e desenvolvimento, incentivando a educação superior em tecnologias digitais e implementando políticas favoráveis às empresas transformadas digitalmente. Exemplos não faltam:

- O mais recente plano mestre de dez anos de Singapura depende da tecnologia digital. "AI Singapore" (AISG) é um programa nacional inteiramente dedicado a catalisar as capacidades de IA de Singapura através de instituições de pesquisa, startups de IA e empresas maiores que desenvolvem produtos de IA.[36]
- A Visão dos Emirados Árabes Unidos sobre sua Estratégia Nacional de Inovação de 2021 visa setores centrais, incluindo IA, software e cidades inteligentes, e se esforça para incentivar a adoção de tecnologias em todos os setores.[37]
- A iniciativa da cidade inteligente de Amsterdã abrange mobilidade, infraestrutura e big data, com iniciativas como o uso de dados GPS para gerenciar fluxos de tráfego em tempo real, otimizar o lixo e reciclar os coletores e substituir os parquímetros por aplicativos pay-by-phone.[38]
- O 13º Plano de Cinco Anos da China exige investimentos em massa na próxima geração de inteligência artificial e na internet para estabelecer a hegemonia internacional.[39]

Assim como no mundo corporativo, governos que adotam a IA, big data, computação em nuvem e IoT em todos os níveis prosperarão; países que não lutam terão dificuldades em se manter.

O mundo acadêmico também está tomando conhecimento. À medida que o escopo da transformação digital se expande e acelera, as universidades começam a se aprofundar. O MIT lançou o MIT Intelligence Quest no início de 2018, "uma iniciativa para descobrir os fundamentos da inteligência humana e impulsionar o desenvolvimento de ferramentas tecnológicas que possam influenciar positivamente praticamente todos os aspectos da sociedade". Reconhecendo o impacto abrangente que a transformação digital terá na sociedade, o MIT anunciou que os resultados dessa iniciativa podem render "ferramentas práticas para uso em uma ampla gama de empreendimentos de pesquisa, como diagnóstico de doenças, descoberta de drogas, materiais e design de fabricação, sistemas automatizados, biologia sintética e finanças". Em outubro de 2018, o MIT anunciou um investimento de US$1 bilhão em sua nova faculdade de computação, com foco no avanço da ascensão da inteligência artificial.

Surgem as aulas de educação executiva, mestrados e programas de MBA com foco na transformação digital. O Programa de Liderança Empresarial Digital da Columbia Business School, por exemplo, visa "desenvolver habilidades de liderança para guiar a transformação digital".[40] A Harvard Business School tem todo um curso de educação executiva sobre "Condução de Estratégias Digitais".[41] E a

"Iniciativa na Economia Digital" do MIT Sloan oferece uma variedade de aulas de pesquisa, educação executiva e MBA examinando o impacto da tecnologia digital nas empresas, na economia e na sociedade.[42]

A natureza aberta do que esses cursos ensinam transmite um ponto crítico sobre a transformação digital: a inerência de sua natureza de mudança constante. "[A transformação digital] não é um processo que nunca estará completo, pelo menos, no futuro próximo", escreve Gerald Kane, professor do Boston College. Em vez disso, ele escreve, "novas classes de tecnologias — inteligência artificial, blockchain, veículos autônomos, realidade aumentada e virtual — provavelmente se tornarão amplamente adotadas na próxima década ou duas, mudando fundamentalmente as expectativas mais uma vez. Quando você se adaptar ao ambiente digital de hoje, esse ambiente provavelmente já terá mudado significativamente".[43]

A transformação digital exige que as empresas monitorem continuamente as tendências atuais, experimentem e se adaptem — e as instituições acadêmicas estão desenvolvendo currículos para ensinar essas novas capacidades aos futuros e atuais líderes empresariais.

O Futuro da Transformação Digital

Qual o futuro da transformação digital? Do meu ponto de vista, está claro que os benefícios para as empresas e para a sociedade serão enormes — na ordem daqueles da Revolução Industrial. Essas novas tecnologias estimularão o crescimento econômico, promoverão a inclusão, melhorarão o ambiente e prolongarão a duração e a qualidade da vida humana. De acordo com um estudo do Fórum Econômico Mundial de 2016, a transformação digital terá um impacto de longo alcance em todos os setores — não apenas em termos de crescimento econômico e de emprego, mas também de benefícios ambientais — que "poderá gerar cerca de US$100 trilhões em valor para as empresas e a sociedade na próxima década".[44]

Pense nas muitas formas como a transformação digital melhorará a vida humana:

- Na medicina, espera-se a detecção e o diagnóstico da doença muito precoces, cuidados preventivos específicos do genoma, cirurgias extremamente precisas realizadas com a ajuda de robôs, cuidados de saúde sob demanda e digitais, diagnósticos assistidos por IA e custos de cuidados drasticamente reduzidos.
- Na indústria automotiva, espere carros autodirigidos, menos acidentes e baixas, menos condutores embriagados, menos prêmios de seguro e menos emissões de carbono.

- Na fabricação, a impressão 3D e a fabricação como um serviço permitirão a personalização de massa, de baixo custo e com custos de distribuição baixos ou nulos.

- Na gestão de recursos e sustentabilidade, os recursos serão ajustados às necessidades, os resíduos serão minimizados, e as restrições, atenuadas. A transformação digital tem, ainda, o potencial de dissociar completamente as emissões e o uso de recursos do crescimento econômico.

A lista não para. Muitos desses benefícios nem sequer podem ser concebidos hoje.[45]

Considere o impacto provável no crescimento da produtividade. A produção econômica total dos Estados Unidos por trabalhador estagnou desde a Grande Recessão de 2008. A transformação digital permite que as empresas usem autoaprendizagem, IA, IoT e computação em nuvem para que até mesmo empresas menores possam aumentar a produtividade dos funcionários e reverter essa tendência.[46] O progresso digital agrega valor à economia nacional de maneiras que ainda não mensuramos com precisão. "À primeira vista, serviços gratuitos como Wikipédia, Skype e Google não parecem acrescentar nada ao produto interno bruto. Mas quando você olha mais de perto, vê que eles certamente agregam valor", disse Brynjolfsson, do MIT, que desenvolveu um método para medir o valor gerado pelas empresas de TI inovadoras. Usando esse método, ele descobriu que modelos de negócios disruptivos, como redes online e serviços digitais, criam US$300 bilhões em valor anualmente — valor que não é capturado pelas estatísticas ou pelos críticos.[47]

Temos de reconhecer que essa tremenda mudança terá também efeitos potencialmente negativos. Embora Brynjolfsson enfatize os benefícios da digitalização para a produtividade geral, ele também aponta para uma tendência que ele chama de "grande dissociação" entre crescimento econômico e criação de empregos: apesar dos últimos quinze ou vinte anos de crescimento econômico e de produtividade, o rendimento médio e o crescimento do emprego estagnaram. De quem é a culpa? O papel da tecnologia na produtividade: máquinas que substituem os humanos.

Alguns argumentam que se trata de um choque temporário que se tem vindo a repetir ao longo da história e que os postos de trabalho serão recuperados quando os trabalhadores ajustarem suas competências e aprenderem a trabalhar com novas tecnologias. O economista de Harvard Lawrence Katz observa que não há precedente histórico para a redução permanente de empregos. Embora possa levar décadas para que os trabalhadores adquiram a experiência necessária para novos tipos de emprego, Katz afirma que "nunca ficamos sem emprego. Não existe uma tendência a longo prazo para eliminar o trabalho para as pessoas. Em longo prazo, as taxas de emprego são bastante estáveis. As pessoas sempre foram capazes de criar empregos. As pessoas inventam coisas novas para fazer".[48]

Mas isso não significa que podemos ficar de braços cruzados e esperar que os empregos venham. Como sociedade, precisamos entender como reconceitualizar a educação e oferecer programas de treinamento da força de trabalho mais flexíveis e ágeis que combinem com as habilidades da economia digital. Daqui a cinco anos, 35% das competências importantes da força de trabalho terão mudado. Temos de investir na educação e na investigação de base e admitir imigrantes mais qualificados. E temos de resolver a defasagem entre a oferta e a procura de competências digitais. Isso significa formar pessoas não só em competências técnicas, como a codificação, mas também em competências que serão cada vez mais necessárias na era digital para complementar o trabalho das máquinas — criatividade, trabalho em equipe e resolução de problemas.

Como o Fórum Econômico Mundial escreveu em um influente artigo técnico de 2016 sobre a transformação digital:

> A robótica e os sistemas de inteligência artificial serão utilizados não só para substituir tarefas humanas, mas também para aumentar suas competências (por exemplo, cirurgiões que trabalham com sistemas robóticos avançados para realizar operações). Isso também trará desafios para as empresas, que terão de requalificar os funcionários para que possam trabalhar de modo eficaz com novas tecnologias. A requalificação será fundamental para realizar todo o potencial do aumento tecnológico, tanto através do aumento da produtividade como da mitigação das perdas de postos de trabalho decorrentes da automação.[49]

A regulamentação e as políticas públicas devem igualmente se manter, promover o espírito empresarial e incentivar a criação de novas empresas. As leis antitruste e as políticas fiscais precisam ser reconceitualizadas. A qualificação de imigrantes deve ser incentivada.

Não podemos prever exatamente como e onde surgirão os impactos da transformação digital, mas podemos reconhecer que a escala de mudança será enorme. Em alguns casos, pode ameaçar produtos, empresas ou indústrias inteiras com a extinção: enciclopédias, listas telefônicas, agências de viagens, jornais locais, livrarias. As empresas de cinema e fotografia foram exterminadas por câmeras digitais. Atualmente, a indústria dos táxis está sendo ameaçada por serviços de partilha de automóveis como a Lyft e a Uber, enquanto os centros comerciais e as lojas de varejo estão sendo prejudicados pelo comércio eletrônico.

Em outros casos, a perturbação poderia criar mercados auxiliares. Veja o Airbnb, por exemplo. Quando foi lançado, muitos previram que o Airbnb perturbaria completamente a indústria hoteleira, uma vez que os viajantes optariam cada vez mais por ficar em apartamentos e casas particulares, em detrimento de hotéis. Mas a indústria hoteleira não se desmoronou — na verdade, continua a prosperar. O Airbnb também. O impacto real do Airbnb foi em outras áreas: reduzir o número de casas disponíveis em um bairro para as pessoas viverem, potencialmente aumentando o preço do aluguel. Em vez de competir com os hotéis, o Airbnb está competindo com os locatários. "Era essa a intenção do Airbnb? Quase certeza que não", escreve o jornalista Derek Thompson. "Mas esse é o resultado, de qualquer maneira, e é significativo — até mesmo perturbador. O Airbnb é um negócio de viagens transformador. Mas a maioria das pessoas não previu a coisa em que se transformaria — para o bem e para o mal."[50]

Outros setores, como o bancário, são informativos. A cada nova onda de inovação, os bancos investem na captação desse valor. As corretoras se tornaram serviços de bancos de varejo; os pagamentos online foram integrados; e cartão de crédito, pagamento de contas e ofertas de planejamento financeiro são agora padrão.

Hotéis e companhias aéreas inicialmente ofereceram excesso de estoque através de sites como Expedia, Hotels.com, Orbitz, Kayak e Trivago. Mas eles logo capturaram valor — e fortaleceram as relações com os clientes — com seus próprios aplicativos que ofereciam os melhores preços e opções.

A questão aqui é que a transformação digital terá efeitos profundos, mas não necessariamente os efeitos que podemos prever ou mesmo medir agora. Claramente, os blocos de construção para viabilizar a transformação digital estão disponíveis, robustos e acessíveis: computação em nuvem, big data, IA e IoT.

Capítulo 3

A Era da Informação se Acelera

CEOs e outros líderes seniores precisam entender as tecnologias que conduzem a transformação digital de hoje em muito mais detalhe do que era exigido deles no passado. Por quê? Em contraste com as ondas anteriores de adoção de tecnologia, temos visto que a transformação digital vai para a essência de como as organizações operam e o que eles fazem. Se você for um fabricante de automóveis, por exemplo, seu negócio é fundamentalmente fabricar carros — ou é sobre *transporte e mobilidade*? E o que é mais valioso: seu IP em torno do design de cadeia cinemática, ou seus algoritmos de autocondução baseados em IA, alimentados pela telemetria em tempo real e uso de dados gerados pelos veículos que você fabrica? Os líderes em todos os setores têm de se fazer tais perguntas e examinar cuidadosamente como essas tecnologias modificarão profundamente seu mercado e o modo como eles fazem negócio.

E as apostas nunca foram tão altas — tanto em termos de risco de extinção quanto de recompensas potenciais. Na minha experiência, para qualquer grande empresa, o valor econômico anual da implantação de aplicativos IA e IoT varia de centenas de milhões a bilhões de dólares. Na Royal Dutch Shell, por exemplo, estima-se que a implantação de um aplicativo de manutenção preditiva baseada em IA para mais de 500 mil válvulas de refinaria globalmente produza várias centenas de milhões de dólares por ano em custos de manutenção reduzidos e maior eficiência operacional. A Shell planeja implantar muito mais aplicações de IA em suas operações de upstream, downstream e midstream globalmente. O benefício esperado é da ordem de *bilhões de dólares anuais*.

Implementar um propósito da transformação digital significa que sua empresa construirá, implantará e operará dezenas, talvez centenas ou mesmo milhares de aplicações IA e IoT em todos os aspectos de sua organização — desde recursos humanos e relacionamentos com clientes até processos financeiros, design de produtos, manutenção e operações da cadeia de suprimentos. Nenhuma operação será intocada. Portanto, compete aos líderes seniores compreender firmemente essas tecnologias.

Meu conselho é aprender o suficiente sobre essas tecnologias para que se tenham discussões bem informadas com sua equipe técnica interna e sejam escolhidos os parceiros de tecnologia certos, que serão fundamentais para seu sucesso. O investimento pagará dividendos valiosos em termos de evitar parceiros não qualificados e projetos internos prolongados que nunca geram valor.

Este capítulo fornece uma visão geral das quatro principais tecnologias que impulsionam e possibilitam a transformação digital — computação em nuvem elástica, big data, IA e IoT. Os leitores que quiserem ampliar seu entendimento em um nível mais profundo — especialmente os executivos com responsabilidade direta por conduzir as iniciativas da transformação digital — se beneficiarão da leitura dos quatro capítulos subsequentes que aprofundam ainda mais cada tecnologia.

Os Desafios São Assustadores — Mas as Soluções Comprovadas Estão Disponíveis

As tecnologias que impulsionam a transformação digital estão claramente mudando, mas estamos nos estágios iniciais desta nova era. E embora o potencial seja enorme, os desafios para desenvolver e escalar aplicativos de IA e IoT em uma empresa podem ser assustadores.

A capacidade básica necessária é a agregação e o processamento de conjuntos de dados em escala de petabyte, que crescem rapidamente — são *1 milhão de gigabytes* — e são coletados continuamente de milhares de diferentes sistemas herdados da TI, fontes de internet e multimilhões de redes de sensores. No caso de um fabricante da Fortune 500, a magnitude do problema de agregação de dados é de 50 petabytes fragmentados em 5 mil sistemas que representam clientes, revendedores, reclamações, pedidos, preços, design de produtos, engenharia, planejamento, fabricação, sistemas de controle, contabilidade, recursos humanos, logística e sistemas de fornecedores, fragmentados por fusões e aquisições, linhas de produtos, geografias e canais de engajamento de clientes (ou seja, online, lojas, call center, presencialmente). Com centenas de milhões de sensores embutidos em produtos geradores de leituras de alta frequência de 1Hz (1 por segundo) ou mais, esses conjuntos de dados crescem em trilhões de leituras diariamente.

As tecnologias necessárias para agregar, correlacionar e extrair o valor desses dados para a transformação do negócio não existiam uma década atrás. Mas hoje, a disponibilidade de sensores baratos (abaixo de US$1) e supercomputadores de IA do tamanho de cartões de crédito interconectados por redes rápidas fornece a infraestrutura para transformar drasticamente as organizações em empresas adaptáveis em tempo real. A computação em nuvem, big data, IA e IoT convergem para desbloquear o valor de negócios estimado pela McKinsey de até *US$23 trilhões anuais* até *2030*.[1]

Um dos principais desafios para as organizações é como reunir e alavancar essas tecnologias para criar valor significativo e retorno positivo sobre o investimento. Por enquanto, deixe-me apenas dizer que há muitas boas notícias para as organizações que estão embarcando na transformação digital — ferramentas e conhecimentos especializados estão agora disponíveis para acelerar drasticamente os esforços da transformação digital e garantir resultados de sucesso. Voltarei a este tópico com mais profundidade no Capítulo 10, "Uma Nova Pilha de Tecnologia."

Cloud Computing (Computação em Nuvem)

A computação em nuvem é a primeira das quatro tecnologias que impulsionam a transformação digital. Sem computação em nuvem, a transformação digital não seria possível. A computação em nuvem é um modelo de acesso a grupos compartilhados de recursos configuráveis de hardware e software — redes de computadores, servidores, armazenamento de dados, aplicativos e outros serviços — que podem ser fornecidos rapidamente com o mínimo esforço de gerenciamento, normalmente por meio da internet. Esses recursos podem ser de propriedade privada de uma organização para seu uso exclusivo ("nuvem privada") ou de propriedade de terceiros para uso por qualquer pessoa em uma base de pagamento conforme o uso ("nuvem pública").

Em sua manifestação como o arrendamento sob demanda de recursos de computação e armazenamento provenientes de um provedor terceirizado, a computação em nuvem foi pioneira pela Amazon por meio de sua unidade de Amazon Web Services. O que começou como um serviço interno para desenvolvedores da Amazon em 2002 tornou-se uma oferta pública em 2006 com a introdução do Elastic Compute Cloud (EC2) e do Simple Storage Service (S3). Estima-se que o mercado de computação em nuvem pública atinja um escalonamento de US$162 bilhões até 2020, apenas uma década e meia após sua criação.[2] A Amazon Web Services, sozinha, está prevista para crescer para US$43 bilhões em receita anual até 2022.[3] A concorrência vinda da Microsoft e do Google é aguçada, o que garante a queda rápida dos preços de computação e armazenamento, convergindo para zero.

Reconhecendo que os provedores de nuvem podem fazer um trabalho melhor e mais barato ao executar um grande número de servidores e dispositivos de armazenamento em redes globais de data centers seguros e confiáveis, as organizações estão mudando rapidamente os aplicativos herdados ("cargas de trabalho") de seus centros de dados corporativos em nuvens públicas.

Os diretores de informações agora reconhecem que os centros de dados de TI tradicionais serão extintos dentro de uma década.[4] A pesquisa apoia essa hipótese. A Cisco prevê que, até 2021, 94% das cargas de trabalho serão processadas por data centers de nuvem, e 73% das cargas de trabalho na nuvem estarão em data centers de nuvem pública.[5]

Exemplos de empresas fechando seus centros de processamentos de dados são numerosos. A base utilitária da Enel em Roma está fechando seus 23 data centers com 10 mil servidores suportando suas operações em 30 países, e estão consolidando 1.700 aplicativos herdados para 1.200 aplicativos e os movendo para a AWS. Netflix, Uber, Deutsche Bank e inúmeros outros agora têm todos uma percentagem significativa de sua tecnologia de informação operando em nuvens públicas.[6]

Virtualização e Containers

Um dos principais facilitadores das economias de escala superiores da computação em nuvem é uma inovação tecnológica conhecida como "virtualização". Anteriormente, em centros de dados tradicionais, o hardware era dimensionado e configurado para lidar com a demanda de pico. As organizações instalaram servidores e armazenamento suficientes para oferecer suporte ao mais alto nível de requisitos de computação esperados, o que normalmente ocorreu apenas por períodos relativamente breves (por exemplo, o processamento de pedidos de fim de trimestre). Isso resultou em centros de dados em grande parte ociosos, com taxas de utilização de hardware muito baixas, em porcentagens de dígito único. A virtualização permite a criação de vários ambientes simulados e recursos dedicados a partir de um único sistema de hardware físico. "Containers" são outra inovação que possibilita a partilha eficiente de recursos físicos. Um container é um pacote de software executável leve, autônomo, que inclui tudo o que é necessário para executá-lo — código, tempo de execução, ferramentas e bibliotecas do sistema e configurações. O uso de virtualização e containers para compartilhar hardware entre aplicativos resulta em taxas de utilização significativamente mais elevadas e vastamente mais rentáveis. Isso se traduz na proposição de valor econômico altamente convincente que está impulsionando a adoção generalizada de plataformas de computação em nuvem públicas, como AWS, Microsoft Azure, IBM Cloud e Google Cloud.

A Virtualização Aumenta Drasticamente a Utilização de Hardware

A virtualização permite que os recursos de infraestrutura sejam compartilhados entre vários aplicativos, resultando em um aumento dramático na utilização de hardware.

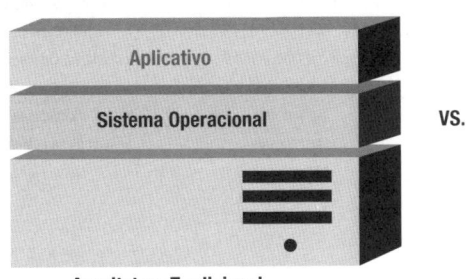

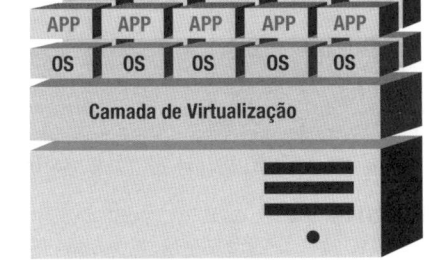

FIGURA 3.1

Serviços Xaas: IaaS, PaaS e SaaS

A computação em nuvem foi inicialmente impulsionada por desenvolvedores de software independentes e corporativos que procuravam salvar o tempo inicial, o custo e o esforço de aquisição, a construção e o gerenciamento de infraestruturas de hardware escalonáveis e confiáveis. Os desenvolvedores foram atraídos para o modelo de nuvem porque ele permitiu que eles se concentrassem no desenvolvimento de software, enquanto o provedor de nuvem manipulava a infraestrutura (Infraestrutura como Serviço ou IaaS), escalabilidade e confiabilidade.

As plataformas em nuvem de hoje são "elásticas" — ou seja, elas determinam dinamicamente a quantidade de recursos que um aplicativo requer e, em seguida, automaticamente provisionam e desprovisionam a infraestrutura de computação para suportar o aplicativo. Isso alivia os desenvolvedores e as equipes de TI de muitas tarefas operacionais, como a instalação e a configuração de hardware e software, aplicação de patches de software, operação de um cluster de banco de dados distribuído e particionamento de dados em várias instâncias, conforme necessário para dimensionar. O cliente usuário de nuvem paga apenas pelos recursos realmente utilizados.

Modelos de Serviços em Nuvem

X-as-a-Service (XaaS): Os provedores de computação em nuvem de hoje permitem que as organizações acessem uma variedade de recursos "como um serviço", da infraestrutura ao software.

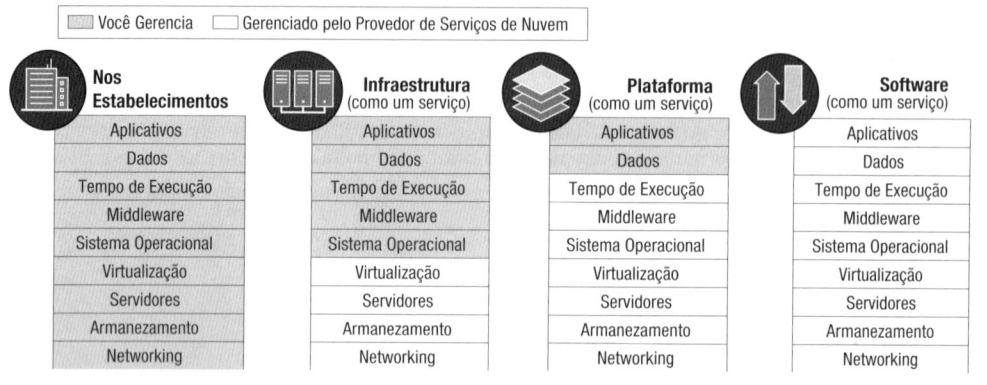

	Nos Estabelecimentos	Infraestrutura (como um serviço)	Plataforma (como um serviço)	Software (como um serviço)
	Aplicativos*	Aplicativos*	Aplicativos*	Aplicativos
	Dados*	Dados*	Dados*	Dados
	Tempo de Execução*	Tempo de Execução*	Tempo de Execução	Tempo de Execução
	Middleware*	Middleware*	Middleware	Middleware
	Sistema Operacional*	Sistema Operacional*	Sistema Operacional	Sistema Operacional
	Virtualização*	Virtualização	Virtualização	Virtualização
	Servidores*	Servidores	Servidores	Servidores
	Armazenamento*	Armazenamento	Armazenamento	Armazenamento
	Networking*	Networking	Networking	Networking

(Legenda: ▓ Você Gerencia ☐ Gerenciado pelo Provedor de Serviços de Nuvem)

FIGURA 3.2

As ofertas de nuvem agora se estendem além da IaaS para incluir plataformas de desenvolvimento de aplicativos (Plataforma como Serviço, ou PaaS) e aplicativos de software (Software como serviço, ou SaaS). As ofertas PaaS fornecem ferramentas e serviços de desenvolvimento de software especificamente para construir, implantar, operar e gerenciar aplicativos de software. Além de gerenciar a infraestrutura subjacente (servidores, armazenamento, rede, virtualização), as ofertas PaaS gerenciam componentes técnicos adicionais exigidos pelo aplicativo, incluindo o ambiente de tempo de execução, sistema operacional e middleware.

As ofertas de SaaS são aplicativos de software completos e pré-construídos fornecidos pela internet. O provedor de SaaS hospeda e gerencia todo o aplicativo, incluindo a infraestrutura subjacente, segurança, ambiente operacional e atualizações. As ofertas SaaS aliviam os clientes de terem de fornecer hardware ou instalar, manter e atualizar software. As ofertas SaaS geralmente permitem que o cliente configure várias definições de aplicativos (por exemplo, personalizar campos de dados, fluxo de trabalho e privilégios de acesso de usuário) para atender às suas necessidades.

Nuvem Híbrida e Multinuvem

Os CIOs reconhecem agora a importância de operar em vários fornecedores de nuvem para reduzir a dependência de qualquer provedor (chamado "lockin de fornecedor") e aproveitar a diferenciação nos serviços de provedor de nuvem pública. Multinuvem refere-se ao uso de vários serviços de computação em nuvem em uma única arquitetura heterogênea.[7] Por exemplo, um aplicativo pode usar o Microsoft Azure para armazenamento, o AWS para computação, o IBM Watson para aprendizado profundo e o Google Cloud para reconhecimento de imagem.

Também é importante ser capaz de operar um aplicativo em nuvens públicas e privadas (ou seja, um ambiente de "nuvem híbrida"). Os dados ultrassensíveis de clientes podem ser armazenados em uma nuvem privada, enquanto a infraestrutura de nuvem pública pode ser usada por demanda a função de ruptura — excesso de capacidade de manipular picos no processamento de transações — ou outro processamento analítico.

Mais difícil de alcançar é a "portabilidade da nuvem" enquanto aproveita os serviços de provedor de nuvem nativa — ou seja, a capacidade de substituir facilmente vários serviços de nuvem subjacentes que um aplicativo usa com serviços de outro fornecedor de nuvem. Por exemplo, substituindo o serviço de reconhecimento de imagem do Google pelo reconhecimento de imagem da Amazon. Embora o uso de "containers" (tecnologia que isola aplicativos da infraestrutura) permita a portabilidade de *aplicativos* em nuvem, os containers não habilitam a portabilidade dos *serviços de provedor de nuvem*.

Nuvem Híbrida e Multinuvem

Para evitar o bloqueio de fornecedor e aproveitar a diferenciação entre provedores de serviços de nuvem pública, as organizações estão adotando abordagens de nuvem híbrida e de várias nuvens.

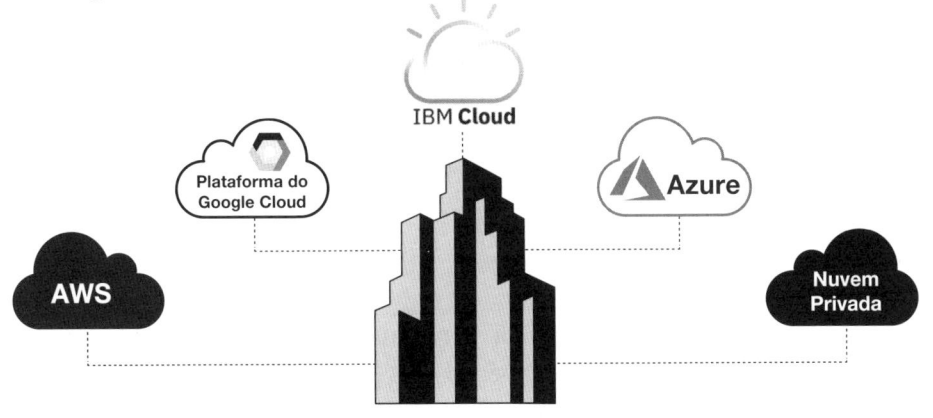

FIGURA 3.3

Big Data

O segundo vetor de tecnologia que conduz a transformação digital é o "big data". Os dados, claro, sempre foram importantes, mas na era da transformação digital, seu valor é maior do que nunca. Muitos aplicativos de IA, em particular, exigem grandes quantidades de dados para "treinar" o algoritmo, e esses aplicativos melhoram à medida que a quantidade de dados ingeridos cresce.

O termo "big data" foi usado pela primeira vez em campos como astronomia e genômica no início dos anos 2000. Esses campos geraram conjuntos de dados volumosos que eram impossíveis de processar de forma rentável e eficiente usando arquiteturas de computador de processamento centralizado tradicionais, comumente referidas como arquiteturas "scale-up". Em contrapartida, as arquiteturas "scale-out" usam milhares ou dezenas de milhares de processadores para processar conjuntos de dados em paralelo. Durante os últimos doze anos ou mais, surgiram tecnologias de software projetadas para usar arquiteturas scale-out para processamento paralelo de big data. Exemplos notáveis incluem o paradigma de programação MapReduce (originalmente desenvolvido pelo Google em 2004) e o Hadoop (implementação do paradigma MapReduce do Yahoo!, lançado em 2006). Hoje disponível abertamente a licença de software de códigos da Apache Software Foundation, o Framework Hadoop MapReduce compreende inúmeros componentes de software.

Como vimos, as iniciativas da transformação digital exigem a capacidade de gerenciar o big data na escala de petabytes. Embora a coleção do Apache Hadoop forneça muitos componentes poderosos e muitas vezes necessários para ajudar a gerenciar o big data e criar aplicativos de IA e IoT, as organizações acharam extremamente difícil montar esses componentes em aplicativos funcionais. No Capítulo 10, discutirei a necessidade de uma nova pilha de tecnologia e descreverei como essa nova pilha aborda os requisitos complexos da transformação digital. Mas primeiro, há mais sobre o big data do que apenas seu volume.

A Explosão do Big Data

Historicamente, a coleta de dados foi demorada e trabalhosa. Assim, as organizações recorreram a estatísticas baseadas em pequenas amostras (de centenas a milhares de pontos de dados) para fazer inferências sobre toda a população. Devido a essas amostras, os estatísticos gastaram esforço significativo e tempo curando conjuntos de dados para remover outliers que poderiam potencialmente distorcer a análise.

Mas hoje, com a nuvem elástica fornecendo capacidades ilimitadas de computação e armazenamento, juntamente com o surgimento de software projetado para processamento paralelo de dados em grande escala, não há mais a necessidade de amostragem e nem de curar dados. Em vez disso, os valores atípicos ou dados imperfeitos são adequadamente ponderados através da análise de grandes conjuntos de dados. Como resultado, com mais de 20 bilhões de smartphones conectados à internet, dispositivos e sensores gerando um fluxo de dados contínuos a uma taxa de zettabytes por ano e crescendo rapidamente — o Zettabyte sendo equivalente aos dados armazenados em cerca de 250 bilhões de DVDs —, é agora possível que as organizações façam inferências próximas em tempo real com base em todos os dados disponíveis. Como veremos, essa capacidade de processar *todos os dados* capturados é fundamental para os recentes avanços na IA.

Crescimento Global de Dispositivos Conectados
Hoje, há três vezes mais dispositivos conectados à internet do que pessoas no mundo, aumentando em 10% anualmente.

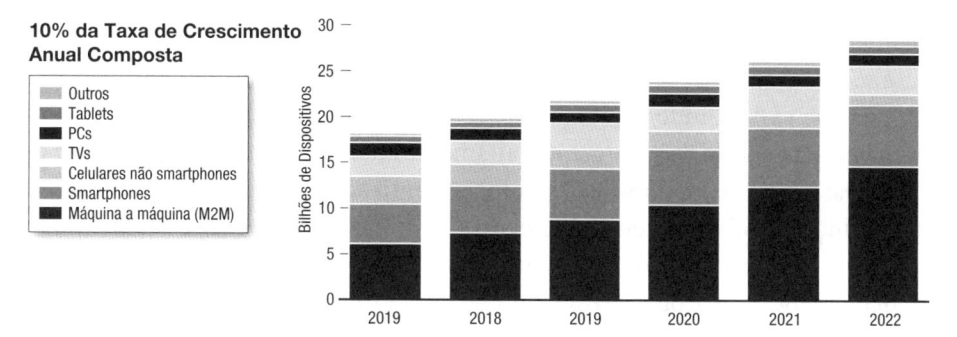

10% da Taxa de Crescimento Anual Composta

- Outros
- Tablets
- PCs
- TVs
- Celulares não smartphones
- Smartphones
- Máquina a máquina (M2M)

FIGURA 3.4

Outra mudança significativa possível pela capacidade de aplicar IA a todas as informações em um conjunto de dados é que não há mais a necessidade de um perito em hipóteses da causa de um evento. Em vez disso, o algoritmo de IA é capaz de aprender o comportamento de sistemas complexos diretamente dos dados gerados por esses sistemas.

Por exemplo, em vez de exigir um funcionário de empréstimo experiente para especificar as causas dos padrões de hipoteca, o sistema ou máquina pode aprender essas causas e sua importância relativa com mais precisão com base na análise de todos os dados disponíveis para os padrões de hipoteca prévia.

As implicações são significativas. Um engenheiro mecânico experiente não é mais necessário para prever falhas do motor. Um médico experiente não é mais necessário para prever o aparecimento de diabetes em um paciente. Um engenheiro geólogo não é mais necessário para prever a colocação de poços de petróleo para a produção ideal. Todos eles podem ser aprendidos a partir de dados pelo computador — mais rapidamente e com uma precisão muito maior.

A Inteligência Artificial

A terceira maior tecnologia que impulsiona a transformação digital é a inteligência artificial. IA é a ciência e engenharia de fazer máquinas inteligentes e programas de computador capazes de aprender e resolver problemas de maneiras que normalmente requerem inteligência humana.

Os tipos de problemas abordados pela IA incluíam tradicionalmente o processamento da linguagem natural e a tradução; o reconhecimento de imagem e padrão (por exemplo, detecção de fraude, previsão de falha ou previsão de risco de início de doença crônica); e apoio à tomada de decisão (por exemplo, veículos autônomos e análise prescritiva). O número e a complexidade das aplicações de IA estão se expandindo rapidamente. Por exemplo, a IA está sendo aplicada a problemas de cadeia de suprimentos altamente complexos, como a otimização de estoques; problemas de produção, como a otimização do rendimento dos ativos de produção; problemas de gestão de frotas, como a maximização do tempo de atividade e disponibilidade dos ativos; e problemas de saúde, como prever o risco de dependência de drogas, para citar apenas alguns. Vou abordar alguns destes em mais detalhes mais tarde no livro.

O Aprendizado de Máquina

O aprendizado de máquina — um subconjunto muito amplo de IA — é a classe de algoritmos que aprende com exemplos e experiência (representados por conjuntos de dados de entrada/saída) em vez de depender de regras predefinidas e codificadas que caracterizam os algoritmos tradicionais. Um algoritmo é a sequência de instruções que um computador executa para transformar dados de entrada em dados de saída. Um exemplo simples é um algoritmo para ordenar uma lista de números do mais alto para o mais baixo: A entrada é uma lista de números em qualquer ordem, e a saída é a lista corretamente ordenada. As instruções para ordenar tal lista podem ser definidas com um conjunto muito preciso de regras — um exemplo de um algoritmo tradicional.

Os cientistas da computação criaram algoritmos desde os primeiros dias da computação. No entanto, utilizando abordagens tradicionais, não conseguiram desenvolver algoritmos eficazes para resolver uma vasta gama de problemas relacionados a área da saúde, manufatura, aeroespacial, logística, cadeias de suprimentos e serviços financeiros. Em contraste com as regras precisas dos algoritmos tradicionais, os algoritmos de autoaprendizagem analisam matematicamente qualquer variedade de dados (imagens, textos, sons, séries temporais etc.) e suas inter-relações para fazer inferências.

Aprendizado de Máquina e Aprendizagem Profunda Impulsionam o Renascimento da IA

Concebida pela primeira vez na década de 1950, a inteligência artificial evoluiu rapidamente nos últimos anos, demonstrando um impacto dramático através da aplicação de métodos de autoaprendizagem e aprendizagem profunda.

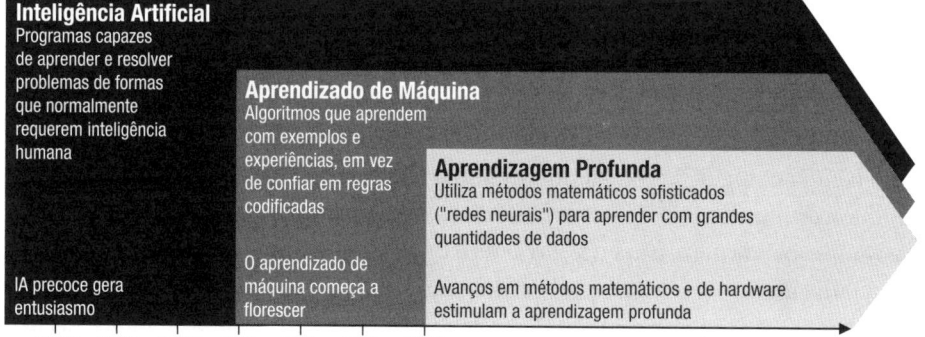

Inteligência Artificial
Programas capazes de aprender e resolver problemas de formas que normalmente requerem inteligência humana

IA precoce gera entusiasmo

Aprendizado de Máquina
Algoritmos que aprendem com exemplos e experiências, em vez de confiar em regras codificadas

O aprendizado de máquina começa a florescer

Aprendizagem Profunda
Utiliza métodos matemáticos sofisticados ("redes neurais") para aprender com grandes quantidades de dados

Avanços em métodos matemáticos e de hardware estimulam a aprendizagem profunda

1950s 1960s 1970s 1980s 1990s 2000s 2010s

FIGURA 3.5

Um exemplo de aprendizado de máquina é um algoritmo que analisa uma imagem (input) e a classifica como "avião" ou "não avião" (output) — potencialmente útil no controle de tráfego aéreo e na segurança da aviação, por exemplo. O algoritmo é "treinado" dando-lhe milhares ou milhões de imagens rotuladas como "avião" ou "não avião". Quando suficientemente treinado, o algoritmo pode então analisar uma imagem não identificada e inferir com um alto grau de precisão se é um avião. Outro exemplo é um algoritmo no campo da saúde para prever a probabilidade de alguém ter um ataque cardíaco, baseado em registros médicos e outros dados — idade, gênero, ocupação, geografia, dieta, exercícios, etnia, histórico familiar, histórico de saúde, e assim por diante, para centenas de milhares de pacientes que sofreram ataques cardíacos e milhões que não sofreram.

O advento do aprendizado de máquina combinado com poder computacional ilimitado resultou em toda uma nova classe de algoritmos para resolver problemas anteriormente insolúveis. Considere o caso da avaliação do risco de falha do motor da aeronave. Ao caracterizar todas as entradas relevantes (ou seja, horas de voo, condições de voo, registros de manutenção, temperatura do motor, pressão do óleo etc.) e um número suficientemente grande de casos de falha do motor (ou seja, saídas), é possível não só prever se é provável que um motor falhe, mas também diagnosticar as causas da falha. Tudo isso pode ser feito sem a necessidade de compreender a ciência dos materiais ou a termodinâmica. O que se requer são dados úteis, e muitos deles.

Tradicionalmente, o aprendizado de máquina também exigiu uma extensa "engenharia de recursos" (os avanços na "aprendizagem profunda", discutidos a seguir, reduziram ou, em alguns casos, eliminaram esse requisito). A engenharia de recursos depende de cientistas de dados experientes trabalhando em colaboração com especialistas no assunto para identificar os dados e as representações ou recursos significativos (por exemplo, diferencial de temperatura do motor, horas de voo) que influenciam um resultado (neste caso, falha do motor). A complexidade vem da escolha entre as centenas ou milhares de características potenciais. O algoritmo de autoaprendizagem é treinado através da iteração de milhares (ou milhões) de casos históricos, enquanto se ajusta a importância relativa (pesos) de cada uma das características até que se possa inferir a saída (ou seja, falha do motor) o mais precisamente possível.[8] O resultado de um algoritmo de autoaprendizagem treinado é um conjunto de pesos que podem ser usados para inferir a saída adequada para qualquer entrada.[9] Neste caso, enquanto o algoritmo determina os pesos, os analistas humanos determinam as características. Veremos em abordagens de aprendizagem profunda que o algoritmo pode determinar os recursos relevantes e os pesos associados diretamente dos dados.

O processo de treinamento é computacionalmente intensivo e demorado, enquanto a inferência é leve e rápida. Avanços no projeto e uso de hardware de computação ajudaram a melhorar o desempenho das aplicações de aprendizado de máquina. Por exemplo, as unidades de processamento gráfico (GPUs) são projetadas para processar um conjunto de treinamento em paralelo, enquanto as matrizes de portas programáveis em campo (FPGAs) são otimizadas para processar inferências leves. As principais plataformas de computação em nuvem agora fornecem recursos otimizados para computação em IA que aproveitam essas inovações de hardware.

O aprendizado de máquina pode ser dividido em abordagens "supervisionadas" e "não supervisionadas". Na aprendizagem supervisionada, o algoritmo é treinado usando-se dados de treinamento marcados, como no exemplo de falha do motor da aeronave. Essa abordagem requer a disponibilidade de grandes quantidades de dados históricos para treinar um algoritmo de autoaprendizagem.

Se houver um número limitado de ocorrências para treinar um modelo de aprendizado de máquina, técnicas de aprendizagem não supervisionada podem ser aplicadas onde o algoritmo de aprendizagem procura por dados externos. Algoritmos de aprendizagem não supervisionados são úteis para encontrar padrões ou clusters significativos em um grande conjunto de dados. Por exemplo, um varejista pode usar algoritmos de autoaprendizagem não supervisionados para análise em cluster de dados de clientes para descobrir novos segmentos significativos de clientes para fins de marketing ou desenvolvimento de produtos.

A Aprendizagem Profunda

A aprendizagem profunda é um subconjunto do aprendizado de máquina com vasto potencial. Como observado anteriormente, a maioria das abordagens tradicionais de autoaprendizagem envolve uma extensa engenharia de recursos que requer uma experiência significativa. Isso pode se tornar um obstáculo, pois os cientistas de dados são necessários para classificar e rotular os dados e treinar o modelo. Na aprendizagem profunda, no entanto, as características importantes não são predefinidas pelos cientistas de dados, mas sim aprendidas pelo algoritmo.

Esse é um avanço importante, porque, embora a engenharia de recursos possa ser usada para resolver certos problemas de inteligência artificial, não é uma abordagem viável para muitos outros problemas de IA. Para muitas tarefas, é extremamente difícil ou impossível para os cientistas de dados determinar as características que devem ser extraídas. Considere, por exemplo, o problema do reconhecimento de imagens, como a criação de um algoritmo para reconhecer carros — um requisito crítico para a tecnologia de autocondução. O número de variantes em como um carro pode aparecer é infinitamente grande — dadas todas as possibilidades de forma, tamanho, cor, iluminação, distância, perspectiva, e assim por diante. Seria impossível para um cientista de dados extrair todas as características relevantes para treinar um algoritmo. Para tais problemas, a aprendizagem profunda emprega a tecnologia da "rede neural" — descrita a seguir —, uma abordagem originalmente inspirada pela rede de neurônios do cérebro humano, mas na realidade tendo pouco em comum com a forma como nosso cérebro funciona.

A aprendizagem profunda permite que os computadores construam conceitos complexos a partir de uma hierarquia mais simples de conceitos aninhados. É possível pensar nisso como uma série de algoritmos encadeados: cada camada da hierarquia é um algoritmo que executa uma parte da determinação em sucessão, até que o layer final forneça a saída. No caso da tarefa de reconhecimento do carro, por exemplo, a rede neural é treinada através da alimentação de um grande número de imagens (com e sem carros). Cada camada da rede neural analisa os vários componentes da imagem — identificando progressivamente conceitos abstratos, como bordas, cantos, contornos, círculos e retângulos, que representam as rodas de um carro, corpo etc. — e eventualmente desenvolve o conceito de um carro baseado nessa hierarquia de conceitos aninhados.[10] Uma vez treinada, a rede neural pode receber uma imagem que não viu antes e determinar com um alto grau de precisão se é um carro.

Como uma Rede Neural Reconhece uma Imagem de Carro

Usando redes neurais multicamadas, a IA de aprendizagem profunda permite que os computadores construam conceitos complexos a partir de uma hierarquia simples de conceitos aninhados.

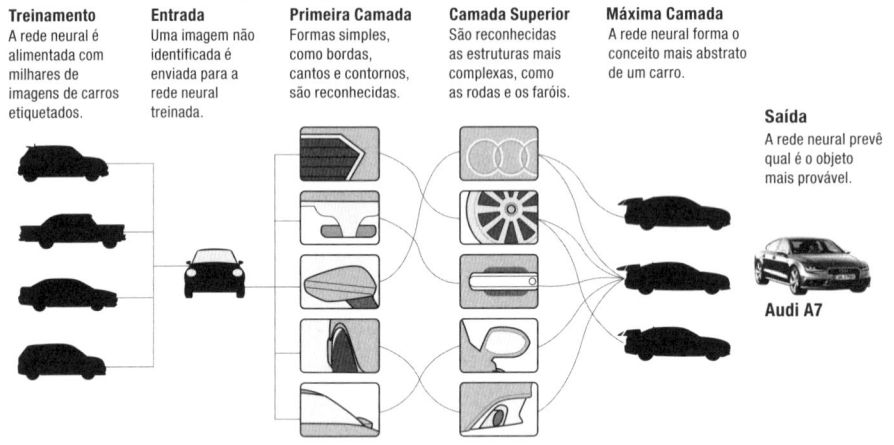

Treinamento
A rede neural é alimentada com milhares de imagens de carros etiquetados.

Entrada
Uma imagem não identificada é enviada para a rede neural treinada.

Primeira Camada
Formas simples, como bordas, cantos e contornos, são reconhecidas.

Camada Superior
São reconhecidas as estruturas mais complexas, como as rodas e os faróis.

Máxima Camada
A rede neural forma o conceito mais abstrato de um carro.

Saída
A rede neural prevê qual é o objeto mais provável.

Audi A7

FIGURA 3.6

Como se pode imaginar, a aprendizagem profunda tem um vasto potencial para muitas aplicações em negócios e governo. Além de seu uso em problemas de visão computacional apresentados por carros automotores e robôs de fábrica, as redes neurais também podem ser aplicadas a tarefas como reconhecimento de voz em dispositivos inteligentes (por exemplo, Amazon Echo e Google Home), atendimento ao cliente automatizado, tradução de linguagem em tempo real, diagnóstico médico, previsão e otimização da produção de campos de petróleo, e muitos outros. A aprendizagem profunda é especialmente interessante porque pode ser aplicado a qualquer tarefa — desde a previsão de falha do motor ou de diabetes até a identificação de fraude — com muito menos intervenção do cientista de dados, em comparação com outros métodos de aprendizado de máquina, devido à necessidade muito reduzida ou inexistente de engenharia de recursos.

A IA é uma área extremamente excitante, com infinitas possibilidades, e o campo está avançando rapidamente. Vários catalisadores estão acelerando o uso de IA, incluindo o declínio contínuo no custo de computação e armazenamento, bem como melhorias e inovações contínuas de hardware. À medida que a computação se torna mais poderosa e menos dispendiosa, a IA pode ser aplicada a conjuntos de dados cada vez maiores e mais diversificados para resolver mais problemas e conduzir à tomada de decisões em tempo real.

Não é exagero dizer que a IA mudará profundamente a forma como trabalhamos e vivemos. Embora permaneçamos nas fases iniciais da utilização da IA nos negócios e no governo, a corrida aos armamentos de IA claramente já começou. As organizações com visão de futuro já estão ativamente engajadas na aplicação da IA em suas cadeias de valor. Elas estão se posicionando para se anteciparem aos concorrentes e prosperarem, pois a transformação digital determina quais organizações liderarão e quais se afastarão. Os atuais CEOs e outros líderes seniores devem pensar ativamente sobre como a IA terá impacto no cenário em que operam e como aproveitar as novas oportunidades que ela abrirá.

A Internet das Coisas (IoT)

A quarta tecnologia que impulsiona a transformação digital é a internet das coisas (IoT). A ideia básica da IoT é conectar à internet qualquer dispositivo equipado com capacidades adequadas de processamento e comunicação, para que possa enviar e receber dados. É um conceito muito simples, com potencial para criar valor significativo, mas a história da IoT não termina aí.

A potência e o potencial reais da IoT derivam do fato de a computação rapidamente estar se tornando onipresente e interligada à medida que os microprocessadores vão se tornando cada vez mais baratos e mais eficientes em termos energéticos e as redes vão se tornando mais rápidas. Hoje, supercomputadores de IA baratos e do tamanho de um cartão de crédito estão sendo implantados em mais dispositivos — como carros, drones, máquinas industriais e edifícios.

Como resultado, a computação em nuvem está sendo efetivamente estendida para a extremidade da rede — ou seja, para os dispositivos onde os dados são produzidos, consumidos e agora analisados.

O TX2, da NVIDIA, é um exemplo de um supercomputador IA de ponta. O TX2 pode processar streaming de vídeo em tempo real e usar reconhecimento de imagem baseado em IA para identificar pessoas ou objetos. Por exemplo, ele pode ser incorporado em robôs de entrega autodirigidos para alimentar seu sistema de visão computacional, para navegar pelas ruas e calçadas da cidade. O TX2 de 2 por 3 polegadas incorpora componentes avançados, incluindo uma poderosa GPU de 256 núcleos e 32 gigabytes de armazenamento local RAM capaz de gravar cerca de uma hora de vídeo. O consumo de energia, uma consideração importante em aplicações como drones, é inferior a 8 watts.

Com tais avanços, estamos vendo uma evolução importante no fator forma da computação (que abordarei com mais profundidade no Capítulo 7). Carros, aviões, edifícios comerciais, fábricas, casas e outras infraestruturas, como redes eléctricas, cidades, pontes, portos e túneis, têm cada vez mais milhares de computadores e câmaras inteligentes instalados para monitorar, interpretar e reagir às condições e observações. Em essência, tudo está se tornando um dispositivo de computação, e os recursos de IA estão sendo cada vez mais incorporados a esses dispositivos.

O nome técnico para IoT — *sistemas ciberfísicos* — descreve a convergência e o controle da infraestrutura física pelos computadores. Implantados em sistemas físicos, os computadores monitoram continuamente e realizam mudanças localmente — por exemplo, ajustando a configuração de um controle industrial —, enquanto se comunicam e coordenam em uma área mais ampla por meio de centros de dados em nuvem.

Um exemplo de tal sistema é a rede inteligente na indústria de utilidades elétricas, que usa energia gerada localmente, quando disponível, e retira energia da rede elétrica quando necessário. O potencial é tornar a infraestrutura de energia global de 33% a 50% mais eficiente. Habilitar tal sistema requer que a IA seja implantada em computadores de ponta, para fazer continuamente previsões (ou inferências) da demanda de energia baseadas em IA em tempo real e combinar essa demanda com a fonte de energia mais econômica, seja solar local, por bateria, eólica ou da rede elétrica. A ideia de uma rede "transativa", em que os nós individuais das microrredes tomam decisões instantâneas de compra e venda de energia, está mais próxima de se tornar realidade.

Outros exemplos de processamento local combinado com processamento em nuvem incluem o Amazon Echo, veículos autônomos, drones equipados com câmera para vigilância ou outros usos comerciais e industriais (como avaliações de danos de seguros) e robótica em sistemas de fabricação. Em breve, mesmo os seres humanos terão dezenas ou centenas de computadores e implantes de baixo consumo que monitoram e regulam continuamente a química sanguínea, pressão arterial, pulso, temperatura e outros sinais metabólicos. Esses dispositivos serão capazes de se conectar via internet a serviços baseados em nuvem, como serviços de diagnóstico médico, mas também terão capacidade suficiente de computação local e IA para coletar e analisar dados e tomar decisões em tempo real.

Hoje, mesmo que permaneçamos nos estágios iniciais da IoT, várias aplicações IoT já oferecem um enorme valor para empresas e governos. No setor de energia, por exemplo, as concessionárias percebem um valor substancial de aplicações de manutenção preditiva alimentadas por dados de telemetria de sensores instalados em toda a rede de distribuição da concessionária. Por exemplo, um grande utilitário europeu executa uma aplicação de manutenção preditiva baseada em IA que consome dados de sensores e medidores inteligentes através de sua rede de distribuição de 1,2 milhão de quilômetros para prever falhas no equipamento e prescrever uma manutenção proativa antes que ele falhe. O benefício econômico potencial para a empresa de serviços públicos é superior a *600 milhões de euros por ano*.

No setor público, a Força Aérea norte-americana (USAF) implanta aplicações de manutenção preditiva baseadas em IA para prever falhas de sistemas e subsistemas de aeronaves para uma variedade de modelos delas, permitindo manutenção proativa e reduzindo a quantidade de manutenção não programada. Os aplicativos analisam dados de numerosos sensores em cada aeronave, bem como outros dados operacionais, para prever quando um sistema ou subsistema falhará. Com base nos resultados das implantações iniciais desses aplicativos, a USAF espera aumentar a disponibilidade das aeronaves em 40% em toda sua frota.

Esses são apenas alguns exemplos de aplicativos IoT alimentados por IA implantados hoje que oferecem valor significativo como parte de iniciativas de transformação digital em grandes empresas. Discutirei casos e exemplos adicionais de uso da IoT no Capítulo 7.

Aplicativos IA e IoT Exigem uma Nova Pilha de Tecnologia

Vimos que cada uma das quatro tecnologias que impulsionam a transformação digital — computação em nuvem elástica, big data, IA e IoT — apresenta novas e poderosas capacidades e possibilidades. Mas elas também criam novos desafios e complexidades significativas para as organizações, particularmente ao uni-las em uma plataforma tecnológica coesa. Na verdade, muitas organizações lutam para desenvolver e implantar aplicativos de IA e IoT em escala e, consequentemente, nunca progredir além de experimentos e protótipos.

Essas organizações normalmente tentam desenvolver o aplicativo juntando vários componentes da coleção de software de código aberto Apache Hadoop (e de distribuidores comerciais Hadoop, como Cloudera e Hortonworks) em cima de uma plataforma de nuvem pública (AWS, Microsoft Azure, IBM Cloud ou Google Cloud). Essa abordagem quase nunca apresenta sucesso — muitas vezes após meses, mesmo anos, de tempo e esforço dos desenvolvedores. O cenário corporativo está repleto de projetos fracassados. Por quê?

Componentes de software como os da coleção Hadoop são projetados e desenvolvidos independentemente por mais de setenta colaboradores. Eles usam diferentes linguagens de programação e protocolos de interface com altos custos de troca de modelos de programação e exibem níveis de maturidade, estabilidade e escalabilidade muito variáveis. Além disso, o número de permutações que os desenvolvedores devem enfrentar — de chamadas de serviço de infraestrutura, sistemas corporativos e integrações de dados, objetos de dados corporativos, interfaces de sensores, linguagens de programação e bibliotecas para suportar o desenvolvimento de aplicativos — é quase infinito. Finalmente, a maioria das empresas precisa projetar, desenvolver e operar centenas de aplicações empresariais que requerem "exatidão" ligeiramente diferente dos componentes Hadoop. A complexidade resultante sobrecarrega até mesmo as melhores equipes de desenvolvimento. Essa abordagem do ponto de costura em conjunto raramente é bem-sucedida.

Na realidade, nem a coleção Hadoop nem as nuvens públicas por si só fornecem uma plataforma completa para o desenvolvimento de aplicativos de IA e IoT em escala. Os requisitos técnicos para habilitar uma plataforma corporativa completa e de última geração que reúne computação em nuvem, big data, IA e IoT são abrangentes e incluem dez requisitos essenciais:

1. **Agregação de dados:** Ingerir, integrar e normalizar qualquer tipo de dados de várias fontes diferentes, incluindo sistemas internos e externos, bem como redes de sensores.

2. **Computação Multi-Cloud:** Permite a computação e o armazenamento econômico, elástico e escalável em qualquer combinação de nuvens privadas e públicas.

3. **Computação Edge:** Permite o processamento local de baixa latência e previsões e inferências de IA em dispositivos de borda, permitindo decisões ou ações instantâneas em resposta a entradas de dados em tempo real (por exemplo, parar um veículo autodirigido antes que ele atinja um pedestre).

4. **Serviços de plataforma:** Fornece serviços abrangentes e necessários para o processamento contínuo de dados, processamento temporal e espacial, segurança, persistência de dados etc.

5. **Modelo Semântico Empresarial:** Fornece um modelo de objeto consistente em todo o negócio, a fim de simplificar e acelerar o desenvolvimento de aplicativos.

6. **Microsserviços Empresariais:** Fornece um catálogo abrangente de serviços de software baseados em IA, permitindo que os desenvolvedores criem rapidamente aplicativos que aproveitem os melhores componentes.

7. **Enterprise Data Security:** Fornece criptografia robusta, autenticação de acesso de usuário e controles de autorização.

8. **Simulação de Sistemas Utilizando IA e Algoritmos de Otimização Dinâmica:** Permite o suporte completo ao ciclo de vida do aplicativo, incluindo desenvolvimento, teste e implantação.

9. **Plataforma Aberta:** Suporte a várias linguagens de programação, interfaces baseadas em padrões (APIs), aprendizado de máquina de código aberto e bibliotecas de aprendizado profundo, além de ferramentas de visualização de dados de terceiros.

10. **Plataforma Comum para o Desenvolvimento Colaborativo:** Permite que desenvolvedores de software, cientistas de dados, analistas e outros membros da equipe trabalhem em uma estrutura comum, com um conjunto comum de ferramentas, para acelerar o desenvolvimento, a implantação e a operação de aplicativos.

A Arquitetura Orientada por Modelos

Esses requisitos são abordados exclusivamente por meio de uma "arquitetura orientada por modelos". As arquiteturas orientadas por modelos definem sistemas de software usando modelos independentes de plataforma — ou seja, os modelos são independentes dos serviços de infraestrutura subjacentes fornecidos por um provedor de plataforma de nuvem específico, seja AWS, Azure, IBM, Google ou qualquer outro. Os modelos são então automaticamente traduzidos para uma ou mais implementações específicas da plataforma de nuvem. Isso significa que o desenvolvedor não precisa se preocupar com quais componentes subjacentes o aplicativo usará ou em qual plataforma de nuvem o aplicativo será executado. Como resultado, com uma arquitetura orientada por modelos, os aplicativos de IA e IoT podem ser configurados e implantados muito mais rapidamente do que abordagens alternativas, com pequenas equipes de três a cinco engenheiros de software e cientistas de dados.

Uma arquitetura orientada por modelos simplifica e acelera o desenvolvimento porque fornece um "modelo específico de domínio" que permite que os engenheiros de software codifiquem a lógica comercial de seus aplicativos IA e IoT com apenas uma fração do código exigido pelas abordagens de programação tradicionais.

Os benefícios resultantes são dramáticos. Pequenas equipes de programadores e cientistas de dados podem desenvolver aplicações de produção de IA e IoT em apenas dez semanas, com projetos de grande escala normalmente exigindo de doze a dezesseis semanas desde o design e desenvolvimento até o teste e a implantação da produção ao vivo. Voltarei a este tema com mais profundidade no Capítulo 10, "Uma Nova Pilha de Tecnologia".

As quatro tecnologias que impulsionam a transformação digital — computação em nuvem elástica, big data, IA e IoT — finalmente se uniram de forma acessível. Com essa convergência, acredito que estamos prontos para ver uma aceleração notável das iniciativas da transformação digital em todos os setores globalmente. Para os leitores que querem entender essas tecnologias em mais detalhes, os próximos quatro capítulos examinam cada um delas com mais profundidade. Os leitores que quiserem saltar à frente para ver como essas tecnologias estão sendo aproveitadas hoje em dia nas iniciativas de transformação digital do mundo real podem recorrer ao Capítulo 9, "A Empresa Digital".

Capítulo 4

A Nuvem Elástica

Agora, entrando em sua segunda década, a computação em nuvem elástica é uma base essencial e força motriz da transformação digital. Ao fornecer acesso universal a quantidades ilimitadas de recursos computacionais e a capacidade de armazenamento em uma base de pay-as-you-go (pagamento conforme o uso), eliminando a necessidade de desembolsos de capital inicial dispendiosos, a nuvem democratizou a TI, permitindo que organizações de qualquer tamanho apliquem a IA a conjuntos de dados de qualquer tamanho.

Embora um número cada vez maior de organizações existentes esteja mudando rapidamente grandes partes de sua TI para plataformas de nuvem pública, muitas ainda resistem à mudança para a nuvem. Tal resistência é muitas vezes baseada em crenças ultrapassadas sobre segurança, disponibilidade e confiabilidade inadequadas da nuvem. De fato, desde o surgimento das primeiras ofertas de nuvem pública, mais de uma década atrás, a rápida evolução e os amplos investimentos dos principais provedores de nuvem os catapultaram para a vanguarda, ultrapassando os data centers tradicionais em praticamente todas as medidas.

Este capítulo examina em maior detalhe a ascensão da computação em nuvem, seu valor comercial e seus benefícios e riscos. É importante que os líderes empresariais e governamentais entendam esse paradigma, que muda fundamentalmente a economia da computação e da infraestrutura de TI. As organizações que não podem ou não querem adotar a computação em nuvem estarão em desvantagem severa em comparação com seus concorrentes.

A "nuvem elástica" ganha seu nome a partir da capacidade de se expandir e trabalhar de forma rápida e dinâmica para satisfazer as necessidades de recursos de computação e armazenamento. Essa elasticidade transformou os modelos de implantação de software, os custos de TI e como o capital é alocado. A computação em nuvem até mesmo transformou indústrias inteiras e permitiu o surgimento de novas indústrias. A música, por exemplo, é quase totalmente entregue e acessada hoje em dia por meio de serviços baseados na nuvem, como o Spotify e o Apple Music, e não em CDs. Serviços de streaming de mídia baseados em nuvem, como Netflix e Amazon Prime Vídeo, estão crescendo rapidamente, atraindo os espectadores para longe da TV a cabo tradicional e dos cinemas. E serviços de ride-sharing, como a Uber e a Lyft, não existiriam sem a nuvem.

Os desenvolvedores não precisam mais investir muito em hardware para criar e implantar um serviço. Eles não se preocupam mais com excesso de provisionamento — desperdiçando assim recursos caros — ou com a carência para um aplicativo que se torna extremamente popular e perde potenciais clientes e receitas. Organizações com grandes operações de computação que podem ser feitas em paralelo e não em uma sequência linear — como o processamento de fluxos de transações com cartão de crédito — podem obter resultados tão rapidamente quanto seus programas podem escalar, já que usar mil servidores por uma hora custa o mesmo que usar um servidor por mil horas.

Essa elasticidade de recursos, sem prêmio para a computação em larga escala, não tem precedentes na história da TI.[1]

A Evolução da Nuvem Elástica: De Mainframes à Virtualização

A evolução da nuvem começou com o surgimento dos computadores mainframe na década de 1950. Posteriormente, os mainframes se tornaram a base da computação corporativa por várias décadas. Se você reservou um bilhete de avião ou retirou dinheiro em um caixa eletrônico, você interagiu indiretamente com um mainframe. As empresas confiaram nos mainframes para executar operações críticas porque eles foram projetados para "confiabilidade, disponibilidade e capacidade de serviço" (RAS), um termo popularizado pela IBM.[2]

John McCarthy, então professor do MIT, introduziu a ideia do time-sharing dos recursos computacionais em um sistema de defesa aérea em 1959.[3] Em 1961, uma demonstração funcional do time-sharing chamado Compatible Time-Sharing System (CTSS) lançou duas décadas de desenvolvimento no acadêmico e na indústria. O Multiplexed Information and Computing Service (Multics) e os subsequentes sistemas operacionais de time-sharing Unix impulsionaram a área acadêmica e as empresas a adotarem amplamente o time-sharing como uma forma de acessar e compartilhar recursos computacionais caros e centralizados.

Virtualização — a capacidade de criar partições privadas em recursos computacionais, de armazenamento e de rede — é a inovação tecnológica que torna possível a nuvem de hoje. Isso é o que permite que provedores de nuvem como AWS, Azure e Google Cloud ofereçam aos clientes recursos privados e seguros, mantendo grandes pools de servidores e instalações de armazenamento em locais centrais, conectados por redes de alta velocidade. O conceito surgiu na década de 1970, mas o termo *virtualização* foi popularizado apenas na década de 1990. O primeiro sistema que ofereceu aos usuários uma máquina virtualizada foi o sistema operacional CP40, da IBM, lançado no início da década de 1970.[4] Com o CP40, os usuários tinham seu próprio sistema operacional sem ter de trabalhar com outros usuários de time-sharing.

A virtualização de aplicativos foi popularizada pela primeira vez no início da década de 1990 com o Java da Sun Microsystems. O Java Runtime Environment (JRE) habilitou os aplicativos a serem executados em qualquer computador que tivesse o JRE instalado. Antes do Java, os desenvolvedores tinham de compilar código para cada plataforma em que seus softwares rodavam. Isso era lento e exigia muitos recursos, particularmente entre as muitas plataformas Unix populares na época. O Java criou a capacidade de executar aplicações prontas para a internet sem ter de compilar código para cada plataforma. O sucesso do Java deu início a uma era de ferramentas similares que suportavam a implantação de multiplataformas, incluindo o PC Virtual da Connectix para Macintosh (1997)[5] e o Workstation da VMware (1999).[6]

No início dos anos 2000, a VMware transformou a virtualização de aplicativos ao introduzir um software conhecido como "hipervisor", o qual não exigia a execução de um sistema operacional do host. O software Hypervisor, juntamente com as interfaces de desktop virtual (VDIs), tornou a virtualização um movimento fácil para muitas empresas ao mesmo tempo. Essa separação do hardware do sistema operacional e dos aplicativos levou à evolução do (data) center corporativo, uma versão mais flexível dos recursos de computação e armazenamento compartilhados do que os mainframes. Grandes players, como HP, VMware, Dell, Oracle, IBM e outros, lideraram esse mercado pelo que hoje chamamos de "nuvem privada".

Paralelamente, vários avanços em rede levaram ao desenvolvimento da nuvem pública. A partir de 1969, com a demonstração inicial do ARPANET (de onde nasceu a internet),[7] para a introdução do Protocolo de Controle de Transmissão (TCP), redes X.25, Protocolo Internet (IP), Packet Switching, Frame Relay, Multiprotocol Label Switching (MPLS) e Domain Name System (DNS), as redes públicas e privadas avançaram rapidamente. A tecnologia das redes privadas virtuais (VPN) permitiu às empresas utilizar as redes públicas como redes privadas, o que as libertou de ligações dispendiosas, lentas e dedicadas entre instalações.

Comercializados pelos maiores gigantes das telecomunicações no final dos anos 1990 e nos anos 2000, os VPNs permitiram que as organizações conduzissem negócios online com segurança.

Todos esses avanços, além de hardware de rede melhor e mais barato, prepararam o terreno para a nuvem pública de hoje.

A Ascensão da Nuvem Pública

Em 2006, a Amazon Web Services (AWS) introduziu o Simple Storage Service (S3), para armazenar dados de qualquer tipo e tamanho; o Elastic Compute Cloud (EC2), uma máquina virtual IaaS para computação em qualquer escala; e o Simple Queue Service (SQS), para enviar e receber mensagens entre componentes de software de qualquer volume. Isso marcou a introdução da nuvem pública, uma oferta comercial para empresas que precisam coletar, armazenar e analisar seus dados de forma simples e segura em qualquer escala. A ideia de que você poderia "alugar" unidades de recursos de computação e armazenamento que poderiam ser instantaneamente provisionados e gerenciados por terceiros para suportar operações e usuários em qualquer lugar do mundo foi revolucionária.

O impacto da nuvem pública não é exagero. Libertou as empresas de enormes encargos administrativos e isolou os departamentos de TI do ciclo contínuo de correspondência entre os recursos e a procura. Igualmente importante, a nuvem pública liberou a equipe de TI para trabalhar com linhas de negócios para entender melhor os requisitos e as necessidades de negócios.

Os três serviços iniciais da Amazon efetivamente abriram caminho para que outros provedores de serviços de nuvem os seguissem. O Google entrou no negócio da nuvem com o lançamento do Google App Engine em 2008.[8] A Microsoft anunciou o Azure mais tarde daquele ano e lançou seus primeiros produtos de nuvem em etapas de 2009 até o início de 2010.[9] A IBM entrou na briga com a aquisição da SoftLayer, a progenitora da IBM Cloud, em 2013.[10]

A gama de recursos disponíveis na nuvem pública (e, consequentemente, a gama de casos de uso) aumentou ao longo dos anos. A AWS, por exemplo, introduziu avanços importantes, incluindo a rede de distribuição de conteúdo CloudFront (2008), Virtual Private Cloud (2009), Relational Database Service (2009) e sua oferta sem servidor, Lambda (2014). Todos esses avanços, da AWS e outros, criaram um ambiente em que as empresas podem nascer, construir e operar na nuvem. As empresas nascidas na nuvem podem se mover rapidamente e aumentar ou diminuir a escala conforme necessário.

A Computação em Nuvem nos Dias de Hoje

A computação em nuvem continua a evoluir, sendo redefinida e reimaginada com novas características, modelos de implantação e modelos de serviço. Desde 2006, quando o então CEO da Google, Eric Schmidt, popularizou o termo "nuvem" para descrever o modelo de negócios de prestação de serviços na internet, muitas definições variáveis de nuvem levaram à confusão, ceticismo e hype do mercado. Em 2011, o Instituto Nacional de Padrões e Tecnologia (NIST) — agência governamental norte-americana, reconheceu a importância da computação em nuvem e padronizou a definição. O NIST define a computação em nuvem como um "modelo para permitir o acesso onipresente, conveniente e sob demanda à rede a um conjunto compartilhado de recursos de computação configuráveis (por exemplo, redes, servidores, armazenamento, aplicativos e serviços) que podem ser rapidamente provisionados e liberados com o mínimo esforço de gerenciamento ou interação com o provedor de serviços".[11]

Hoje, a computação em nuvem sustenta e ajuda a impulsionar a transformação digital. O surgimento generalizado de empresas digitais nativas hoje não seria possível sem esse acesso fácil, imediato e acessível aos recursos de computação escaláveis disponíveis através da nuvem pública elástica. As organizações existentes estão observando tanto a economia favorável quanto a maior agilidade que a nuvem oferece para viabilizar seus próprios esforços de transformação digital, e estão aproveitando o crescente conjunto de recursos de computação em nuvem.

As Características da Nuvem

Cinco características fundamentais da computação em nuvem a tornam essencial para a transformação digital:

1. **Capacidade infinita:** Os recursos de armazenamento e computação são essencialmente ilimitados.

2. **Autoatendimento a pedido:** Os usuários podem fornecer unilateralmente recursos de computação sem exigir interação humana do provedor de nuvem.

3. **Amplo acesso à rede:** Os usuários podem operar na nuvem através de serviços de telecomunicações tradicionais, como o Wi-Fi, a internet e os serviços móveis (por exemplo, 3G, 4G ou LTE), em quase todos os dispositivos, o que significa que a computação em nuvem é acessível em qualquer lugar.

4. **Pooling de recursos:** Os provedores de nuvem atendem a vários usuários por meio de um modelo multiusuário, permitindo que um pool de recursos físicos e virtuais seja atribuído e reatribuído dinamicamente de acordo com a demanda de cada usuário, reduzindo assim os custos de recursos para todos os usuários.
5. **Rápida elasticidade:** Os recursos podem ser provisionados e desprovisionados de forma automática, transparente e rápida à medida que a demanda do usuário aumenta ou diminui.

Modelos de Implantação de Nuvem

Além de seus principais recursos técnicos, dois aspectos da computação em nuvem — o modelo de implantação (quem possui a infraestrutura) e o modelo de serviço (que tipo de serviços são fornecidos) — têm impactos significativos nas operações de negócios. Existem três modelos de implantação diferentes, determinados pela propriedade:

- **A nuvem pública** é uma infraestrutura disponível para uso por qualquer pessoa. É propriedade, gerida e operada por uma empresa (por exemplo, AWS, Azure, IBM ou Google Cloud) ou por um governo. A nuvem pública ganhou tração significativa com as corporações devido a sua capacidade infinita, elasticidade quase em tempo real, segurança forte e alta confiabilidade.

- **A nuvem privada** é uma infraestrutura de propriedade e operada para o benefício de uma única organização — um data center, ou uma coleção de data centers operados em um modelo de nuvem por uma organização para seu uso exclusivo. A nuvem privada de uma organização geralmente tem elasticidade limitada e capacidade finita, porque é fechada por hardware.

- **A nuvem híbrida** combina infraestruturas de nuvem pública e privada. A infraestrutura de nuvem híbrida é um espaço dinâmico, onde os provedores de nuvem pública estão oferecendo ambientes de nuvem privada dinâmicas e extensíveis (por exemplo, AWS GovCloud) dentro de uma nuvem pública, oferecendo, assim, o melhor dos dois mundos.

Como os executivos de negócios definem uma estratégia de computação em nuvem, eles devem alinhar sua abordagem de transformação digital com os prós e contras do modo de implantação escolhido.

Modelos de Implantação de Nuvem

As organizações têm uma variedade de opções em modelos de implantação de nuvem, desde uma nuvem puramente pública (de propriedade, gerenciada e operada por uma empresa para uso de qualquer pessoa) até a nuvem híbrida (uma mistura de pública e privada).

Nuvem Pública
A infraestrutura em nuvem é disponibilizada para utilização aberta pelo público em geral.

Ela pode ser pertencente, gerenciada e operada por uma organização empresarial, acadêmica ou governamental, ou alguma combinação delas. Ela existe nas instalações do provedor de nuvem.

Nuvem Privada
A infraestrutura de nuvem é provisionada para uso exclusivo por uma única organização.

Ela pode ser de propriedade, administrada e operada pela organização, um terceiro, ou alguma combinação deles. Pode existir em instalações ou fora delas.

Nuvem Híbrida
A infraestrutura de nuvem é uma combinação de nuvens públicas e privadas, que permanecem entidades únicas, mas estão unidas por uma tecnologia padronizada ou proprietária que permite a portabilidade de dados e aplicativos.

FIGURA 4.1

Modelos de Serviços em Nuvem

O segundo aspecto da computação em nuvem que impacta significativamente a forma como as organizações a aproveitam é o modelo de serviço. A indústria da nuvem evoluiu de três maneiras amplas nas quais uma empresa pode aproveitar o poder da nuvem:

- **Infraestrutura como Serviço (IaaS)** compreende os elementos constitutivos da infraestrutura (recursos informáticos, de armazenamento e de rede) fornecidos e oferecidos a pedido. O provedor de serviços de nuvem é responsável pela infraestrutura, e os usuários têm acesso a suas próprias máquinas virtuais, com controle sobre o sistema operacional, as imagens de disco virtual, endereços IP etc. AWS Elastic Compute Cloud (EC2), Azure Virtual Machines, IBM Cloud e Google Compute Engine são os exemplos mais proeminentes de IaaS.

- **Plataforma como Serviço (PaaS)** significa plataformas de desenvolvimento prontas para uso que permitem aos usuários criar, testar e implantar aplicativos na nuvem. A plataforma gerencia a infraestrutura subjacente, sistema operacional, ambientes, segurança, disponibilidade, escalabilidade, backup e quaisquer necessidades associadas, como um banco de dados. O AWS Elastic Beanstalk, o Azure Web Apps e o Google App Engine são exemplos de plataformas de nuvem de uso geral.

- **Software como Serviço (SaaS)** refere-se a aplicações de software hospedadas na infraestrutura de nuvem (pública ou privada) e acessadas pelos usuários através da internet por meio de um navegador web. Antes do advento do SaaS, as empresas normalmente tinham de instalar e executar aplicativos de software licenciados em sua própria infraestrutura e gerenciar operações como disponibilidade de servidores, segurança, recuperação de desastres, patches de software e atualizações. A maioria das organizações não se especializou nessas capacidades de manutenção de hardware e software. No modelo SaaS, a equipe de TI de uma organização não precisa se preocupar com esses detalhes de infraestrutura. O fornecedor de SaaS gerencia tudo. Além disso, as organizações são normalmente faturadas anualmente, geralmente com base no número de usuários licenciados para acessar a oferta de SaaS. O SaaS tem tido um efeito transformador nas organizações — agora elas podem se concentrar completamente na administração de seus negócios com custos e demandas de TI drasticamente menores. Nas últimas duas décadas, surgiram vários grandes negócios SaaS, como Salesforce, Workday, ServiceNow e Slack. Além disso, todos os gigantes tradicionais de software, como Microsoft, Oracle, SAP, Adobe e Autodesk, agora oferecem aplicativos SaaS.

Essa rápida evolução da implantação da nuvem e dos modelos de serviços ao longo da última década tem sido um importante impulsionador e facilitador da transformação digital para organizações existentes e startups em todos os setores. Como parte de suas iniciativas de transformação digital, as organizações estão migrando seus próprios ambientes de nuvem privada ou nuvem híbrida para nuvens públicas. Ao mesmo tempo, vemos novas empresas nascendo na nuvem pública elástica, que prontamente incorporam esses novos recursos como componentes essenciais de seu DNA digital.

A Infraestrutura Global da Nuvem Pública

Os principais provedores de serviços de nuvem — Amazon Web Services, Google Cloud Platform e Microsoft Azure — competem ferozmente por clientes corporativos e suas cargas de trabalho. Eles investem fortemente em hardware (computação, armazenamento e rede) e software (hipervisores, sistemas operacionais e uma ampla gama de microsserviços de suporte) de última geração — tudo para oferecer o melhor em conectividade, desempenho, disponibilidade e escalabilidade. Para as empresas, isso ajudou a reduzir substancialmente os custos da nuvem: os custos de armazenamento da Microsoft Azure caíram 98% nos últimos dez anos.[12]

Do mesmo modo, o aumento da procura e a diminuição dos custos alimentaram o rápido aumento da capacidade informática. Em 2015, a Amazon adicionou capacidade suficiente todos os dias para suportar uma empresa da Fortune 500. E o ritmo de crescimento das nuvens não parece estar se abrandando. Em 2018, a receita do mercado mundial de serviços de nuvem pública cresceu 21%, para US$175,8 bilhões, contra US$145,3 bilhões em 2017. E ultrapassará os US$278 bilhões em 2021.[13]

A tendência é clara. A intensa concorrência entre os fornecedores de nuvem pública, para os quais a computação em nuvem representa uma linha de negócios multibilionária em rápido crescimento, continuará a reduzir os custos para seus clientes, aumentando a riqueza dessas ofertas. O imperativo comercial de adotar a computação em nuvem se torna mais atraente a cada dia.

Conectividade com a Nuvem

A adoção de serviços em nuvem em nível mundial é impulsionada também pela melhoria da conectividade do setor das telecomunicações. As velocidades de rede em todo o mundo estão aumentando significativamente graças, em parte, às instalações de fibra em cidades e edifícios. A velocidade média da rede nos EUA é superior a 18 megabits por segundo (Mbps) — apenas um décimo no mundo. A Coreia do Sul encabeça a lista, com quase 30 Mbps. Em todo o mundo, a velocidade média é de pouco mais de 7 Mbps, aumentando 15% ao ano.[14, 15]

Historicamente, as redes fixas ofereciam velocidades e latências superiores às das redes móveis, mas a inovação contínua na tecnologia de redes móveis — 3G e 4G (terceira e quarta gerações) e a evolução a longo prazo (LTE) — reduziu rapidamente a diferença de desempenho entre as redes fixas e móveis. E a demanda mundial por tablets e smartphones de última geração leva as operadoras a investir em infraestrutura de rede móvel. Velocidades ainda mais altas da tecnologia 5G (quinta geração) acelerarão ainda mais a adoção da computação em nuvem.

Embora as redes 5G estejam apenas nas primeiras fases de implantação e as estimativas sobre as velocidades reais abundem, é evidente que serão significativamente mais rápidas do que as redes 4G. Na Exposição Internacional de Eletrônicos de Consumo (Consumer Electronics Show) de 2018, em Las Vegas, a Qualcomm simulou o que seriam as velocidades 5G em São Francisco e Frankfurt. A demonstração de Frankfurt mostrou velocidades de download superiores a 490 Mbps para um usuário típico comparado a taxas típicas de apenas 20 a 35 Mbps sobre as atuais redes 4G LTE. São Francisco era ainda mais rápida: 1,4 Gbps (gigabits por segundo).

O ponto-chave para os líderes empresariais e governamentais é que a tecnologia de computação em nuvem e a infraestrutura na qual ela se baseia continuam a melhorar e evoluir em um ritmo acelerado. O desempenho e a escalabilidade estão cada vez melhores, o que é mais uma razão para mudar para a nuvem sem demora.

Convertendo CapEx em OpEx

O crescimento da nuvem pública IaaS de 30% a 35% por ano nos últimos três anos[16] ilustra que as empresas — particularmente as que estão empreendendo a transformação digital — estão migrando para a nuvem por uma variedade de razões técnicas e financeiras. Com a transição das empresas para nuvens públicas elásticas, elas rapidamente percebem o apelo econômico da computação em nuvem, muitas vezes descrita como "conversão de despesas de capital em despesas operacionais" (CapEx para OpEx) através dos modelos de serviço SaaS, PaaS e IaaS pay-as-you-go.[17] Em vez de mobilizar capital para comprar ou licenciar ativos depreciadores como servidores e hardware de armazenamento, as organizações podem acessar instantaneamente recursos sob demanda na nuvem de sua escolha, pela qual são cobradas de forma granular com base no uso.

A precificação baseada em utilitários permite que uma organização compre horas de computação distribuídas de forma não uniforme. Por exemplo, cem horas de cálculo consumidas em um período de oito horas, ou cem horas de cálculo consumidas em um período de duas horas utilizando o quádruplo dos recursos custam o mesmo. Embora os preços de largura de banda baseados no uso estejam disponíveis há muito tempo na rede, é um conceito revolucionário para recursos computacionais.

A ausência de despesas de capital inicial, bem como a economia no custo de pessoal necessário para gerenciar e manter diversas plataformas de hardware, permite que as organizações redirecionem esse dinheiro liberado e invistam em seus esforços de transformação digital, como adicionar dispositivos IoT para monitorar sua cadeia de suprimentos ou implantar análises preditivas para melhor inteligência de negócios.

Benefícios Adicionais da Nuvem Pública Elástica

Embora as vantagens de custo, tempo e flexibilidade sejam as razões fundamentais para mudar para a nuvem pública elástica, há outros benefícios importantes:

- **Manutenção quase zero:** Na nuvem pública, as empresas não precisam mais gastar recursos significativos em manutenção de software e hardware, como atualizações de sistemas operacionais e indexação de banco de dados. Os vendedores de nuvens fazem isso por elas.

- **Disponibilidade garantida:** Em 2017, uma grande companhia aérea global sofreu uma queda de energia porque um funcionário desligou acidentalmente a energia em seu data center.[18] Esse tempo de inatividade não planejado — por causa de coisas como incompatibilidade de atualização do sistema operacional, problemas de rede ou falta de energia do servidor — praticamente desaparece na nuvem pública. Os principais provedores de nuvem pública oferecem garantias de disponibilidade. Uma disponibilidade de 99,99% de uptime, comum no setor, significa menos de uma hora de inatividade por ano. É quase impossível para uma equipe de TI interna garantir esse nível de uptime para uma empresa que opera globalmente.

- **Segurança cibernética e física:** Com a nuvem pública, as organizações se beneficiam dos amplos investimentos dos provedores de nuvem em segurança física e cibernética, gerenciados 24 horas por dia, 7 dias por semana, para proteger os ativos de informação. Os provedores de nuvem pública instalam continuamente patches para as milhares de vulnerabilidades descobertas a cada ano e realizam testes de penetração para identificar e corrigir vulnerabilidades. Os provedores de nuvem pública também oferecem certificação de conformidade, satisfazendo as normas de segurança e privacidade locais e nacionais.

- **Latência:** Minimizar a latência — o tempo de atraso entre a ação do usuário e a resposta do sistema — é fundamental para permitir operações em tempo real, ótimas experiências do cliente e muito mais. O maior determinante é o tempo de ida e volta entre a aplicação de um usuário final (por exemplo, um navegador web) e a infraestrutura. Os principais provedores de nuvem pública oferecem várias "zonas de disponibilidade" — ou seja, locais fisicamente isolados dentro da mesma região geográfica, conectados com baixa latência, alta taxa de transferência e rede altamente redundante. Por exemplo, a AWS abrange 53 zonas de disponibilidade em 18 regiões globalmente. Com a nuvem pública, um desenvolvedor de jogos na Escandinávia, por exemplo, pode implantar um aplicativo móvel e fornecer a melhor latência da categoria em todas as regiões do mundo sem gerenciar uma frota de data centers distantes.

- **Recuperação de desastres confiável:** As atuais nuvens públicas distribuídas globalmente garantem a replicação entre regiões e a capacidade de restaurar para pontos no tempo para uma recuperação de desastres abrangente e confiável. Por exemplo, um negócio cujo centro de dados do leste asiático é afetado por uma interrupção política local poderia operar sem qualquer interrupção de sua réplica na Austrália. Da mesma forma, se os arquivos forem acidentalmente destruídos, os serviços em nuvem permitem que as empresas restaurem o tempo em que seus sistemas estavam operando em um estado normal. Embora seja tecnicamente possível para qualquer empresa configurar, gerenciar e testar seus próprios serviços de replicação e restauração, isso seria proibitivamente caro para a maioria das organizações.

- **Desenvolvimento mais fácil e rápido (DevOps):** A mudança para a nuvem permite a nova metodologia de desenvolvimento conhecida como "DevOps", que está ganhando popularidade e adoção generalizadas. Os engenheiros de software tradicionalmente desenvolveram aplicativos em suas estações de trabalho locais, mas estão avançando de forma constante em direção ao desenvolvimento na nuvem. DevOps combina desenvolvimento de software (Dev) e operações de TI (Ops) em um alinhamento muito mais próximo do que antes. A nuvem oferece aos desenvolvedores uma maior variedade de linguagens e estruturas, ambientes de desenvolvimento baseados na nuvem atualizados, colaboração e suporte mais fáceis. Com containers baseados em nuvem, os engenheiros agora podem escrever em código em seu ambiente de desenvolvimento preferido, e isso será executado de forma confiável em diferentes ambientes de produção. Tudo isso aumenta a taxa de desenvolvimento e implantação de software para uso em produção.

- **Preço da assinatura:** A precificação baseada em utilitários da computação em nuvem transferiu a precificação do software para um modelo de assinatura, permitindo que os clientes paguem apenas pelo uso. Os modelos de assinatura para SaaS, PaaS e IaaS foram popularizados nos últimos anos, com preços tipicamente baseados no número de usuários e recursos computacionais consumidos. Na maioria dos casos, o preço da assinatura é proporcional aos diferentes níveis de recursos de software selecionados. Isso permite que as empresas selecionem e escolham o que querem, por quanto tempo quiserem, e para qualquer número de usuários. Mesmo pequenas e médias empresas podem acessar de forma otimizada o melhor software da categoria.

- **À prova de futuro:** O SaaS permite que os produtores de software atualizem os produtos de forma rápida e frequente, para que os clientes tenham sempre a funcionalidade mais recente. Na era pré-cloud, as empresas muitas vezes precisavam esperar seis meses ou mais entre os ciclos de lançamento para obter as últimas melhorias, e a implementação poderia ser lenta e propensa a erros. Agora, com o SaaS baseado na nuvem, as empresas recebem continuamente atualizações e upgrades contínuos e sabem que sempre operam com a versão mais recente.

- **Focando negócios, não TI:** Na era das licenças de software, as empresas tinham de manter equipes para gerenciar hospedagem no local, atualizações de software e hardware, segurança, ajuste de desempenho e recuperação de desastres. As ofertas de SaaS liberam a equipe dessas tarefas, permitindo que as empresas se tornem ágeis e se concentrem em administrar os negócios, atender aos clientes e se diferenciar dos concorrentes.

A Computação sem Limites

A nuvem elástica removeu eficazmente os limites da disponibilidade e capacidade dos recursos informáticos — um pré-requisito fundamental para a construção das novas classes de aplicações IA e IoT que estão a alimentar a transformação digital.

Essas aplicações normalmente lidam com conjuntos de dados de massa de terabyte e petabyte em escala. Os conjuntos de dados desse tamanho — especialmente porque incluem uma grande variedade de dados estruturados e não estruturados de várias fontes — representam desafios especiais, mas são também a matéria-prima essencial que torna a transformação digital possível. No próximo capítulo, abordarei o tema do big data com mais profundidade.

Capítulo 5

Big Data

Como a capacidade de processamento e armazenamento do computador aumentou, tornou-se possível processar e armazenar conjuntos de dados cada vez maiores. Grande parte da discussão resultante do big data centra-se na importância desse aumento. Mas isso é apenas parte da história.

O que há de mais diferente no big data, no contexto da transformação digital de hoje, é o fato de que agora podemos armazenar e analisar *todos os dados* que geramos — sem interferências de sua fonte, formato, frequência, ou se estão estruturados ou não. Os recursos de big data também nos permitem combinar conjuntos inteiros de dados, criando supersets de dados em massa, que podemos alimentar com sofisticados algoritmos de IA.

A quantificação da informação foi inicialmente concebida por Claude Shannon, o pai da Teoria da Informação, no Bell Labs em 1948. Ele concebeu a ideia do dígito binário (ou bit, como veio a ser conhecido) como uma unidade de informação quantificável. Um bit é um "0" ou um "1". Essa invenção foi um pré-requisito para a realização do computador digital, um dispositivo que realmente nada mais faz do que adicionar sequências de números binários — zeros e uns— em alta velocidade. Se precisarmos subtrair, o computador digital adiciona números negativos. Se precisarmos multiplicar, ele acrescenta números repetidamente. Por mais complexos que os computadores digitais possam parecer, eles são essencialmente nada mais do que máquinas de adição sofisticadas.

Usando a aritmética base-2, podemos representar qualquer número. O sistema de codificação ASCII, desenvolvido a partir de código telegráfico nos anos 1960, permite a representação de qualquer caractere ou palavra como uma sequência de zeros e uns.

À medida que a teoria da informação se desenvolveu e começamos a acumular conjuntos de dados cada vez maiores, desenvolveu-se uma linguagem para descrever esse fenômeno. A unidade essencial da informação é um *bit*. Uma cadeia de oito bits em uma sequência é um byte. Nós medimos a capacidade de armazenamento do computador como múltiplos de bytes conforme segue:

Um byte possui oito bits.

Mil (1.000) bytes é um kilobyte.

Um milhão (1.000^2) de bytes é um megabyte.

Um bilhão (1.000^3) de bytes é um gigabyte.

Um trilhão (1.000^4) de bytes é um terabyte.

Um quadrilhão (1.000^5) de bytes é um petabyte.

Um quintilhão (1.000^6) de bytes é um exabyte.

Um sextilhão (1.000^7) de bytes é um zettabyte.

Um septilhão (1.000^8) bytes é um yottabyte.

Para pôr isso em perspectiva, toda a informação contida na Biblioteca do Congresso Americano é da ordem de quinze terabytes.[1] Não é incomum para grandes corporações de hoje abrigar dezenas de petabytes de dados. Google, Facebook, Amazon e Microsoft, coletivamente, hospedam na ordem de um exabyte de dados.[2] Ao pensarmos em big data no mundo dos computadores de hoje, estamos normalmente lidando com problemas de escala de petabyte e exabyte.

Existem três limitações essenciais à capacidade de computação e à complexidade resultante do problema que um computador pode resolver. Estes referem-se (1) à quantidade de armazenamento disponível, (2) o tamanho do número binário que a unidade central de processamento (CPU) pode adicionar, e (3) a taxa na qual a CPU pode executar a adição. Nos últimos setenta anos, a capacidade de cada um aumentou dramaticamente.

Como a tecnologia de armazenamento avançou de cartões perfurados, em uso comum até os anos 1970, para os dispositivos de armazenamento de memória não volátil de unidade de estado sólido (SSD) de hoje, o custo do armazenamento caiu e a capacidade expandiu-se exponencialmente. Um cartão de perfuração de computador pode fornecer 960 bits de informação. Um array SSD moderno pode acessar exabytes de dados.

O processador Intel 8008 é uma invenção relativamente moderna, introduzida em 1972. Era um processador de 8 bits, o que significa que podia adicionar números até 8 bits de comprimento. Sua taxa de clock da CPU era de até 800 kilohertz, o que significa que poderia adicionar números binários de 8 bits a taxas de até 800 mil vezes por segundo.

Um processador mais moderno — por exemplo, a unidade de processamento gráfico (GPU) NVIDIA Tesla V100 — aborda strings binárias de 64 bits que podem ser processadas em velocidades de até 15,7 trilhões de instruções por segundo. Essas velocidades são entorpecedoras.

O ponto dessa discussão é que, com esses avanços do século XXI na tecnologia de processamento e armazenamento — drasticamente acelerados pelo poder da computação em nuvem elástica oferecida pela AWS, Azure, IBM e outros —, efetivamente temos armazenamento infinito e capacidade computacional disponível a um custo cada vez mais baixo e altamente acessível. Isso nos permite resolver problemas que anteriormente eram insolúveis.

Como isso se relaciona com o big data? Devido às restrições históricas de computação descritas anteriormente, tendemos a nos basear em conjuntos de dados amostral estatisticamente significativos sobre os quais realizamos os cálculos. Simplesmente não foi possível processar ou mesmo endereçar todo o conjunto de dados. Em seguida, utilizaríamos a estatística para inferir conclusões a partir dessa amostra, as quais, por sua vez, foram condicionadas por erros de amostragem e limites de confiança. Você deve se lembrar de alguma coisa da aula de estatística da faculdade.

O significado do fenômeno do big data é menor sobre o tamanho do conjunto de dados que estamos abordando do que a *completude* do conjunto de dados e *a ausência de erro de amostragem*. Com a capacidade de computação e armazenamento disponível hoje em dia, podemos acessar, armazenar e processar todo o conjunto de dados associado ao problema que está sendo tratado. Isso pode, por exemplo, estar relacionado a uma oportunidade de saúde de precisão na qual queremos abordar as histórias médicas e sequências genômicas da população norte-americana.

Quando o conjunto de dados é suficientemente completo para que possamos processar todos os dados, ele muda tudo sobre o paradigma de computação, permitindo-nos abordar uma grande classe de problemas que eram anteriormente insolúveis. Podemos construir motores preditivos altamente precisos que geram análises preditivas altamente confiáveis. Isso, por sua vez, permite a existência da IA. Esse é o intuito do big data.

Por mais que as coisas mudem, existem desafios extremamente complexos no gerenciamento de big data e na construção e implantação de aplicativos de IA e IoT em larga escala alimentados pelo big data. Neste capítulo, discutimos tanto o impacto do big data em aplicações do mundo real quanto os casos de uso que estão impulsionando a transformação digital, bem como os desafios significativos em torno do aproveitamento do big data. A fim de obter valor do big data, é claro que as organizações terão de adotar novos processos e tecnologias, incluindo novas plataformas projetadas para lidar com o big data.

Com relação ao big data, as organizações incumbentes têm uma grande vantagem sobre as startups e os novos participantes de outros setores. Os operadores históricos já acumularam uma grande quantidade de dados históricos, e suas grandes bases de clientes e escala de operações são fontes contínuas de novos dados. Naturalmente, persistem os desafios consideráveis de acesso, unificação e extração de valor de todos esses dados. Mas os incumbentes começam com um avanço significativo.

Para entender melhor o que significa big data hoje em dia, é útil analisar brevemente como a tecnologia de dados evoluiu ao longo do tempo e como chegamos onde estamos.

Armazenamento do Computador: Uma breve História

O Primeiro Dispositivo de Armazenamento

O primeiro dispositivo de armazenamento registrado é uma tábua de barro encontrada na cidade mesopotâmica de Uruk. Data de por volta de 3.300 a.C. e agora faz parte da coleção do Museu Britânico.[3] A tábua era um registro de pagamento — em rações de cerveja — aos trabalhadores. Não só é um espécime inicial de escrita cuneiforme, mas também um exemplo de registro gravado e armazenado para uma determinada transação — que pode ser recuperado e copiado para apoiar ou anular desacordos e disputas legais.

É possível imaginar um grande armazém na Mesopotâmia com todos os registros possíveis dessa natureza para ajudar os burocratas a cumprirem seus acordos. Na verdade, a Biblioteca Real de Ashurbanipal (em Nínive, localizada no Iraque de hoje) era apenas isso — uma coleção de 30 mil tábuas, incluindo o famoso épico de Gilgamesh.[4] A biblioteca foi destruída em 612 a.C., mas muitas das tábuas de argila sobreviveram para fornecer uma riqueza de dados sobre a literatura, religião e burocracia da Mesopotâmia.

Ao longo do tempo, a necessidade humana de armazenar, recuperar e gerenciar dados continuou a crescer. A Grande Biblioteca em Alexandria, criada no século 3 a.C., — supostamente inspirada pela Biblioteca Real de Ashurbanipal — armazenou, em seu auge, entre 400 mil e 1 milhão de pergaminhos de papiro. O trabalho para reunir esses documentos — abrangendo matemática, astronomia, física, ciências naturais e outros assuntos — foi tão importante, que os navios que chegavam eram revistados em busca de novos livros. A recuperação e a cópia da informação tiveram um custo enorme — os melhores escribas cobravam 25 denários ($3.125 em dólares de hoje) para copiar 100 linhas.[5,6]

Aos nossos olhos modernos, reconheceríamos vários projetos mais recentes como precursores do big data. Os cientistas da Europa na Idade Média coletaram dados astronômicos para que, quando Copérnico fizesse seu melhor no início do século XVI, suas ideias heliocêntricas pudessem se basear nas descobertas das gerações anteriores.

Um século depois, os londrinos John Graunt e William Petty usaram registros públicos de mortes pela peste bubônica para desenvolver uma "tabela de vida" de probabilidades de sobrevivência humana. Esse é considerado um modelo estatístico precoce para os métodos de censo e um precursor da demografia moderna. Cientistas como Antonie van Leeuwenhoek catalogaram criaturas microscópicas, estabelecendo o estudo da microbiologia.

No início de 1800, Matthew Maury, oficial da Marinha norte-americana, aproveitou a colocação no Depósito de Cartas e Implementos para extrair dados de décadas de registros do capitão para criar a Revolucionária Carta de Vento e Corrente do Oceano Atlântico Norte, transformando, assim, a navegação transatlântica.

No final daquele século, o Escritório do Censo dos Estados Unidos, enfrentando a perspectiva de gastar uma década para coletar e comparar dados para o censo de 1890, recorreu a um jovem inventor do MIT chamado Herman Hollerith para obter uma solução. Usando cartões perfurados, a Hollerith Electric Tabulating Machine transformou um projeto de dez anos em um projeto de três meses. Iterações das máquinas foram usadas até que foram substituídas por computadores nos anos 1950. A máquina de Hollerith foi uma das principais invenções que formaram a Computing-Tabulating-Recording Company em 1911, mais tarde renomeada International Business Machines Company (IBM).

A Evolução do Armazenamento Computadorizado desde 1940

Por milhares de anos, a palavra escrita ou impressa tinha sido o principal meio de armazenar dados, hipóteses e ideias sobre o mundo. Tudo isso mudou — primeiro lentamente, depois rapidamente — com o advento do computador moderno.

Os computadores mais antigos eram dispositivos do tamanho de uma sala. Exemplos incluem o Computador Atanasoff-Berry, desenvolvido na Universidade Estadual de Iowa em 1942; as máquinas Bombe e Colossus, dos aliados, que ajudaram a quebrar as cifras alemãs durante a Segunda Guerra Mundial; o Harvard Mark I em 1944; e a ENIAC na Universidade da Pensilvânia em 1946. Todos esses primeiros computadores usavam abordagens computacionais baseadas em relés eletromecânicos que tinham uma capacidade limitada de armazenar dados e resultados.[7]

Os primeiros computadores que utilizaram informação armazenada ("memória") foram o SSEM (Small-Scale Experimental Machine), da Universidade de Manchester, e o EDSAC (Electronic Delay Storage Automatic Calculator), da Universidade de Cambridge, ambos operacionais em 1949. A memória de EDSAC usava tecnologia de linha de atraso — uma técnica originalmente usada em radar — para manter uma unidade de informação circulando em mercúrio até que ela precisasse ser lida. A memória de EDSAC foi eventualmente capaz de manter 18.432 bits de informação — organizados como 512 palavras de 36 bits.[8] O acesso à memória armazenada no EDSAC levou mais de 200 milissegundos.

As abordagens magnéticas para o armazenamento de informações começaram com o Atlas — operacional em 1950 e projetado e comercializado pela Engineering Research Associates (ERA), empresa norte-americana pioneira em informática. A memória do Atlas foi projetada para armazenar quase 400 kilobits de informação, com tempos de acesso aos dados em torno de 30 microssegundos. Logo depois, em 1951, as fitas magnéticas UNISERVO — cada uma com meia polegada de largura e 1.200 pés de comprimento, feitas de bronze fosforado niquelado — puderam armazenar 1,84 milhão de bits com taxas de transferência de dados de 10 a 20 microssegundos. Outros marcos notáveis na evolução da tecnologia de armazenamento de dados incluem a memória de núcleo Whirlwind do MIT em 1953, a unidade de disco RAMAC da IBM em 1956 (a primeira unidade de disco magnético), e a RAM de 8 bits Signetics em 1966 (um dos primeiros dispositivos de memória baseados em semicondutores).[9]

Apenas 30 anos após o EDSAC, o Commodore 64 veio, em 1982, a um preço de US$595, podendo armazenar 64 kilobytes de memória[10] — mais de 30 vezes a capacidade de memória primária do EDSAC. Da mesma forma, o Dispositivo de Armazenamento de Acesso Direto IBM 3380 tinha uma capacidade de armazenamento secundário de 2,52 gigabytes — 54 mil vezes a capacidade do

Atlas apenas 30 anos antes.¹¹ No mesmo período de tempo, o custo por byte de informação continuou a cair, e a velocidade do acesso continuou a aumentar em taxas exponenciais semelhantes.

A Toshiba introduziu a memória flash em 1984, que ganhou adoção comercial generalizada em cartões multimídia, cartões de memória, telefones celulares e outros casos de uso. Em 2017, a Western Digital introduziu um cartão microSD de 400 gigabytes do tamanho de uma miniatura e com o dobro da capacidade de seu predecessor imediato, disponível comercialmente por US$250, ou menos de US$1 por gigabyte.¹² Apenas um ano depois, a capacidade aumentou novamente quando a Memória Integral introduziu um cartão microSDXC de 512 gigabytes, também com um preço abaixo de US$1 por gigabyte.

O Armazenamento do Data Center

Em paralelo, o armazenamento do centro de dados avançou significativamente. Os primeiros dias dos data centers dependiam de sistemas simples de armazenamento conectado diretamente (DAS) ou de armazenamento conectado à rede (NAS) — com redundância — dedicados a aplicativos específicos executados em servidores dedicados. O modelo de armazenamento de data center evoluiu para redes de área de armazenamento (SANs), que conectaram o armazenamento via rede de alta velocidade a um grupo de servidores e forneceram mais flexibilidade e escala entre aplicativos. Isso abriu o caminho para a virtualização, separando o storage dos recursos de computação e rede e criando a estrutura para recursos altamente escaláveis. Nos primeiros dias, isso sustentou o crescimento explosivo de software empresarial, como ERP e CRM, e-commerce, e vídeo e streaming de dados. Com maior desempenho e confiabilidade, essas arquiteturas de data center abriram o caminho para serviços e aplicativos baseados em nuvem em tempo real, que estão no centro dos recursos analíticos de big data atuais.

O Armazenamento da CPU

Outro elemento importante para a análise de big data é o avanço no armazenamento da CPU — ou seja, a capacidade de memória da CPU de um computador que permite acesso muito rápido aos dados para processamento em alta velocidade. O cenário atual das tecnologias de armazenamento da CPU — incluindo cache, registros, memória estática e dinâmica de acesso aleatório (SRAM e DRAM) e SSDs — terá um papel importante no processamento da carga de trabalho. O processamento baseado em CPU é rápido, mas o armazenamento de CPU é caro e de baixa capacidade. Portanto, existe hoje uma atividade significativa no desenvolvimento de tecnologias de baixo custo e alto desempenho — como a Intel Optane, a RAM de mudança de fase (PCRAM) e a RAM de comutação resistiva baseada em Redox (ReRAM) — que mudarão o cenário e permitirão que as organizações realizem cálculos ainda mais rápidos em conjuntos de dados maiores.

A Migração do Armazenamento de Dados para a Nuvem

Como discutimos no Capítulo 4, a Amazon Web Services foi lançada com pouco alarde em 2002. Foi, no início, uma permuta de prestação de serviços internos para ajudar diferentes equipes de comércio eletrônico na Amazon. Ela surgiu após uma sessão de reflexão interna da equipe de liderança da Amazon sobre suas principais capacidades. Nos 15 anos seguintes, a AWS cresceria para gerar de forma independente mais de US$17 bilhões em receita anual. Hoje, seus serviços de computação e armazenamento de dados baseados em nuvem estão disponíveis globalmente.

A proposta de valor é simples: ao compartilhar recursos para computar e armazenar dados entre muitos clientes, o custo desses serviços fica abaixo do custo de comprá-los internamente. A AWS introduziu mais de mil serviços individuais, cresceu para mais de um milhão de clientes ativos e é o principal fornecedor de recursos elásticos de armazenamento e computação em nuvem. Suas ofertas para armazenamento de dados incluem:

- Amazon S3: Serviço de armazenamento simples para objetos
- Amazon RDS: banco de dados relacional gerenciado
- Amazon Glacier: serviço web de armazenamento online para arquivamento e backup
- Amazon RedShift: armazém de dados na escala petabyte
- Amazon Dynamo DB: banco de dados sem servidor, NoSQL com baixa latência
- Amazon Aurora: banco de dados relacional compatível com MySQL e PostgreSQL

Hoje, o preço de usar o armazenamento S3 é de um pouco mais de US$0,02 por gigabyte por mês. E os preços continuam a cair. Os dados podem ser transferidos a uma velocidade de 10 Gbps. Ofertas competitivas da Microsoft, Google e outros estão impulsionando ainda mais a inovação e os preços para baixo. Toda essa concorrência de mercado resultou em um conjunto incrivelmente rico de serviços que sustentam a transformação digital e, ao mesmo tempo, levou o custo de armazenamento a quase zero.

A história do armazenamento de dados — desde os antigos tablets de barro para perfurar cartões até o armazenamento quase gratuito de hoje na nuvem — mostra que as organizações sempre geraram dados e agiram sobre quaisquer dados que fossem capazes de capturar e armazenar. No passado, as barreiras técnicas tinham limitado a quantidade de dados que podiam ser capturados e armazenados. Mas a nuvem e os avanços na tecnologia de storage eliminaram efetivamente esses limites, permitindo que as organizações extraiam mais valor do que nunca de seus dados em crescimento.

A Evolução do Big Data

Anos antes que o big data se tornasse uma pauta de negócios popular (por volta de 2005), os tecnólogos o discutiram como um problema técnico. Como observado no Capítulo 3, o conceito de big data surgiu cerca de vinte anos atrás em campos como astronomia e genômica e gerou conjuntos de dados extenuantes para processar com o uso de arquiteturas de computador tradicionais. Comumente chamados de arquiteturas de escalabilidade, esses sistemas tradicionais consistem em um par de controladores e vários racks de dispositivos de armazenamento. Para aumentar a escala, é só adicionar armazenamento. Quando você fica fora da capacidade do controlador, você adiciona um sistema totalmente novo. Essa abordagem é dispendiosa e inadequada para armazenar e processar conjuntos de dados em massa.

Em contraste, as arquiteturas de escalabilidade usam milhares ou dezenas de milhares de processadores para processar dados em paralelo. Para expandir a capacidade, você adiciona mais CPUs, memória e conectividade, garantindo, assim, que o desempenho não diminua à medida que você escala. O resultado é uma abordagem muito mais flexível e menos dispendiosa do que as arquiteturas de escalabilidade e é ideal para lidar com big data. Tecnologias de software projetadas para aproveitar arquiteturas de escalabilidade e processar big data surgiram e evoluíram, incluindo MapReduce e Hadoop.

O termo big data apareceu pela primeira vez em um artigo de outubro de 1997 escrito pelos pesquisadores da NASA Michael Cox e David Ellsworth, publicado no *Processo da 8ª Conferência do IEEE sobre Visualização*. Os autores escreveram: "A visualização é um desafio interessante para os sistemas informáticos: os conjuntos de dados são geralmente bastante grandes, sobrecarregando as capacidades da memória principal, do disco local e até mesmo do disco remoto. Chamamos de o problema do big data."[13] Em 2013, o termo havia alcançado uma circulação tão ampla, que o *Oxford English Dictionary (OED)* confirmou sua adoção cultural, incluindo-o na edição desse ano da *OED*.

Em 2001, Doug Laney — na época um analista do META Group — descreveu três características principais que caracterizam o big data: volume (o tamanho do conjunto de dados, medido em bytes, gigabytes, exabytes ou mais), velocidade (a velocidade de chegada ou de alteração dos dados, medida em bytes por segundo, em mensagens por segundo ou em novos campos de dados criados por dia) e variedade (incluindo *formato*, forma, meios de armazenamento e mecanismos de interpretação).[14]

Tamanho, Velocidade e Forma

O Big Data continua a evoluir e crescer ao longo de todas essas três dimensões — tamanho, velocidade e forma. É importante que os executivos seniores — não apenas os tecnólogos e cientistas de dados da organização — entendam como cada uma dessas dimensões agrega valor como um ativo de negócios.

Tamanho. A quantidade de dados gerados em todo o mundo aumentou exponencialmente nos últimos 25 anos, de aproximadamente 2,5 terabytes (2,5 x 1012 bytes) por dia, em 1997, para 2,5 exabytes (2,5 x 1018 bytes), em 2018 — e continuará a fazê-lo no futuro previsível. Esse rápido crescimento é também verdadeiro em relação às das empresas. De acordo com a IDC, a empresa média armazenou cerca de 350 terabytes de dados em 2016, e as empresas esperavam que isso aumentaria em 52% no ano seguinte. As organizações agora podem acessar quantidades cada vez maiores de dados gerados interna e externamente, fornecendo combustível para aplicativos de IA que demandam muitos dados para encontrar novos padrões e gerar melhores previsões.

Velocidade. Particularmente com a proliferação de dispositivos IoT, os dados são gerados com velocidade crescente. E assim como um maior volume de dados pode melhorar os algoritmos da IA, também pode aumentar a frequência da unidade de dados e melhorar o desempenho da IA. Por exemplo, dados de telemetria de séries temporais emitidos por um motor em intervalos de um segundo contêm sessenta vezes mais informações do que quando emitidos em intervalos de um minuto — permitindo, por exemplo, que uma aplicação de manutenção preditiva IA faça inferências com precisão significativamente maior.

Forma. Os dados gerados hoje assumem inúmeras formas: imagens, vídeo, telemetria, voz humana, comunicação escrita à mão, mensagens curtas, gráficos de rede, e-mails, mensagens de texto, tweets, comentários em páginas da web, chamadas para um call center, feedback compartilhado no site de uma empresa, e assim por diante. Os dados se dividem em duas categorias gerais: estruturados e não estruturados. Os dados estruturados como arrays, listas ou registros podem ser gerenciados de forma eficiente com ferramentas tradicionais, como bancos de dados relacionais e planilhas. Dados não estruturados (ou seja, nenhum modelo de dados predefinido) inclui todo o resto: textos, livros, notas, discursos, e-mails, áudio, imagens, conteúdo social, vídeo etc. A grande maioria dos dados no mundo — as estimativas variam de 70% a 90% — são dados não estruturados.[15] As organizações agora são capazes de trazer todos esses formatos e fontes de dados díspares — estruturados e não estruturados — juntos e extrair valor através da aplicação da IA.

Por exemplo, uma empresa de petróleo e gás criou uma imagem unificada e federada de seus conjuntos de dados de campo de petróleo que combina dados de várias fontes e em vários formatos: telemetria a partir de uma aplicação "data historian" (software que registra dados de produção de séries temporais); arquivos Excel contendo análises geológicas históricas; registros dos bens de equipamento de um sistema de bens preexistente; arquivos de latitude e longitude do sistema de informação geográfica; e mais. A visão unificada dos dados será aumentada com dados de produção de cada poço, imagens históricas e contínuas de inspeções de poços e outros itens. O objetivo é aplicar algoritmos de IA contra todos esses dados para casos de uso múltiplo, incluindo manutenção preditiva e otimização da produção.

A Promessa do Big Data para a Empresa Moderna

A capacidade de capturar, armazenar, processar e analisar dados de qualquer tamanho, velocidade e formato é a base para a ampla adoção e aplicação da IA. As organizações agora podem aproveitar uma gama ilimitada de fontes de dados. Os dados gerados em toda a organização podem ter valor. Cada interação com o cliente, cada entrega pontual e tardia de um fornecedor, cada ligação telefônica para um possível cliente, cada carta de apresentação, cada solicitação de suporte — as fontes são praticamente infinitas.

Hoje, as organizações capturam e armazenam dados usando todo tipo de técnicas para aumentar os sistemas corporativos existentes. As companhias de seguros, por exemplo, trabalham com empresas de mineração e hospitalidade para adicionar sensores às suas forças de trabalho a fim de detectar movimentos físicos anômalos que poderiam, por sua vez, ajudar a prever lesões de trabalhadores e evitar sinistros.

Do mesmo modo, estão sendo construídas ou acrescentadas novas fontes de dados dentro da empresa. Por exemplo, para alimentar um novo aplicativo de detecção de fraude na empresa italiana de energia Enel, o feedback do investigador sobre as previsões de fraude na autoaprendizagem é capturado em cada investigação — a ideia é a de que as previsões de autoaprendizagem aumentadas com inteligência humana melhorarão com o tempo. A Força Aérea dos Estados Unidos utiliza todos os dados de registro de manutenção de sete anos atrás para extrair informações correlacionadas com o desempenho dos ativos e eventos críticos de falha. Antes de iniciar esse projeto, esses dados eram armazenados e isolados de outros sistemas. Hoje, combinados com registros de voo, esses dados históricos são inestimáveis no desenvolvimento de algoritmos para manutenção preditiva.

As organizações também combinam dados *extraprise* — ou seja, dados gerados fora da empresa — para melhorar os dados internos e permitir correlações de dados interessantes. Exemplos incluem revisões de clientes em sites como Yelp, dados meteorológicos globais, registros de expedição, dados de temperatura e corrente oceânica e relatórios de tráfego diários, para citar apenas alguns. Um varejista pode achar os dados de construção de moradias úteis para modelar a demanda potencial de lojas em uma nova geografia. Para um utilitário, os dados sobre o número de descargas atmosféricas ao longo de um trecho do cabo de transmissão podem ser valiosos. Os cientistas de dados são muitas vezes criativos na sua utilização dos dados. Por exemplo, usando revisões de restaurantes e tempos de operação de fontes públicas como OpenTable e Yelp, um utilitário foi capaz de melhorar seus modelos de aprendizado de máquina para detectar estabelecimentos que consomem níveis anômalos de energia apesar de estarem fechados — um indicador de possível roubo de energia.

Os recursos de big data abriram a fronteira para que as organizações explorem agressivamente novas fontes de dados, tanto internas quanto externas, e criem valor aplicando a IA a esses conjuntos de dados combinados. O gerenciamento de big data, no entanto, apresenta uma série de desafios para as organizações, que abordarei nas próximas seções.

Desafios do Big Data na Empresa Moderna

As empresas enfrentam uma grande variedade de sistemas, fontes de dados, formatos de dados e casos de uso potenciais. A geração de valor requer indivíduos na empresa que sejam capazes de compreender todos esses dados e a infraestrutura de TI usada para suportar esses dados e, em seguida, relacionar os conjuntos de dados com casos de uso comercial e drivers de valor. A complexidade resultante é substancial.

A única maneira traçável de abordar esse problema é através de uma combinação das ferramentas certas, técnicas computacionais e processos organizacionais. A maioria das organizações inicialmente exigirá experiência externa para começar com suas iniciativas de big data e IA.

As próximas seções discutem cinco desafios-chave que as organizações enfrentam na era atual do big data.

1. Manipulação de uma multiplicidade de sistemas de origem empresarial

A empresa média Fortune 500 tem, no mínimo, algumas centenas de sistemas de TI corporativos. Isso inclui tudo, desde recursos humanos, processamento de folha de pagamento, contabilidade, faturamento e faturação e sistemas de gerenciamento de conteúdo até gerenciamento de relacionamento com clientes, planejamento de recursos empresariais, gerenciamento de ativos, gerenciamento de cadeia de suprimentos e gerenciamento de identidade, entre outros. Uma organização de TI líder mundial gerencia e mantém mais de 2 mil aplicações empresariais exclusivas.

Considere outro exemplo: a rede elétrica. Um utilitário integrado típico nos EUA possui e opera seus próprios ativos de geração, infraestrutura de transmissão, subestações, infraestrutura de distribuição e medição — tudo para dar suporte a milhões de clientes. Os sistemas de TI corporativos que suportam essa operação são tipicamente fornecidos por equipamentos e fornecedores líderes de TI — sistemas de controle de visibilidade e aquisição de dados (SCADA) de empresas como a Schneider ou a Siemens; sistemas de gestão da força de trabalho da IBM; sistemas de gestão de ativos da SAP; sistemas de monitoramento de turbinas da Westinghouse — a lista é longa. O único ponto de integração organizacional para esses sistemas de TI é o CEO. Além disso, esses sistemas não foram concebidos para interoperar. A tarefa de integrar dados de dois ou mais desses sistemas — como dados de distribuição (por exemplo, o consumo total de um lado do transformador ao longo do bloco) e dados de consumo (por exemplo, o consumo total de todos nesse bloco) — exige um esforço significativo.

Esse esforço é ainda mais complicado devido a diferentes formatos de dados, referências desajustadas entre fontes de dados e duplicação. Muitas vezes, as empresas são capazes de reunir uma descrição lógica de como os dados dentro e fora da empresa devem se relacionar — estes assumem a forma de um modelo de relação de objeto ou de um diagrama de relação de entidade. Mas, na prática, a integração desses dados subjacentes para criar uma imagem unificada, federada e atualizada dos dados acessíveis através do mesmo modelo de relação de objetos pode ser uma tarefa onerosa. Mapear e codificar todas as inter-relações entre as diferentes entidades de dados e os comportamentos desejados pode levar semanas de esforço do desenvolvedor.

2. Incorporar e contextualizar dados de alta frequência

Embora o gerenciamento de dados de vários sistemas seja, por si só, uma tarefa complexa, o desafio se torna significativamente mais difícil com o sensoriamento de cadeias de valor e o fluxo resultante de dados em tempo real. Coberto com mais profundidade no Capítulo 7, esse fenômeno acelerou e resultou em uma profusão de dados de alta frequência. Esses dados raramente são úteis por si só. Para produzir valor, eles precisam ser combinados com outros dados.

Por exemplo, as leituras da temperatura de exaustão de gás para um compressor de baixa pressão offshore são apenas de valor limitado na monitorização do estado desse ativo específico. No entanto, essas leituras são muito mais úteis quando correlacionadas com a temperatura ambiente, velocidade do vento, velocidade da bomba do compressor, histórico de ações de manutenção anteriores, registros de manutenção e outros dados. Um caso de uso valioso seria monitorar estados anômalos de temperatura de exaustão de gás em um portfólio de mil compressores para enviar alarmes para o operador certo na plataforma offshore certa — o que requer uma compreensão simultânea de leituras de sensores de alta frequência, dados externos como condições climáticas, associações entre dados brutos e os ativos dos quais esses dados são extraídos e registros da força de trabalho descrevendo quem trabalha em cada plataforma em cada ponto no tempo.

Construir um aplicativo para suportar o caso de uso citado requer habilidades de suporte em conjunto para recuperar rapidamente dados de séries temporais (normalmente usando um armazenamento de valor chave distribuído — um tipo especializado de banco de dados); pesquisar e classificar logs da força de trabalho e tags de ativos offshore (normalmente usando um banco de dados relacional — frequentemente em sistemas separados); e alertar os trabalhadores (normalmente através de aplicações de software empresarial ou de ferramentas de comunicação comumente disponíveis).

3. *Trabalhar com Data Lakes (lagos ou pântanos de dados)*

No início dos anos 2000, engenheiros do Yahoo! construíram uma estrutura de armazenamento distribuído e computacional projetado para escalar de modo massivamente paralelo. O Hadoop Distributed File System (HDFS) e o Hadoop MapReduce framework passaram por uma onda de adoção empresarial nos dez a quinze anos seguintes — promovida por empresas que tentaram comercializar essas tecnologias, como Hortonworks, Cloudera e MapR. A Apache Software Foundation também tem apoiado projetos relacionados como o Apache Pig, Apache Hive e Apache Sqoop — todos projetados independentemente para suportar a adoção e interoperabilidade de HDFS. A promessa da HDFS era uma arquitetura escalável para armazenar praticamente todos os dados de uma empresa, independentemente de forma ou estrutura, e uma maneira robusta de analisá-los usando estruturas de consulta e análise.

No entanto, a adoção corporativa da tecnologia Hadoop permanece baixa.[16] Mais de 50% dos líderes de TI corporativos não a priorizam. Dos que o fazem, 70% tinham menos de 20 usuários em sua organização. Desafios tecnológicos, de implementação e de implantação tiveram um papel importante na limitação da adoção generalizada do Hadoop na empresa. Na realidade, armazenar grandes quantidades de dados díspares, colocando tudo em um único local de infraestrutura, não reduz a complexidade dos dados, assim como não permite que os dados sejam armazenados em sistemas corporativos em silos. Para que os aplicativos de IA extraíam valor de conjuntos de dados díspares, normalmente é necessária uma manipulação significativa, como a normalização e a reduplicação de recursos de dados que faltam no Hadoop.

4. *Garantir a consistência dos dados, a integridade referencial e o uso contínuo a jusante (Downstream)*

Um quarto desafio do big data para as organizações é representar todos os dados existentes como uma imagem unificada e federada. Manter essa imagem atualizada em tempo real e atualizar todas as análises "downstream" que usam esses dados com perfeição é ainda mais complexo. As taxas de chegada de dados variam de acordo com o sistema, os formatos de dados dos sistemas de origem podem mudar, e os dados chegam fora de ordem, devido a atrasos na ligação em rede. Mais matizada é a escolha de quais análises atualizar e quando, a fim de suportar um fluxo de trabalho de negócios.

Veja o caso de uma operadora de telecomunicações que deseja prever churn* para um cliente de celular individual. A visão unificada desse cliente e as frequências de atualização de dados associadas poderiam ser assim:

Set de Dados	Frequência de Dados
Chamada, mensagem e volumes de datas e metadata	a cada segundo
Força de rede para cada chamada feita	a cada poucos minutos
Número de más experiências de chamadas historicamente	a cada poucos minutos
Número de experiências com baixa largura de banda de dados historicamente	a cada poucos minutos
Densidade/congestão em torres de células utilizadas por cliente	a cada poucos minutos
Faturamento contínuo	uma vez por dia (mínimo)
Tempo desde a última atualização do aparelho	uma vez por dia
Uso do aplicativo Telco e solicitações	a cada poucos dias
Faturamento publicado	todos os meses
Chamadas para o call center e sua disposição	varia
Visitas à loja e sua disposição	varia
Visitas ao site do serviço de atendimento ao cliente	varia

---

* É uma métrica que indica o quanto sua empresa perdeu de receita ou clientes.

Set de Dados	Frequência de Dados
Visitas à página web ou in-app "Como faço para interromper o serviço?"	varia
As chamadas para uma linha de atendimento ao cliente da concorrência	varia
Força/partilha de chamadas e textos na rede	todos os meses
Produtos e serviços adquiridos	em alguns meses
Detalhes da relação com o cliente	em alguns meses
Dados demográficos de clientes de terceiros	em alguns meses

A variação na frequência de chegada dos dados é significativa. Os erros de dados podem complicar ainda mais as coisas: se, digamos, o sistema de central de chamadas registra uma reclamação de um cliente insatisfeito que, de alguma forma, deturpa a ID do cliente, esse registro é inutilizável. Mais criticamente, se o modelo de previsão posterior utilizou agregados compostos sobre esses dados (por exemplo, a contagem cumulativa do número de chamadas para o call center nos últimos seis meses dentro de 24 horas após um evento de baixa largura de banda e/ou uma chamada descartada e com uma disposição de "sentimento negativo"), esses agregados compostos são mantidos e atualizados, resultando em uma enorme carga computacional ou análise desatualizada.

As empresas têm de compreender e planejar a resolução de todos esses desafios à medida que transformam e incorporam digitalmente a IA em suas operações. Elas precisarão das ferramentas certas para permitir a integração perfeita de dados em frequências variadas, garantir a integridade referencial dos dados e atualizar automaticamente todas as análises que dependem desses conjuntos de dados que mudam com frequência.

5. *Permitir novas ferramentas e competências para novas necessidades*
À medida que a disponibilidade e o acesso aos dados dentro de uma empresa crescem, o desafio das habilidades cresce proporcionalmente. Por exemplo, os analistas de negócios acostumados a usar ferramentas como o Tableau — um popular aplicativo de software de visualização de dados para criar relatórios com gráficos e tabelas — precisarão agora criar modelos de autoaprendizagem para prever indicadores-chave de desempenho (KPIs) de negócios, em vez de apenas

gerar relatórios sobre eles. Por sua vez, seus gerentes, com décadas de proficiência em ferramentas de planilha eletrônica, agora precisam de novas habilidades e ferramentas para verificar o trabalho de seus analistas em fazer essas previsões.

As equipes de TI e de análise das empresas precisam fornecer ferramentas que permitam que os funcionários com diferentes níveis de proficiência em data science trabalhem com grandes conjuntos de dados e realizem análises preditivas usando uma imagem de dados unificada. Isso inclui ferramentas de arrastar e soltar para usuários iniciantes e executivos; ferramentas code-light para analistas de negócios treinados; ambientes de desenvolvimento integrado para cientistas de dados altamente qualificados e desenvolvedores de aplicativos; e integração de dados e ferramentas de manutenção para engenheiros de dados e arquitetos de integração que trabalham nos bastidores para manter a imagem de dados atualizada.

Big Data e a Nova Pilha de Tecnologia

O sucesso da transformação digital depende criticamente da capacidade de uma organização de extrair valor do big data. Embora as demandas de gerenciamento do big data sejam complexas, a disponibilidade de tecnologia de última geração dá às organizações as ferramentas necessárias para resolver esses desafios. No Capítulo 10, descreverei com mais profundidade como essa nova pilha de tecnologia aborda os recursos de gerenciamento de big data. Com essa capacidade fundacional instalada, as organizações poderão desencadear o poder transformador da inteligência artificial — o tema do próximo capítulo.

Capítulo 6

O Renascimento da IA

A computação em nuvem e o big data, que examinamos nos dois capítulos anteriores, representam, respectivamente, a infraestrutura e a matéria-prima que tornam possível a transformação digital. Neste capítulo e no seguinte, nos voltamos para as duas principais tecnologias que alavancam a computação em nuvem e o big data para impulsionar a mudança transformadora: a inteligência artificial e a internet das coisas. Com a IA e a IoT, as organizações podem obter um enorme valor, reinventar a forma como operam e criar novos modelos de negócios e fluxos de receita.

Os avanços na IA se aceleraram dramaticamente nos últimos anos. Na verdade, a IA progrediu a tal ponto, que é difícil exagerar seu potencial para impulsionar melhorias de função por etapas em praticamente todos os processos de negócios.

Embora os benefícios potenciais sejam enormes, a IA é reconhecidamente um assunto profundo e complexo, e a maioria das organizações exigirá os serviços de parceiros de tecnologia para que possam começar e seguir esse caminho. Com a base tecnológica adequada e orientação especializada, as organizações que fazem investimentos hoje para aproveitar o poder da IA se posicionarão para que tenham vantagem competitiva em curto e longo prazo. Inversamente, aquelas que não conseguem aproveitar essa oportunidade estão se colocando em uma situação de grande desvantagem.

Neste capítulo, apresento uma visão geral da IA, como ela difere da ciência da computação tradicional, em que as organizações têm se apoiado por muitas décadas, e como ela está sendo aplicada em uma série de casos de uso com resultados impressionantes. Para entender melhor por que existe hoje um interesse e um investimento tão grande na IA, é útil conhecer um pouco de sua história. Abordarei alguns eventos desde suas origens, nos anos 1950, até aos avanços nos últimos anos que hoje fazem da IA um imperativo absoluto para todas as organizações. Também descreverei os desafios significativos que a IA apresenta e como as organizações estão superando esses desafios.

Um Novo Paradigma para a Ciência da Computação

Os algoritmos baseados na lógica representam o núcleo da ciência da computação tradicional. Durante décadas, os cientistas da computação foram treinados para pensar em algoritmos como uma série lógica de passos ou processos que podem ser traduzidos em instruções compreensíveis por máquina e efetivamente usados para resolver problemas. O pensamento algorítmico tradicional é bastante poderoso e pode ser usado para resolver uma série de problemas de ciência da computação em muitas áreas, incluindo gerenciamento de dados, redes, busca etc.

Algoritmos baseados em lógica forneceram um valor transformador ao longo dos últimos cinquenta anos em todos os aspectos do negócio — do planejamento de recursos empresariais à cadeia de suprimentos, manufatura, vendas, marketing, atendimento ao cliente e comércio. Eles também mudaram a forma como os indivíduos se comunicam, trabalham, compram bens e acessam informações e entretenimento. Por exemplo, a aplicação usada para fazer compras online emprega vários algoritmos para executar suas várias tarefas. Ao pesquisar um determinado produto através da entrada de um termo, a aplicação executa um algoritmo para encontrar os produtos relevantes para esse termo. Os algoritmos são utilizados para calcular impostos, oferecer opções de envio, processar o pagamento e enviar um recibo.

Os algoritmos tradicionais baseados em lógica lidam eficazmente com uma série de problemas e tarefas diferentes. Mas eles não são eficazes em lidar com muitas tarefas que muitas vezes são muito mais fáceis de ser realizadas por humanos. Considere uma tarefa humana básica, como identificar a imagem de um gato. Escrever um programa de computador tradicional para fazer isso corretamente envolve o desenvolvimento de uma metodologia para codificar e parametrizar todas as variações de gatos — todos os diferentes tamanhos, raças, cores e sua orientação e localização dentro do campo de imagem. Enquanto um programa como esse seria enormemente complexo, uma criança de 2 anos pode facilmente reconhecer a imagem de um gato, além de muitos objetos além dos gatos.

Da mesma forma, muitas tarefas simples para humanos — como falar, ler ou escrever uma mensagem de texto, reconhecer uma pessoa em uma foto ou entender a fala — são extremamente difíceis para os algoritmos tradicionais baseados em lógica. Por anos esses problemas têm atormentado campos como a robótica, veículos autônomos e medicina.

Algoritmos de IA têm uma abordagem diferente dos algoritmos tradicionais baseados em lógica. Muitos algoritmos de IA são baseados na ideia de que, em vez de codificar um programa de computador para executar uma tarefa, deve-se projetar o *programa para aprender diretamente dos dados*. Assim, em vez de ser escrito explicitamente para identificar imagens de gatos, o programa de computador aprende a identificar gatos usando um algoritmo de IA derivado da observação de um grande número de diferentes imagens de gatos. Em essência, o algoritmo infere o que é uma imagem de um gato analisando muitos exemplos de tais imagens, assim como um humano aprende.

Como discutido em capítulos anteriores, agora temos as técnicas e a capacidade de computação para processar todos os dados em conjuntos de dados muito grandes (big data) e treinar algoritmos de IA para analisar esses dados. Assim, onde quer que seja possível capturar conjuntos de dados suficientemente grandes em suas operações, as organizações podem transformar processos de negócios e experiências de clientes usando a IA — tornando possível a era da transformação digital orientada por IA.

Assim como o surgimento da internet comercial revolucionou os negócios nos anos 1990 e 2000, o uso onipresente da IA transformará igualmente os negócios nas próximas décadas. A IA já molda nossa vida hoje de muitas maneiras, e ainda estamos na infância dessa transição. O Google, uma das primeiras empresas a abraçar a IA em larga escala, utiliza a IA para potenciar todas as dimensões de seu negócio.[1] A IA já alimenta o núcleo do negócio do Google: pesquisa. Os resultados de qualquer consulta de pesquisa do Google são fornecidos por um algoritmo de IA extremamente sofisticado que é constantemente mantido e aperfeiçoado por uma grande equipe de cientistas e engenheiros de dados.[2] A publicidade, a principal fonte de receitas do Google, é toda impulsionada por algoritmos sofisticados e apoiados pela IA — incluindo colocação de anúncios, preços e segmentação.

O Google Assistente usa IA e processamento de linguagem natural (NLP) para oferecer aos consumidores interação e controle sofisticados e baseados na fala. A empresa-mãe do Google, a Alphabet, tem uma divisão de carros autodirigidos, chamada Waymo, que já tem carros nas ruas. A tecnologia central do Waymo — seus algoritmos de autocondução — é alimentada por IA.

Outras empresas voltadas para o consumidor têm ofertas semelhantes. A Netflix usa IA para alimentar as recomendações de filmes. A Amazon usa a IA para fornecer recomendações de produtos em sua plataforma de comércio eletrônico, gerenciar preços e oferecer promoções.³ E muitas empresas, do Bank of America à Domino's Pizza, usam "chat bots" alimentados pela IA em uma variedade de casos de uso, incluindo atendimento ao cliente e comércio eletrônico.

Google, Netflix e Amazon são os primeiros a adotar a IA para aplicações voltadas para o consumidor, mas praticamente todos os tipos de organização — business-to-consumer, business-to-business e governo — em breve empregarão a IA em todas suas operações. Os benefícios econômicos serão significativos. McKinsey estima que a IA aumentará o PIB global em cerca de US$13 trilhões em 2030, enquanto um estudo da PwC de 2017 coloca a figura em US$15,7 trilhões — um aumento de 14% no PIB global.

A IA Não É uma Novidade

Para entender por que há tanto interesse em IA hoje em dia, é útil refazer um pouco de sua história. Fascinante por si só, a evolução da IA é uma lição instrutiva sobre como algumas inovações-chave podem catapultar uma tecnologia para o destaque.

O campo da IA não é novo. As primeiras ideias de "máquinas pensantes" surgiram na década de 1950, nomeadamente com o trabalho do cientista informático e matemático britânico Alan Turing especulando sobre a possibilidade de máquinas que pensam. Ele propôs o "Teste de Turing" para estabelecer uma definição de pensamento.⁴ Para passar no Teste de Turing, um computador teria de demonstrar comportamento indistinguível daquele de um humano.

O termo "inteligência artificial" remonta a 1955, quando o jovem John McCarthy, professor de matemática de Dartmouth, cunhou o termo como uma forma neutra de descrever o campo emergente.⁵ McCarthy e outros propuseram um workshop de verão de 1956:

> Propomos que um estudo de dois meses e dez homens sobre inteligência artificial seja realizado durante o verão de 1956 no Dartmouth College em Hanover, New Hampshire.
>
> O estudo deve se basear na conjectura de que todos os aspectos da aprendizagem ou qualquer outra característica da inteligência podem, em princípio, ser descritos com tanta precisão, que uma máquina pode ser feita para simulá-la.

Uma tentativa será feita para descobrir como fazer com que as máquinas usem linguagem, formem abstrações e conceitos, resolvam tipos de problemas agora reservados para humanos e melhorem a si mesmas. Pensamos que é possível fazer progressos significativos em um ou mais desses problemas se um grupo de cientistas cuidadosamente selecionado trabalhar em conjunto durante um verão.[6]

Esse workshop é amplamente citado como a criação da IA como um campo de pesquisa. Seguiu-se uma rápida explosão de projetos liderados pela Universidade: o MIT lançou o Projeto MAC (Matemática e Computação) com financiamento da DARPA em 1963,[7] o Projeto Genie de Berkeley começou em 1964,[8] Stanford lançou seu Laboratório de Inteligência Artificial em 1963,[9] e a Universidade do Sul da Califórnia fundou seu Instituto de Ciências da Informação em 1972.[10]

O interesse pelo campo cresceu com o trabalho de Marvin Minsky — do MIT —, que estabeleceu a Ciência da Computação no MIT e o Laboratório de Inteligência Artificial.[11] Minsky e John McCarthy no MIT, Frank Rosenblatt em Cornell, Alan Newell e Herbert Simon na Carnegie Mellon e Roger Schank em Yale foram alguns dos primeiros praticantes de IA.

Baseados em alguns dos primeiros trabalhos, "boatos sobre a IA" incendiaram o mundo nos anos 1960 e 1970. Previsões dramáticas inundaram a cultura popular.[12] Logo as máquinas seriam tão inteligentes ou mais inteligentes do que os humanos, assumiriam tarefas atualmente desempenhadas por humanos, e eventualmente ultrapassariam a inteligência humana. Obviamente, nenhuma dessas previsões terríveis se concretizou.

Os primeiros esforços dos praticantes de IA foram em grande parte malsucedidos, e as máquinas foram incapazes de executar as tarefas mais simples para os humanos. Um dos principais obstáculos enfrentados pelos praticantes foi a disponibilidade de poder computacional suficiente. Ao longo dos anos 1960, 1970 e 1980, a computação evoluiu muito rapidamente. Mas as máquinas ainda não eram suficientemente poderosas para resolver muitos problemas do mundo real. Ao longo dessas décadas, os computadores cresceram em potência e diminuíram em tamanho, evoluindo do tamanho de edifícios inteiros para computadores mainframe, minicomputadores e computadores pessoais.

Um dos primeiros computadores IBM comercialmente disponíveis, o IBM 650, em 1954, custou US$500 mil na época, tinha memória de 2 mil palavras de 10 dígitos e pesava mais de 900 quilos.[13] Em contraste, o iPhone X, lançado em 2017, custou US$999, com um chip A11 de 64 bits e 3 gigabytes de RAM, cabendo no seu bolso.[14, 15] Essa melhoria dramática no desempenho é um poderoso testemunho da Lei de Moore no trabalho. Os computadores de hoje, disponíveis em todos os lugares, são um fator de mil vezes mais poderosos do que as máquinas disponíveis para Minsky e seus colegas.

O poder computacional inadequado era apenas uma das limitações que os primeiros praticantes de IA enfrentavam. Uma segunda questão central era que os conceitos e as técnicas matemáticas subjacentes não estavam bem desenvolvidos. Alguns dos primeiros trabalhos da IA nos anos 1960 focaram técnicas algorítmicas avançadas, como as redes neurais. Mas essas ideias não progrediram muito. Por exemplo, Minsky e Seymour Papert foram coautores do livro *Perceptrons*, em 1969.[16] Hoje o livro é considerado por alguns um trabalho fundamental no campo das redes neurais artificiais — agora uma técnica algorítmica de IA amplamente utilizada. No entanto, outros profissionais, na época, interpretaram o livro como um esboço das principais limitações dessas técnicas. Na década de 1970, a direção da pesquisa em IA mudou para se concentrar mais no raciocínio simbólico e nos sistemas — ideias que se revelaram infrutíferas em desbloquear o valor econômico.

O Inverno da IA

Em meados da década de 1970, muitas agências de financiamento começaram a perder o interesse em apoiar a investigação em IA. Os esforços de investigação em IA ao longo da última década produziram alguns avanços teóricos significativos — incluindo a BackPropagation[17, 18] para formar redes neurais. Mas havia poucas aplicações tangíveis além de alguns exemplos rudimentares. Áreas que haviam sido prometidas por pesquisadores da IA, tais como a compreensão da fala ou veículos autônomos, não tinham avançado significativamente. Boletins, como o Relatório Lighthill, encomendado pelo Governo do Reino Unido, foram críticos em relação à IA.[19]

Após a explosão inicial da pesquisa e atividade da IA nos anos 1960 e início dos anos 1970, o interesse pela IA começou a diminuir.[20] Os praticantes de Ciência da Computação começaram a se concentrar em outras áreas de trabalho mais gratificantes, e a IA entrou em um período de silêncio, muitas vezes referido como "o primeiro inverno da IA".

A IA fez um breve ressurgimento na década de 1980, com muito do trabalho focado em ajudar as máquinas a se tornarem mais inteligentes, alimentando-as com regras. A ideia era a de que, com regras suficientes, as máquinas seriam capazes de executar tarefas úteis específicas — e exibir uma espécie de inteligência emergente. O conceito de "sistemas especializados" evoluiu, e linguagens como o LISP foram usadas para codificar mais efetivamente a lógica.[21] A ideia por trás de um sistema especializado era a de que o conhecimento e a compreensão de especialistas em domínios em diferentes áreas poderiam ser codificados por um programa de computador baseado em um conjunto de regras heurísticas.

O conceito continha a promessa de que os computadores poderiam aprender com especialistas ocupacionais (os melhores médicos, bombeiros, advogados etc.), codificar seus conhecimentos no sistema de especialistas, e então torná-los disponíveis para um conjunto muito mais amplo de profissionais, para que eles pudessem se beneficiar da compreensão do melhor de seus pares.

Esses sistemas alcançaram algum sucesso comercial inicial e aplicações na indústria. Em última análise, porém, nenhum dos sistemas de peritos foi eficaz, e as promessas pareciam estar muito à frente das realidades técnicas. Os sistemas especializados baseavam-se em um conjunto de regras explicitamente definidas ou blocos de construção lógicos — e não em um verdadeiro sistema de aprendizagem que se pudesse adaptar à evolução dos dados. Os custos de aquisição de conhecimento eram altos, uma vez que esses sistemas tinham de obter suas informações de especialistas em domínios. E sua manutenção também era dispendiosa, uma vez que as regras teriam de ser modificadas ao longo do tempo. As máquinas não podiam aprender facilmente e se adaptar a situações de mudança. No final dos anos 1980, a IA tinha caído em um segundo inverno.

O Renascimento da IA

O campo da IA foi revigorado na década de 2000, impulsionado por três grandes forças. Primeiro foi a Lei de Moore em ação — a rápida melhoria do poder computacional. Na década de 2000, os cientistas da computação puderam alavancar melhorias dramáticas no poder de processamento e reduções no fator de forma da computação (computadores mainframe, minicomputadores, computadores pessoais, notebooks e a emergência de dispositivos móveis de computação), e houve um declínio constante nos custos de computação.

Em segundo lugar, o crescimento da internet resultou em uma quantidade muito maior de dados rapidamente disponíveis para análise. As empresas de internet Google, Netflix e Amazon tinham acesso a dados de milhões a bilhões de consumidores — suas consultas de pesquisa, cliques, compras e preferências de entretenimento. Essas empresas precisavam de técnicas avançadas para processar e interpretar a vasta quantidade de dados disponíveis e utilizar essas técnicas para melhorar seus próprios produtos e serviços. A IA estava diretamente alinhada com seus interesses comerciais. A internet também possibilitou a disponibilidade onipresente de recursos computacionais por meio do surgimento da computação em nuvem. Como discutimos no Capítulo 4, recursos computacionais baratos estavam agora disponíveis na nuvem pública — elásticos e horizontalmente escaláveis. Ou seja, as empresas podiam utilizar toda a capacidade informática de que precisavam, quando precisavam.

Em terceiro lugar, avanços significativos nos fundamentos matemáticos da IA foram feitos na década de 1990 e continuaram na década de 2000, junto da implementação bem-sucedida dessas técnicas. Um avanço importante aconteceu no subcampo da IA chamado aprendizado de máquina, ou aprendizado estatístico. Importantes contribuições vieram de pesquisadores da AT&T Bell Labs — Tin Kam Ho, Corinna Cortes e Vladimir Vapnik —, que criaram técnicas na aplicação de conhecimento estatístico para desenvolver e treinar algoritmos avançados.

Os pesquisadores foram capazes de desenvolver técnicas matemáticas para converter problemas complexos não lineares em formulações lineares com soluções numéricas — e então aplicar o aumento do poder computacional disponível da nuvem elástica para resolver esses problemas. O aprendizado de máquina acelerou à medida que os praticantes rapidamente abordaram novos problemas e construíram uma família de técnicas algorítmicas avançadas.

Alguns dos primeiros casos de uso de autoaprendizagem envolveram aplicativos voltados para o consumidor conduzidos por empresas como Google, Amazon, LinkedIn, Facebook e Yahoo! Os profissionais de aprendizado de máquina dessas empresas aplicaram suas habilidades para melhorar os resultados de mecanismos de busca, colocação de anúncios e click-throughs, e sistemas avançados de recomendação de produtos e ofertas.

Software IA de Código Aberto

Muitos dos profissionais de autoaprendizagem dessas empresas, assim como muitos da comunidade acadêmica, adotaram o modelo de software de "código aberto" — no qual os colaboradores tornariam seu código-fonte (para capacidades técnicas subjacentes essenciais) livremente disponível para a comunidade mais ampla de cientistas e desenvolvedores —, com a ideia de que essas contribuições incentivariam o ritmo da inovação para todos. O mais famoso desses repositórios de código aberto é o Apache Software Foundation.

Ao mesmo tempo, o Python começou a emergir como a linguagem de programação de aprendizado de máquina de maior escolha, e uma parte significativa das contribuições do código-fonte incluía bibliotecas e ferramentas Python. Muitas das bibliotecas mais importantes usadas hoje em dia começaram a surgir como padrão de código aberto.

Em meados da década de 2000, a autoaprendizagem tinha começado a entrar em outras indústrias. Os serviços financeiros e o varejo foram alguns dos primeiros setores a começar a alavancar as técnicas de autoaprendizagem. As empresas de serviços financeiros foram motivadas pela grande escala de dados disponíveis provenientes do processamento de transações e do comércio eletrônico, e começaram a abordar casos de utilização como a fraude com cartões de crédito. As empresas de varejo usaram tecnologias de autoaprendizagem para responder ao rápido crescimento do comércio eletrônico e à necessidade de acompanhar a Amazon.

O movimento de código aberto foi, e continua a ser, um fator importante para tornar a IA comercialmente viável e onipresente hoje em dia. O desafio para as organizações que tentam aplicar a IA é como aproveitar esses diferentes componentes de código aberto em aplicativos de negócios prontos para a empresa que podem ser implantados e operados em escala. Muitas organizações tentam criar aplicações de IA juntando vários componentes de código aberto, uma abordagem que dificilmente resultará em aplicações que possam ser implantadas e mantidas em escala. Descreverei as complicações dessa abordagem mais detalhadamente no Capítulo 10 e mostrarei como uma abordagem alternativa aborda o problema.

A Aprendizagem Profunda Decola

Em meados da década de 2000, outra tecnologia da IA começou a ganhar campo: *redes neurais* ou aprendizagem profunda. Essa técnica emprega métodos matemáticos sofisticados para fazer inferências a partir de exemplos. As amplas aplicações das redes neurais profundas foram possibilitadas pelos esforços de cientistas como Yann LeCun, da Universidade de Nova York, Geoffrey Hinton, da Universidade de Toronto, e Yoshua Bengio, da Université de Montréal — três dos mais proeminentes pesquisadores e inovadores em áreas como visão computacional e reconhecimento de fala.

O campo da aprendizagem profunda começou a acelerar rapidamente em 2009 devido a melhorias no hardware e à capacidade de processar grandes quantidades de dados. Em particular, os pesquisadores começaram a usar GPUs poderosas para treinar redes neurais de aprendizagem profunda — o que permitiu aos pesquisadores treinar redes neurais aproximadamente cem vezes mais rápido do que antes. Esse avanço tornou a aplicação de redes neurais muito mais prática para fins comerciais.

A IA evoluiu muito da utilização da lógica simbólica e de sistemas especializados (nos anos 1970 e 1980) para sistemas de autoaprendizagem nos anos 2000 e para redes neurais e sistemas de aprendizagem profunda nos anos 2010.

Redes neurais e técnicas de aprendizagem profunda estão atualmente transformando o campo da IA, com amplas aplicações em muitas indústrias: serviços financeiros (detecção de fraudes; análise de crédito e pontuação; revisão e processamento de pedidos de empréstimo; otimização de negociação); medicina e cuidados de saúde (diagnósticos de imagem médica; descoberta automatizada de drogas; predição de doenças; protocolos médicos de ossos específicos; medicina preventiva); produção (otimização de estoque; manutenção preditiva; garantia de qualidade); petróleo e gás (campo petrolífero preditivo e produção de poços; otimização da produção de poços; manutenção preditiva); energia (otimização de redes inteligentes; proteção de receitas); e segurança pública (detecção de ameaças). Estes são apenas algumas das centenas de casos de uso atuais e potenciais.

O Campo Geral da IA hoje em dia

IA é um conceito amplo, com vários subcampos-chave, e a taxonomia geral do espaço pode ser confusa. Uma das principais distinções é a diferença entre *inteligência artificial geral* (AGI) e IA.

A AGI — que vejo como primariamente de interesse para os entusiastas da ficção científica — é a ideia de que programas de computador, como os humanos, podem exibir ampla inteligência e razão em todos os domínios. A AGI não parece realizável em um futuro previsível, nem é relevante para aplicações de IA no mundo real. É claro que, em qualquer campo, veremos o desenvolvimento de aplicações de IA que podem superar os humanos em alguma tarefa específica. Um computador da IBM derrotou Garry Kasparov no xadrez em 1996. O Google DeepMind pode derrotar um campeão de Go. As técnicas de IA podem mirar um laser e ler uma radiografia com maior precisão do que um ser humano. No entanto, acredito que seja improvável que vejamos em breve aplicativos de IA que possam executar todas as tarefas melhor do que um ser humano. O programa de computador que pode jogar xadrez, jogar Go, dirigir um carro, direcionar um laser, diagnosticar câncer e escrever poesia não é, na minha opinião, um desenvolvimento provável na primeira metade deste século.

A IA, o termo que uso ao longo deste livro, é uma área relevante para negócios e governo, pois se relaciona com aplicações práticas de inteligência artificial — as aplicações que você, como um líder de negócios ou governo, vai querer aproveitar para sua organização. A ideia é que os programas de computador podem ser treinados para raciocinar e resolver tarefas dedicadas específicas. Por exemplo, algoritmos de IA capazes de otimizar os níveis de inventário, prever o churn de clientes, prever possíveis falhas de equipamentos ou identificar fraudes. Como discutimos, esse campo da IA avançou rapidamente nas últimas duas décadas.

Enquanto os diferentes subcampos de IA se dividem em três grandes categorias — aprendizado de máquina, otimização e lógica —, os avanços mais empolgantes e poderosos estão acontecendo no aprendizado de máquina.

Evolução da IA de Sistemas Baseados em Regras para Aprendizagem Profunda

A IA evoluiu das abordagens de sistemas especializados baseados em regras que caracterizaram seus primórdios, para os métodos avançados de aprendizagem profunda de hoje, que utilizam redes neurais sofisticadas e hardware poderoso.

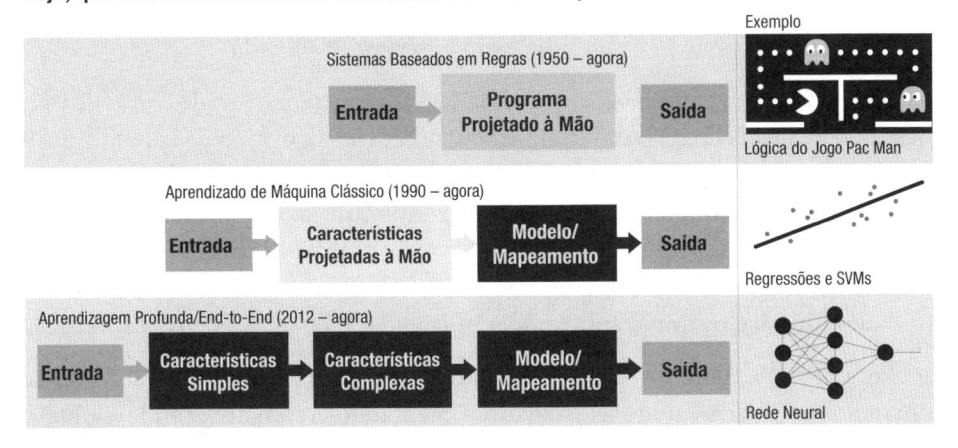

FIGURA 6.1

Aprendizado de Máquina

O aprendizado de máquina é um subcampo da IA baseado na ideia de que os computadores podem aprender com dados sem serem explicitamente programados. Os algoritmos de aprendizado de máquina empregam várias técnicas estatísticas sobre os dados que são alimentados, a fim de fazer inferências sobre esses dados. Os algoritmos melhoram à medida que a quantidade de dados que são alimentados aumenta e à medida que as inferências que geram são confirmadas ou desconfirmadas (algumas vezes por humanos, outras, por máquinas). Por exemplo, um algoritmo de autoaprendizagem para detectar fraudes em transações de compra se torna mais preciso à medida que é alimentado com mais dados de transações e que suas previsões (fraude, não fraude) são avaliadas como corretas ou incorretas.

A autoaprendizagem tem sido fundamental para impulsionar o crescimento recente da IA. Ela provou sua capacidade de desbloquear valor econômico ao resolver problemas do mundo real, permitindo resultados de pesquisa úteis, fornecendo recomendações personalizadas, filtrando spam, prevendo falhas e identificando fraudes, para citar apenas alguns.[22]

O aprendizado de máquina é um campo amplo e que inclui uma gama de diferentes técnicas descritas na seção seguinte.

Aprendizagem Supervisionada e Não Supervisionada

Existem duas subcategorias principais de técnicas de autoaprendizagem — aprendizagem supervisionada e aprendizagem não supervisionada.

As técnicas de aprendizagem supervisionada requerem o uso de dados de treinamento na forma de entradas e saídas rotuladas. Um algoritmo de aprendizagem supervisionada emprega técnicas estatísticas sofisticadas para analisar os dados de treinamento marcados, a fim de inferir uma função que mapeia entradas e saídas. Quando suficientemente treinado, o algoritmo pode então ser alimentado com novos dados de entrada que não tenha visto antes, e gerar respostas sobre os dados (ou seja, outputs) aplicando a função de inferência às novas entradas.

Por exemplo, um algoritmo de aprendizagem supervisionado para prever se um motor pode falhar pode ser treinado alimentando-o com um grande conjunto de entradas marcadas, tais como dados históricos de operação (por exemplo, temperatura, velocidade, horas de uso etc.) e saídas marcadas (falha, não falha) para muitos casos de falha e não falha do motor. O algoritmo usa esses dados de treinamento para desenvolver a função de inferência apropriada para prever a falha do motor para novos dados de entrada que são fornecidos. O objetivo do algoritmo é prever a falha do motor com um grau de precisão aceitável. O algoritmo pode melhorar ao longo do tempo, ajustando automaticamente sua função de inferência com base no feedback sobre a precisão de suas previsões. Neste caso, o feedback é gerado automaticamente com base na ocorrência ou não da falha. Em outros casos, o feedback pode ser gerado pelo ser humano, como com um algoritmo de classificação de imagem onde os seres humanos avaliam os resultados da previsão.

Existem duas categorias principais de técnicas de aprendizagem supervisionada. A primeira são as técnicas de *classificação*, que preveem resultados que são categorias específicas — ou seja, se um motor falhará ou não, se uma determinada transação representa fraude ou não, ou se uma determinada imagem é um carro ou não. A segunda categoria é a das técnicas de *regressão*, que preveem valores — como uma previsão de vendas ao longo da próxima semana. No caso da previsão de vendas ao longo da próxima semana, uma empresa petrolífera pode empregar um algoritmo treinado, alimentado com dados históricos de vendas e outros dados relevantes, como clima, preços de mercado, níveis de produção, dados de crescimento do PIB etc.

Ao contrário das técnicas de aprendizagem supervisionada, as técnicas *não supervisionadas* operam sem "rótulos", ou seja, não estão tentando prever nenhum resultado específico. Em vez disso, tentam encontrar padrões dentro dos conjuntos de dados. Exemplos de técnicas não supervisionadas incluem algoritmos de agrupamento — que tentam agrupar os dados de forma significativa, como a identificação de clientes de bancos de varejo que são semelhantes e, portanto, podem representar novos segmentos para fins de marketing — ou algoritmos de detecção de anomalias, que definem o comportamento normal em um conjunto de dados e identificam padrões anômalos, como a detecção de comportamento de transações bancárias que poderiam indicar lavagem de dinheiro.

Redes Neurais

As redes neurais — e, em particular, as redes neurais profundas — representam uma categoria mais recente e em rápido crescimento de algoritmos de autoaprendizagem. Em uma rede neural, as entradas de dados são alimentadas na camada de entrada, e a saída da rede neural é capturada na camada de saída. As camadas do meio são camadas de "ativação" ocultas, que realizam várias transformações nos dados para fazer inferências sobre diferentes características dos dados. As redes neurais profundas geralmente têm várias camadas ocultas (mais de duas ou três). O número de camadas necessárias geralmente (mas nem sempre) aumenta com a complexidade do caso de uso. Por exemplo, uma rede neural projetada para determinar se uma imagem é um carro ou não teria menos camadas do que uma projetada para rotular *todos os diferentes objetos* de uma imagem — por exemplo, um sistema de visão computacional para um carro autodidata, capaz de reconhecer e diferenciar sinais de estrada, sinais de trânsito, linhas de pista, ciclistas, e assim por diante.

Em 2012, uma rede neural chamada AlexNet ganhou o ImageNet Large Scale Visual Recognition Challenge, um concurso para classificar um conjunto de milhões de imagens variadas que haviam sido pré-classificadas por humanos em mil categorias (incluindo noventa raças de cães). AlexNet identificou corretamente as imagens em 84,7% do tempo, com uma taxa de erro de apenas 15,3%. Isso foi mais de 10% melhor do que o sistema seguinte — um resultado notavelmente superior. As técnicas de aprendizagem profunda para processamento de imagem continuaram a avançar desde a AlexNet, alcançando taxas de precisão superiores a 95% — melhor que o desempenho de um humano típico.[23]

Organizações em várias indústrias estão aplicando técnicas de aprendizagem profunda usando redes neurais para uma série de problemas, e com resultados impressionantes. No setor de serviços públicos, as redes neurais são aplicadas para minimizar "perdas não técnicas", ou NTL. Globalmente, bilhões de dólares são perdidos por ano por NTL como resultado de erros de medição e gravação, roubo de eletricidade por adulteração ou desvio de medidores, contas não pagas e outras perdas relacionadas. Ao reduzir a NTL de uma empresa de serviços públicos, essas aplicações de IA ajudam a garantir uma rede elétrica mais confiável e preços de eletricidade significativamente mais eficientes para os clientes.

Uma das principais vantagens do uso de redes neurais é a redução ou eliminação da engenharia de recursos, um requisito que consome muito tempo ao usar algoritmos tradicionais de aprendizado de máquina. As redes neurais são capazes de aprender tanto a saída como as características relevantes dos dados, sem a necessidade de uma extensa engenharia de características. No entanto, eles geralmente requerem uma grande quantidade de dados de treinamento e são computacionalmente intensivos. É por isso que o uso de GPUs se mostrou crucial para o sucesso das redes neurais.

Superando os Desafios do Aprendizado de Máquina

Para muitos casos de uso da IA, as organizações podem implantar aplicativos SaaS pré-construídos e comercialmente disponíveis sem precisar desenvolver as próprias aplicações. Estes incluem aplicações para manutenção preditiva, otimização de inventário, detecção de fraudes, combate à lavagem de dinheiro, gestão de relacionamento com clientes e gestão de energia, entre outros. Além de implantar aplicativos SaaS pré-construídos, a maioria das grandes organizações precisará desenvolver seus próprios aplicativos de IA especificamente adaptados às suas necessidades específicas.

O desenvolvimento bem-sucedido de aplicações alimentadas pela aprendizagem por máquina IA requer tanto o conjunto certo de habilidades e conhecimentos quanto as ferramentas e tecnologias corretas. Relativamente poucas organizações no mundo têm toda a experiência e capacidades internas necessárias para construir, implantar e operar aplicativos de IA sofisticados que gerarão valor significativo. A grande maioria das organizações precisará se envolver com parceiros para fornecer a especialização e a pilha de tecnologia necessárias para criar, testar, implantar e gerenciar os aplicativos.

Aprendizado de Máquina: Workflow de Desenvolvimento e Implantação

Há uma vantagem financeira e um benefício comercial significativos na compreensão de como evitar as potenciais armadilhas de uma iniciativa de desenvolvimento de IA para que você possa capturar rapidamente o ROI positivo. Para ter uma noção dos desafios no desenvolvimento e implantação de aplicativos de IA em escala e por que a experiência, os parceiros e a plataforma de desenvolvimento corretos são essenciais, veremos o que está envolvido em um processo de desenvolvimento de aprendizado de máquina. Nesta seção, descrevo o fluxo de trabalho sequencial no desenvolvimento e implantação de um aplicativo de aprendizado de máquina IA. Esse processo é bem compreendido pelos especialistas nessa área.

1. Montagem e Preparação de Dados

O primeiro passo é identificar os conjuntos de dados necessários e relevantes e, em seguida, montar os dados em uma imagem unificada que seja útil para a autoaprendizagem. Como os dados vêm de várias fontes e sistemas de software diferentes, muitas vezes há problemas com a qualidade dos dados, como duplicação de dados, lacunas nos dados, dados indisponíveis e dados fora de sequência. A plataforma de desenvolvimento deve, portanto, fornecer ferramentas para abordar essas questões, incluindo recursos para automatizar o processo de ingestão, integração, normalização e federação de dados em uma imagem unificada adequada para a autoaprendizagem.

2. Desenvolvimento de Recursos

Workflow para Desenvolver e Implementar um Aplicativo de Aprendizado de Máquina

Um fluxo de trabalho de autoaprendizagem típico envolve várias etapas, desde o carregamento de dados e etiquetagem até o desenvolvimento de recursos, treinamento de algoritmos e testes. Algumas abordagens de aprendizagem profunda eliminam a necessidade de uma engenharia de recursos demorada.

FIGURA 6.2

O próximo passo é o desenvolvimento de recursos. Isso envolve passar pelos dados e elaborar sinais individuais que o cientista de dados e especialistas de domínio acham que serão relevantes para o problema que está sendo resolvido. No caso de manutenção preditiva baseada em IA, os sinais podem incluir a contagem de alarmes de falhas específicas durante os últimos 7 dias, 14 dias e 21 dias, a soma dos alarmes específicos durante os mesmos períodos de carregamento, e o valor máximo de certos sinais do sensor durante esses períodos de atraso.

3. Rotular os resultados

Esta etapa envolve rotular os resultados que o modelo tenta prever (por exemplo, "falha do motor"). Muitas vezes, os resultados específicos não são claramente definidos nos dados, uma vez que os conjuntos de dados originais e os processos empresariais não foram originalmente definidos tendo em mente a IA. Por exemplo, em aplicações de manutenção preditiva baseadas em IA, os conjuntos de dados de origem raramente identificam rótulos de falhas reais. Em vez disso, os profissionais têm de inferir pontos de falha com base em combinações de fatores como códigos de falha e ordens de trabalho do técnico.

4. Configuração de Dados em Treinamento

Agora vem o processo de configuração do conjunto de dados para treinar o algoritmo. Há uma série de nuances nesse processo que podem exigir perícia externa. Para tarefas de classificação, os cientistas de dados precisam se assegurar de que as etiquetas são adequadamente equilibradas com exemplos positivos e negativos para fornecer ao algoritmo de classificação dados suficientemente equilibrados. Os cientistas de dados também precisam garantir que o classificador não seja influenciado por padrões artificiais nos dados. Por exemplo, em uma instalação recente de detecção de fraude para uma empresa de serviços públicos, um classificador formado em casos históricos em um grande conjunto de dados em escala nacional identificou incorretamente vários casos suspeitos de fraude em uma ilha remota. Um exame mais aprofundado revelou que, devido ao fato de a ilha ser tão remota e de difícil acesso, os investigadores só viajavam para lá se tivessem a certeza de que se tratava de fraude. Todos os casos históricos investigados na ilha foram, portanto, verdadeiros rótulos positivos. Consequentemente, o classificador sempre correlacionou a localização da ilha com a incidência de fraude, então o algoritmo teve de ser ajustado.

5. Escolhendo e Treinando o Algoritmo

A próxima etapa é escolher o algoritmo real e treiná-lo com o conjunto de dados de treinamento. Várias bibliotecas de algoritmos estão disponíveis para os cientistas de dados de hoje, criadas por empresas, universidades, organizações de pesquisa, agências governamentais e colaboradores individuais. Muitas estão disponíveis como software de código aberto em repositórios como o GitHub e a Apache Software Foundation. Os profissionais de IA normalmente executam pesquisas especializadas nessas bibliotecas para identificar o algoritmo correto e construir o modelo mais bem treinado. Cientistas de dados experientes sabem como restringir suas buscas para focar as classes certas de algoritmos para testar um caso de uso específico.

6. Implantação do Algoritmo na Produção

O algoritmo de aprendizado de máquina deve ser implantado para operar em um ambiente de produção: ele precisa receber novos dados, gerar resultados e ter alguma ação ou decisão tomada com base nesses resultados. Isso pode significar incorporar o algoritmo em um aplicativo corporativo usado por humanos para tomar decisões — por exemplo, um aplicativo de manutenção preditiva que identifica e prioriza equipamentos que precisam de manutenção para fornecer orientação às equipes de manutenção. É aqui que o valor real é criado — reduzindo o tempo de inatividade do equipamento e os custos de manutenção através de uma previsão de falhas mais precisa que permite uma manutenção proativa antes que o equipamento realmente falhe. Para que o algoritmo de aprendizado de máquina opere na produção, a infraestrutura de computação subjacente precisa ser configurada e gerenciada. Isso inclui escalabilidade elástica e habilidades de gerenciamento de big data (por exemplo, ingestão, integração etc.) necessárias para grandes conjuntos de dados.

7. Melhoria Contínua de Closed-Loop

Uma vez em produção, o desempenho do algoritmo de IA precisa ser rastreado e gerenciado. Algoritmos tipicamente requerem frequente reciclagem pelas equipes de ciência de dados. À medida que as condições de mercado mudam, os objetivos e processos do negócio evoluem e novas fontes de dados são identificadas. As organizações precisam manter a agilidade técnica para que possam rapidamente desenvolver, reciclar e implantar novos modelos à medida que as circunstâncias mudam.

A ciência da IA evoluiu e amadureceu ao longo das últimas décadas. Estamos agora em um ponto em que não apenas as tecnologias subjacentes estão disponíveis, mas também as organizações agora têm acesso a especialistas em domínios, cientistas de dados e provedores de serviços profissionais que podem ajudá-las a aproveitar o poder da IA para obter vantagem competitiva.

Benefícios Empresariais da IA

As tecnologias IA trazem benefícios comerciais realmente interessantes hoje em dia. Em particular, empresas de tecnologia como Google, LinkedIn, Netflix e Amazon usam IA em larga escala. O McKinsey Global Institute (MGI) estima que as empresas de tecnologia gastaram de US$20 bilhões a US$30 bilhões em IA em 2016.[24] Algumas das aplicações mais estabelecidas para IA que oferecem benefícios comerciais concretos são a pesquisa online, a colocação de publicidade e as recomendações de produtos ou serviços.

Além das empresas de tecnologia, indústrias avançadas em digitalização, tais como serviços financeiros e telecomunicações, estão começando a usar as tecnologias de IA de maneiras significativas. Por exemplo, os bancos usam

IA para detectar e interceptar fraudes de cartão de crédito; reduzir o churn de clientes, prevendo quando é que os clientes provavelmente mudarão; e agilizar a aquisição de novos clientes.

A indústria da saúde está apenas começando a obter valor da IA. Existem oportunidades significativas para que as empresas de saúde usem a autoaprendizagem para melhorar os resultados dos pacientes, prever doenças crônicas, prevenir o vício em opioides e outras drogas e melhorar a precisão do diagnóstico de doenças.

As empresas industriais e de manufatura também começaram a obter valor das aplicações de IA, incluindo o uso de IA para manutenção preditiva e otimização avançada em toda a cadeia de suprimentos.

As empresas de energia transformaram as operações utilizando IA, e utilizam aplicações avançadas de IA para identificar e reduzir fraudes, prever o consumo de eletricidade e manter seus ativos de geração, transmissão e distribuição.

Existem várias aplicações da IA emergentes em defesa. As forças armadas dos Estados Unidos já utilizam a manutenção preditiva baseada na IA para melhorar a prontidão militar e racionalizar as operações. Outros casos de uso incluem otimização logística, otimização de estoque, recrutamento e gerenciamento de pessoal (por exemplo, correspondência de novos recrutas a cargos).

Abordarei alguns desses casos de uso da indústria em mais detalhes nos Capítulos 8 e 9.

IA em Ação: Abordando uma Oportunidade de Retenção de Clientes de US$1 Bilhão

Para ilustrar como a IA pode abordar preocupações complexas partilhadas por praticamente todas as empresas, vejamos um exemplo de utilização da IA para melhorar a retenção de clientes no setor dos serviços financeiros. As empresas concentram recursos consideráveis em manter os clientes satisfeitos, bem-sucedidos e engajados. Particularmente nas indústrias B2B, determinar a saúde de uma conta de cliente pode ser um desafio. Muitas vezes, essa é uma questão de gerentes de conta dedicados fazendo chamadas e rastreando manualmente o comportamento do cliente. E, em muitos casos, uma empresa pode não aprender sobre a intenção de um cliente de mudar para um provedor diferente até que seja tarde demais.

No mercado bancário de empresas, os bancos competem por negócios com base em uma série de fatores, incluindo ofertas de produtos, taxas de juros e taxas de transação. Os bancos geram receitas de comissões cobradas nas transações de clientes e de juros obtidos através do empréstimo a clientes. Portanto, os gerentes de contas corporativas de um banco monitoram cuidadosamente a atividade de transações e os saldos de caixa de seus clientes, uma vez que estes são os principais geradores de receita. Trata-se, em grande parte, de um processo manual, gerido através de folhas de cálculo e baseado em relatórios gerados a partir do CRM do banco e de outros sistemas. Mas como muitos fatores internos e externos — atividade de investimento, fusões e desinvestimentos, dinâmica competitiva etc. — podem afetar o volume de transações e saldos de um cliente em um determinado período, há muito ruído nesses indicadores.

Por conseguinte, os gestores de contas empresariais têm dificuldade em identificar, o mais cedo possível, sinais de que um cliente possa estar reduzindo ou cessando permanentemente sua atividade com um banco por razões evitáveis. Se os gerentes de conta puderem determinar um cliente em risco com antecedência suficiente, eles podem ser capazes de agir. Por exemplo, um cliente pode reduzir seu negócio porque está sobrecarregado financeiramente com alguns empréstimos. Neste caso, o gestor de conta pode se oferecer para reestruturar os empréstimos ou oferecer serviços de aconselhamento de empréstimo. Ou talvez um concorrente tenha oferecido ao cliente uma taxa de juros melhor, caso em que o gerente de conta pode estender uma taxa competitiva.

Diante dessa complexidade, uma empresa líder em serviços financeiros está usando uma suíte de IA para desenvolver uma aplicação baseada em inteligência artificial para ajudar os gerentes de contas corporativas a identificar com eficácia e se envolver proativamente com clientes corporativos potencialmente em risco. O banco emprega centenas de gerentes de contas corporativas que atendem a dezenas de milhares de clientes corporativos, representando saldos de caixa agregados de várias centenas de bilhões de dólares. Qualquer melhoria na retenção de clientes nessa linha de negócio de margens elevadas representa um valor econômico significativo para o banco.

A aplicação IA ingere e unifica dados de numerosas fontes internas e externas, incluindo múltiplos anos de dados históricos em vários níveis de frequência: transações de clientes e saldos de contas; variações nas taxas pagas sobre os saldos de caixa; risco de crédito; crescimento do PIB; taxas de juro de curto prazo; fornecimento de dinheiro; e dados de operações corporativas específicas de contas de arquivamentos da SEC e outras fontes. Ao aplicar vários algoritmos de IA a esses dados em tempo real, a aplicação pode identificar perfis de clientes em risco, prever aqueles que provavelmente reduzirão seus saldos por razões evitáveis e enviar alertas priorizados aos gerentes de conta, permitindo-lhes tomar medidas proativas.

A utilização da aplicação de IA resulta em previsões muito mais precisas e na identificação atempada de clientes em risco do que a conseguida pela abordagem tradicional utilizada pelos gestores de contas. O banco estima que o valor econômico anual incremental da aplicação desses aplicativos de IA é de aproximadamente US$1 bilhão de lucro líquido puro.

Os Impactos Econômicos e Sociais da IA

A IA terá consequências profundas para a sociedade e as empresas. De acordo com o estudo de 2017 da PwC projetando um aumento de US$15,7 trilhões no PIB global até 2030 devido à IA, metade desse ganho total resultará de melhorias na produtividade do trabalho, e a outra metade, do aumento da demanda do consumidor. A PwC estima que a criação potencial de valor em setores específicos poderia chegar a US$1,8 trilhão em serviços profissionais, US$1,2 trilhão em serviços financeiros, US$2,2 trilhões em atacado e varejo e US$3,8 trilhões em fabricação.

De acordo com o mesmo estudo da PwC, o impacto não será distribuído uniformemente em todo o mundo. Enquanto a América do Norte lidera atualmente, com a Europa e as economias asiáticas desenvolvidas a seguirem-se, espera-se que a China venha a ultrapassar as outras. De fato, para a China, tornou-a uma prioridade e um objetivo nacional ser líder mundial na IA até 2030. Para as organizações em todo o mundo, e particularmente para as que competem com seus homólogos chineses, a urgência de transformar digitalmente e investir especificamente em capacidades de IA aumenta.

O crescimento impulsionado pela IA é um antídoto bem-vindo para um abrandamento de décadas nos ganhos de produtividade nas economias desenvolvidas. Mas a potencial desvantagem dos avanços na IA será acentuada e dolorosa para aqueles que não se adaptarem. Para algumas organizações, sua própria existência está em risco.

O renomado professor da Harvard Business School, Michael Porter — cujo livro sobre estratégia competitiva é um clássico no campo —, especula um "novo mundo de produtos inteligentes e conectados" sustentado pela IA e o big data representa uma grande mudança na dinâmica fundamental da concorrência.[25] Porter sugere que isso não é simplesmente uma questão de vantagem competitiva; é *existencial*. Lembre-se de que 52% das empresas da Fortune 500 foram adquiridas, fundidas ou declararam falência desde 2000. A ameaça de extinção organizacional é muito real.[26]

Por algum tempo, acadêmicos, cientistas e pesquisadores de mercado têm soado o alarme sobre o impacto da IA. O diálogo tinha sido bastante silencioso, em grande parte limitado à tecnologia e às comunidades científicas. Havia cobertura jornalística ocasional de pessimistas de alto nível em relação à IA — como o artigo de 2017 da *Vanity Fair* sobre a "cruzada de Elon Musk para parar a IA". No início de 2018, as preocupações sobre as consequências da IA atingiram a cena internacional como tópico principal em Davos e na subsequente cobertura da mídia. Estimativas e previsões de repente assumiram um significado adicional como mídia de massa, e especialistas costuraram pontos de vista sobre o tópico. Cenários extremos, como o apocalipse dos robôs, a eliminação de todos os empregos e a destruição da civilização, atingiram a mídia.[28]

A maioria das pessoas com até mesmo uma compreensão casual do estado da IA hoje interpreta essas visões como um exagero selvagem.[29] A história mostra que a mudança de magnitude representada pela IA é inicialmente recebida com medo e ceticismo, eventualmente dando lugar à adoção em massa para se manter um negócio. Mas isso não diminui as desvantagens culturais e sociais. Para alguns tipos de empregos, o impacto será acentuado. E o potencial para que o preconceito humano distorça a análise de IA é real.

Muitos empregos serão perdidos. A requalificação das forças de trabalho existentes para se adaptarem será uma questão pública desafiadora. Quanto mais cedo os governos e a indústria responderem com políticas ponderadas, mais estável será o impacto. Ao mesmo tempo, a maioria dos casos de valor econômico de IA ainda exige que os operadores da linha da frente humana os executem. Certamente, os gerentes médios e os trabalhadores de colarinho branco trabalharão tipicamente ao lado da IA no curto prazo.

Tal como acontece com outros avanços tecnológicos, a IA em breve criará mais empregos do que destruirá. Assim como a internet eliminou alguns empregos através da automação, ela deu origem a uma profusão de novos empregos — web designers, administradores de banco de dados, gerentes de mídia social, comerciantes digitais etc. Em 2020, espera-se que a IA crie 2,3 milhões de empregos, eliminando 1,8 milhão.[30] Alguns desses novos empregos serão em ciência da computação, ciência de dados e engenharia de dados. Empregos auxiliares em empresas de consultoria continuarão a crescer, tanto em empresas tradicionais, como a McKinsey e a BCG, como em empresas de ciência da decisão, como a Mu Sigma.

Mas a realidade provavelmente terá um impacto muito mais amplo na sociedade, e ainda não podemos antecipar todos os diferentes tipos de empregos que resultarão da implementação generalizada da IA. Falando em 2017 sobre uma iniciativa de e-governança, o primeiro-ministro da Índia, Narendra Modi, disse: "A inteligência artificial conduzirá a raça humana. Os especialistas dizem que existe uma enorme possibilidade de criação de emprego através da IA. A tecnologia tem o poder de transformar nosso potencial econômico."[31]

Pontos de vista positivos abundam. Com a população global crescendo para 9,7 bilhões de pessoas até 2050, a agricultura habilitada pela IA poderia ajudar os agricultores a atender à demanda de 50% a mais de produção com recursos de terra cada vez menores.[32] A medicina de precisão movida pela IA identificará e tratará o câncer de forma muito mais eficaz. Uma melhor cibersegurança detectará e prevenirá ameaças. Robôs habilitados para IA ajudarão os idosos, proporcionando mais independência e uma melhor qualidade de vida. A IA melhorará drasticamente a capacidade de analisar milhares de milhões de mensagens em linha e páginas web em busca de conteúdos suspeitos para proteger crianças e outras pessoas contra o tráfico e o abuso. Alterações climáticas, crime, terrorismo, doenças, fome — a IA promete ajudar a aliviar esses e outros males globais.

Estou familiarizado com uma série de aplicações de IA concebidas para proporcionar um valor social significativo para além de seu impacto comercial: uma aplicação de IA para prever a probabilidade de dependência de opiáceos para que os médicos possam tomar melhores decisões na prescrição de medicamentos e salvar milhões de pessoas da dependência. Uma aplicação de IA para prever ameaças à segurança pública para que as agências possam proteger melhor as vidas humanas. Uma aplicação de IA para detectar a lavagem de dinheiro para que as instituições financeiras possam combater melhor a indústria criminal de US$2 trilhões por ano.

Em minhas reuniões com organizações ao redor do mundo, cada líder empresarial e governamental esclarecido com quem falei está trabalhando ativamente para entender como aproveitar a IA para o bem social, econômico e ambiental. Mal arranhamos a superfície do que é possível melhorar na vida humana e na saúde do planeta com a IA.

A Batalha pelo Talento da IA

Como a IA é agora essencial para todas as organizações que desejam se beneficiar da análise de grandes conjuntos de dados, a concorrência por cientistas de dados treinados é robusta. Consequentemente, existe hoje uma significativa escassez global de talentos em IA. O talento existente é extremamente concentrado em algumas empresas de tecnologia, como Google, Facebook, Amazon e Microsoft. Por algumas estimativas, o Facebook e o Google sozinhos contratam 80% dos PhDs de autoaprendizagem que chegam ao mercado de trabalho.[33]

Enquanto muitos indivíduos em empresas têm títulos de trabalho relacionados à ciência dos dados, a maioria não é qualificada em aprendizado de máquina e IA. As empresas ainda pensam nos cientistas de dados como analistas que executam inteligência de negócios usando dashboards ou, na melhor das hipóteses, como estatísticos que pegam amostras de conjuntos de dados para desenhar inferências estáticas. A maioria das organizações está apenas começando sua evolução em direção à IA e não tem um forte banco de profissionais de IA.

Desde 2000, o número de empresas em fase de arranque de IA aumentou quatorze vezes, enquanto o investimento de capital de risco em empresas em fase de arranque de IA aumentou seis vezes durante o mesmo período. E a proporção de empregos que exigem competências em IA cresceu quase 4,5 vezes desde 2013.[34] A crescente demanda global por cientistas e gestores de dados qualificados em análise de dados tem atraído a atenção de políticos, governos, corporações e universidades em todo o mundo.[35]

É claro que o pipeline do cientista de dados começa com o treinamento na universidade. O aumento nos empregos de alta remuneração em ciência de dados provocou um aumento no número de matrículas em programas de ciência de dados: os números de graduados com diplomas em ciência de dados e análise de dados cresceram 7,5% de 2010 a 2015, superando outros graus, que cresceram apenas 2,4% coletivamente.[36] Hoje, mais de 120 programas de mestrado e 100 programas de análise de negócios estão disponíveis só nos EUA. Para treinar os trabalhadores existentes, os campos de treino, os cursos abertos online massivos (MOOCs) e os certificados cresceram em popularidade e disponibilidade.

Em 2018, o LinkedIn relatou um crescimento de 500% nas funções de cientista de dados nos Estados Unidos desde 2014, enquanto as funções de engenheiro de autoaprendizagem aumentaram 1.200%.[37] Outro estudo de 2017 descobriu que até 2020, o número total de empregos em ciência de dados e análise de dados aumentará para 2.720.000 e terá um impacto em uma ampla gama de indústrias.[38]

Em locais de trabalho como Glassdoor e LinkedIn, engenheiros de aprendizado de máquina, cientistas de dados e desenvolvedores de big data estão entre os mais populares, com a demanda vindo de vários setores.

Crescente Demanda por Habilidades em IA

Os empregos que exigem competências relacionadas à IA estão crescendo a um ritmo acelerado, e muitos não estão sendo preenchidos.
A escassez de talentos está levando a uma guerra global por engenheiros de software de IA e cientistas de dados.

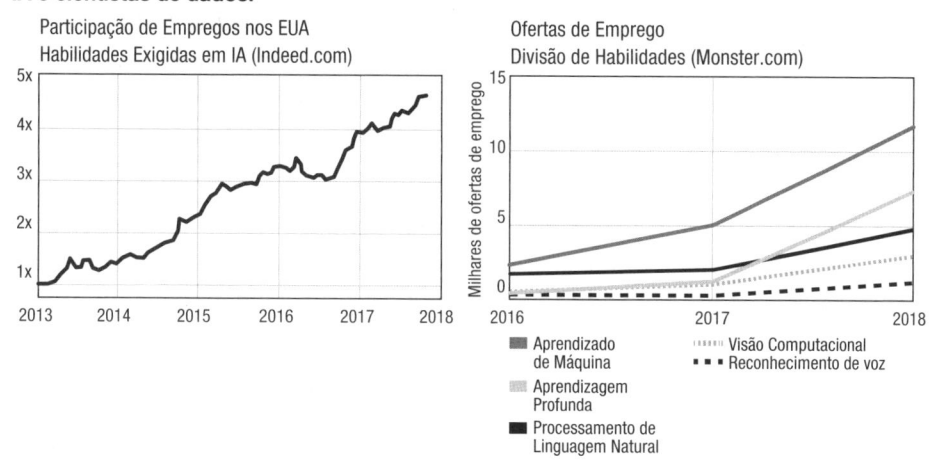

Participação de Empregos nos EUA
Habilidades Exigidas em IA (Indeed.com)

Ofertas de Emprego
Divisão de Habilidades (Monster.com)

- Aprendizado de Máquina
- Aprendizagem Profunda
- Processamento de Linguagem Natural
- Visão Computacional
- Reconhecimento de voz

FIGURA 6.3

Como resultado, as empresas estão pagando altos preços para adquirir cientistas de dados. Em 2014, por exemplo, o Google adquiriu a startup de IA DeepMind Technologies, com apenas 75 funcionários, por um valor estimado em US$500 milhões — mais de US$6 milhões por funcionário.[39] A aquisição produziu, pelo menos, dois resultados significativos: levou ao desenvolvimento do AlphaGo, o primeiro programa de IA a derrotar um jogador profissional de topo no antigo jogo de tabuleiro chinês Go —, o que acabou por ser um "momento Sputnik" para a China, impulsionando seu governo a fazer da IA uma prioridade estratégica.[40] Mais recentemente, o algoritmo AlphaFold, da DeepMind, ganhou a competição 2018 Critical Assessment of Structure Prediction (CASP) — considerada a "virtual protein-folding Olympics, onde o objetivo é prever a estrutura 3D de uma proteína baseada em seus dados de sequência genética".[41] Essa é uma área importante da investigação biomolecular, com potencial significativo para melhorar a compreensão das doenças e a descoberta de novos medicamentos.

Para atender à demanda geral por habilidades em ciência dos dados, os governos começaram a agir. O Open Data Institute do Reino Unido e o Alan Turing Institute, a estratégia de big data de 2014 da Comissão Europeia e o Plano Estratégico de Pesquisa e Desenvolvimento de Big Data 2016 do governo federal dos EUA são todos exemplos de esforços coordenados para atender à necessidade de cientistas de dados treinados. A China, que fez da IA um pilar central de seu décimo terceiro Plano de Ação e Plano de Desenvolvimento da Nova Geração de Inteligência Artificial, está investindo maciçamente em pesquisa de IA, incluindo programas da universidade para treinar cientistas de dados.[42] Mas a China também estima que enfrentará deficiências de cientistas de dados: em 2016, o ministério de tecnologia da informação estimou que a China precisará de mais 5 milhões de trabalhadores da IA para satisfazer suas necessidades.

Globalmente, os programas de pesquisa mais tradicionais estão contribuindo para a pesquisa do núcleo e estão publicando artigos em um ritmo acelerado. As principais instituições incluem MIT, Carnegie Mellon, Stanford e USC nos EUA; Universidade Tecnológica de Nanyang, Universidade Nacional de Singapura, Universidade Politécnica de Hong Kong, Universidade Chinesa de Hong Kong, Instituto de Automação, Universidade de Tsinghua e Academia Chinesa de Ciências da Ásia; Universidade de Granada e Universidade Técnica de Munique na Europa; bem como outros no Canadá, Suíça, Itália, Holanda, Austrália e Bélgica, para citar alguns.

Programas de ciência de dados nos EUA estão se expandindo através de muitos vetores. Em 2014, a Universidade da Califórnia, em Berkeley, lançou um programa de mestrado em ciência de dados online, e agora oferece um programa de educação executiva em ciência de dados e análise. Mais de trinta escolas secundárias na Califórnia começaram a oferecer aulas de ciência de dados para juniores e seniores.[43] No longo prazo, será necessário um foco significativo na educação matemática e informática a partir do currículo K-12 para abordar a lacuna de competências em IA.

Há também um número crescente de "boot camps" e programas de treinamento para aspirantes a cientistas de dados. Esses programas acolhem profissionais com fortes conhecimentos técnicos — como matemática, física, ou outras disciplinas de engenharia, para treiná-los e prepará-los para carreiras em IA. Alguns desses cursos estão disponíveis online. Por exemplo, Coursera oferece um currículo online tanto para o aprendizado de máquina quanto para a aprendizagem profunda.[44] Outros cursos são presenciais, como o programa Insight Data Science na área da Baía de São Francisco.[45]

Além dos cientistas de dados, as empresas também precisarão cada vez mais de pessoas a quem a McKinsey chama de "tradutores".[46] Os tradutores podem fazer a ponte entre os profissionais de IA e as empresas. Eles entendem o suficiente sobre gestão para orientar e aproveitar o talento de IA de forma eficaz, e entendem o suficiente sobre IA para garantir que os algoritmos sejam devidamente integrados em práticas de negócios.

Sem dúvida, estamos em um período de transição, com as organizações, "retreinando" suas forças de trabalho, recrutando graduados em IA e ajustando as muitas mudanças impulsionadas pela inovação e adoção de IA. Mas há um caminho claro para as organizações que percebem a inevitabilidade de um futuro impulsionado pela IA e a necessidade de começar a construir capacidades de IA agora. Hoje em dia, as organizações podem contar com a experiência de consultores de IA e parceiros de tecnologia comprovada enquanto desenvolvem simultaneamente suas próprias competências internas de IA.

O Sucesso de uma Empresa Orientada pela IA

Temos visto que, para ter sucesso com a IA, as organizações exigem novas capacidades tecnológicas e de negócios para gerenciar big data, bem como novas habilidades em ciência de dados e aprendizado de máquina.

Um desafio final que as organizações enfrentam para ter sucesso com a IA é implementar mudanças nos processos de negócios que a IA requer. Assim como o surgimento da internet levou as organizações a mudar os processos de negócios na década de 1990 e início dos anos 2000, a IA conduz uma escala de mudança semelhante, se não maior. As organizações podem precisar adaptar sua força de trabalho para aceitar recomendações de sistemas de IA e fornecer feedback aos sistemas de IA. Isso pode ser complicado. Por exemplo, os profissionais de manutenção, que têm feito seu trabalho de uma forma específica durante décadas, muitas vezes resistem a novas recomendações e práticas que os algoritmos de IA podem identificar. Portanto, capturar o valor da IA requer uma liderança forte e uma mentalidade flexível por parte dos gerentes e funcionários da linha de frente.[47]

Por todas essas razões, as organizações que embarcam nas iniciativas da transformação digital envolvem cada vez mais parceiros de tecnologia experientes para ajudar a superar os desafios de construir, implantar e operar aplicações baseadas em IA e conduzir as mudanças nos processos de negócios necessárias para capturar valor. As organizações estão investindo em uma nova pilha de tecnologia — que descrevo no Capítulo 10 —, fornecendo os recursos para atender a esses requisitos de uma maneira muito mais eficiente do que as abordagens tradicionais.

Esta nova geração de tecnologia é cada vez mais importante à medida que as aplicações da IA se tornam maiores e mais complexas, particularmente à medida que as empresas e as cadeias de valor são equipadas com sensores e dispositivos de acionamento — o fenômeno conhecido como a Internet das Coisas (IoT). Isso aumenta a quantidade de dados disponíveis para as organizações por ordens de grandeza e também a fidelidade e a precisão dos conjuntos de dados.

As organizações serão desafiadas a interpretar as grandes quantidades de dados que a IoT gera e a aproveitar esses dados para tomar as medidas apropriadas em tempo hábil. Interpretar e agir sobre grandes conjuntos de dados exigirá a aplicação da IA, que, por conseguinte, desempenhará um papel importante na libertação de valor da IoT. Descreverei o fenômeno da IoT e suas implicações para os negócios com mais profundidade no próximo capítulo.

Embora a ameaça de perder a oportunidade da transformação digital seja existencial, as recompensas por embarcar em uma transformação estratégica e em toda a organização serão verdadeiramente transformadoras. Como mostram estudos da PwC, McKinsey, Fórum Econômico Mundial, entre outros, a transformação digital gerará trilhões de dólares em criação de valores globalmente durante a próxima década. As organizações que agem agora se posicionarão para receber uma parcela maior desse prêmio.

Capítulo 7

A Internet das Coisas

Os três capítulos anteriores discutiram como as tendências tecnológicas da computação em nuvem elástica, o big data e a inteligência artificial são forças motrizes da transformação digital. A quarta tendência, a internet das coisas (IoT), refere-se ao sensoriamento onipresente das cadeias de valor, de modo que todos os dispositivos nas cadeias se tornem remotamente endereçáveis por máquinas em tempo real ou quase real.

Eu me deparei pela primeira vez com o termo "internet das coisas" em 2007, durante uma viagem de negócios à China. Inicialmente, assumi que a internet das coisas era apenas sobre o sensoriamento de cadeias de valor. Mas desde então tenho pensado muito nisso, e descobri que o que está acontecendo é mais significativo e transformacional.

Com processadores cada vez mais baratos e de menor potência e redes mais rápidas, a computação está se tornando rapidamente onipresente e interconectada. Supercomputadores de IA baratos e do tamanho de cartões de crédito são implantados em carros, drones, câmeras de vigilância e muitos outros dispositivos. Isso vai muito além da simples incorporação de sensores endereçáveis por máquinas em cadeias de valor: A IoT é uma *mudança fundamental no fator de forma da computação*, trazendo poder computacional sem precedentes — e a promessa de IA em tempo real — para todos os tipos de dispositivos.

Origem da Internet das Coisas

A IoT, juntamente com a IA, criou uma das ondas mais disruptivas que já vimos em TI e nos negócios. A IoT nos permite conectar chips de baixo custo e alta velocidade e sensores incorporados por meio de redes rápidas. Na raiz da IoT esteve a introdução de produtos inteligentes e conectados e o hipercrescimento da internet.

Três décadas atrás, a noção de objetos inteligentes era uma nova ideia. Os dispositivos de computação wearable foram propostos por pesquisadores como Mik Lamming e Mike Flynn, da Rank Xerox, que em 1994 criaram o Forget-Me-Not, um dispositivo wearable que usava transmissores sem fio (wireless) "projetados para ajudar com problemas diários de memória: encontrar um documento perdido, lembrar-se do nome de alguém, e de como operar uma máquina".[1] Em 1995, Steve Mann, do MIT, criou uma webcam wearable sem fio. Nesse mesmo ano, a Siemens desenvolveu a primeira comunicação sem fio máquina-a-máquina (M2M), utilizada em sistemas de ponto de venda e para telemetria remota.

Em 1999, o cofundador e diretor executivo do MIT Auto-ID Center, Kevin Ashton, usou o termo "internet das coisas" pela primeira vez. No título de uma apresentação projetada para chamar a atenção da gerência executiva da Procter & Gamble, ele vinculou a nova ideia de tags de identificação por radiofrequência (RFID) na cadeia de suprimentos ao intenso e crescente interesse pela internet.[2] O uso de tags RFID para rastrear objetos em logística é um conhecido exemplo precoce de IoT, e a tecnologia é comumente usada hoje para rastrear remessas, prevenir perdas, monitorar níveis de estoque, controlar o acesso à entrada e muito mais.

Na verdade, os usos industriais da IoT foram os primeiros a prevalecer sobre os usos pelos consumidores. No final dos anos 1990 e início dos anos 2000, uma onda de aplicações industriais surgiu após a introdução da comunicação M2M, com empresas como a Siemens, GM, Hughes Electronics e outras desenvolvendo protocolos proprietários para conectar equipamentos industriais. Muitas vezes gerenciadas por uma operadora local, essas primeiras aplicações M2M evoluíram em paralelo à medida que as redes sem fio baseadas em IP ganhavam força com os funcionários de escritório usando notebooks e telefones celulares. Em 2010, a ideia de transferir essas redes amplamente proprietárias para protocolos Ethernet baseados em IP foi vista como uma direção inevitável. Chamadas de "Ethernet Industrial", essas aplicações se concentraram na manutenção remota de equipamentos e no monitoramento do chão de fábrica, muitas vezes a partir de locais remotos.

A IoT foi a mais lenta a se instalar no mundo dos produtos de consumo. No início da década de 2000, as empresas efetuaram repetidamente incursões (em grande parte sem êxito) para ligar produtos como máquinas de lavar roupa, lâmpadas e outros artigos domésticos. Em 2000, por exemplo, a LG foi a primeira a introduzir uma "geladeira inteligente" conectada à internet (com uma etiqueta de preço de US$20 mil), mas poucos consumidores na época queriam uma geladeira que lhes dissesse quando comprar leite. Em contraste, computadores vestíveis, como o Fitbit e o Garmin (ambos introduzidos em 2008), começaram a captar o interesse dos consumidores, aproveitando acelerômetros de detecção de movimento e recursos do sistema de posicionamento global (GPS) para usos em áreas como a de fitness e de navegação.

A IoT para o consumidor foi ainda mais impulsionada em entre 2011 e 2012, quando vários produtos de sucesso, como o termostato remoto Nest e a lâmpada inteligente Philips Hue, foram introduzidos. Em 2014, a IoT atingiu o mainstream quando a Google comprou a Nest por US$3,2 bilhões, a Consumer Electronics Show apresentou a IoT, e a Apple apresentou seu primeiro relógio inteligente. A IoT do consumidor é mais visível na adoção crescente de dispositivos vestíveis (especialmente relógios inteligentes) e "alto-falantes inteligentes", como o Amazon Echo, Google Home e Apple HomePod — uma categoria que cresce quase 48% ao ano nos EUA.[3]

Hoje, vemos ainda mais mudanças no fator de forma dos dispositivos de computação. Espero que nos próximos anos praticamente tudo tenha se tornado um computador — de óculos a frascos de comprimidos, monitores cardíacos, geladeiras, bombas de combustível e automóveis. A internet das coisas, juntamente com a IA, cria um sistema poderoso que nem sequer era imaginável no início do século XXI, permitindo-nos resolver problemas anteriormente insolúveis.

A Solução Tecnológica IoT

Para tirar proveito da IoT, empresas e governos precisam de uma nova pilha de tecnologia, conectando a borda, uma plataforma IoT e a empresa.

A borda consiste em uma ampla gama de dispositivos habilitados para comunicação, incluindo aparelhos, sensores e gateways, que podem se conectar a uma rede. No mínimo, os dispositivos de borda contêm recursos de monitoramento, criando visibilidade sobre a localização, o desempenho e o status do produto. Por exemplo, um medidor inteligente em uma rede de energia elétrica envia leituras de status e uso para o centro de operações da concessionária durante todo o dia. Como o fator de forma dos dispositivos de computação continua a evoluir, espera-se que mais dispositivos de ponta tenham recursos de controle bidirecional. Os dispositivos de borda que podem ser monitorados e controlados permitem que um novo conjunto de problemas de negócios seja resolvido. Alavancando as capacidades de monitoramento e controle de um dispositivo, seu desempenho e sua operação podem ser otimizados. Por exemplo, os algoritmos podem ser utilizados para prever falhas no equipamento, permitindo que uma equipe faça a manutenção ou substitua o dispositivo antes de este falhar.

Tecnologia IoT: Conectando a Borda à Empresa

Aproveitar a Internet das Coisas requer uma nova solução tecnológica que conecte dispositivos de ponta, uma plataforma IoT e a empresa.

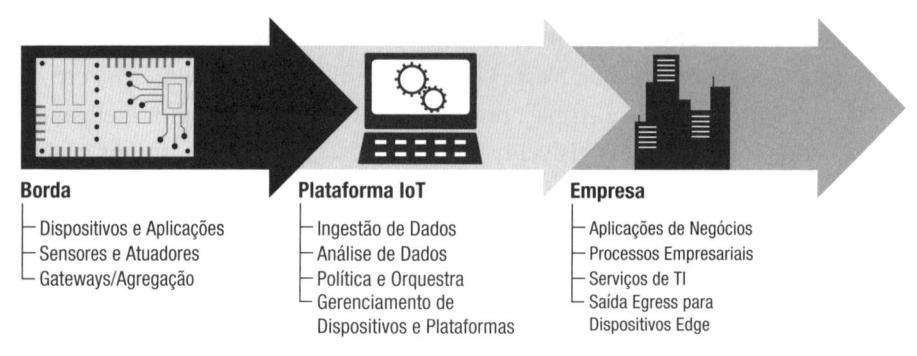

Borda
- Dispositivos e Aplicações
- Sensores e Atuadores
- Gateways/Agregação

Plataforma IoT
- Ingestão de Dados
- Análise de Dados
- Política e Orquestra
- Gerenciamento de Dispositivos e Plataformas

Empresa
- Aplicações de Negócios
- Processos Empresariais
- Serviços de TI
- Saída Egress para Dispositivos Edge

FIGURA 7.1

Uma plataforma IoT é a conexão entre a empresa e a borda. As plataformas IoT devem ser capazes de agregar, federar e normalizar grandes volumes de dados operacionais díspares e em tempo real. A capacidade de analisar dados em escala petabyte — agregando todos os dados históricos e operacionais relevantes de sistemas de informação modernos e legados em uma imagem de dados comum baseada em nuvem — é um requisito crítico.

As atuais plataformas de IoT de última geração funcionam como plataformas de desenvolvimento de aplicativos para empresas. O desenvolvimento rápido de aplicativos que monitoram, controlam e otimizam produtos e unidades de negócios aumenta muito a produtividade.

Há muitos exemplos reais de indústrias que já integraram a IoT como elemento central da transformação dos negócios. Um exemplo notável é a smart grid. A rede de energia elétrica, tal como existia no final do século XX, foi em grande parte desenhada como originalmente concebida mais de cem anos antes por Thomas Edison e George Westinghouse: geração de energia, transmissão de energia a longas distâncias em alta tensão (115 kilovolts ou mais), distribuição a médias distâncias em tensão degressiva (tipicamente de 2 a 35 kilovolts) e entrega a contadores elétricos em baixa tensão (tipicamente 440 volts para consumo comercial ou residencial).

Composta por bilhões de medidores elétricos, transformadores, capacitores, unidades de medição de fase, linhas de energia etc., a rede elétrica é a maior e mais complexa máquina já desenvolvida e, como observado pela Academia Nacional de Engenharia, a mais importante obra de engenharia do século XX.

A rede inteligente é essencialmente a rede elétrica transformada pela IoT. Estima-se que US$2 trilhões serão gastos nesta década para sensorar essa cadeia de valor através da atualização ou substituição da multiplicidade de dispositivos na infraestrutura da rede, de modo que todos os dispositivos emitam telemetria e sejam remotamente endereçáveis por máquinas.[4] Um exemplo familiar é o medidor inteligente. Os medidores eletromecânicos tradicionais são lidos manualmente, geralmente em intervalos mensais, pelo pessoal de campo. Os contadores inteligentes são monitorizados remotamente e normalmente são lidos em intervalos de quinze minutos.

Quando uma rede elétrica é totalmente sensorizada, podemos agregar, avaliar e correlacionar as interações e relações de todos os dados de todos os dispositivos, além de tempo, carga e capacidade de geração em tempo quase real. Podemos então aplicar algoritmos de autoaprendizagem IA a esses dados, para otimizar o desempenho da rede, reduzir o custo da operação, aumentar a resiliência e a confiabilidade, endurecer a segurança cibernética, permitir o fluxo de energia bidirecional e reduzir as emissões de gases de efeito estufa. A combinação do poder da IoT, computação em nuvem, big data e IA resulta em uma transformação digital da indústria de utilidades.

A rede inteligente é um exemplo ilustrativo de como as cadeias de valor em outros setores podem se interconectar por meio da IoT para criar mudança e valor transformador. Por exemplo, à medida que a tecnologia de autodireção se desenvolve, os veículos autônomos se comunicam entre si para otimizar o fluxo de tráfego em toda a rede viária da cidade, resultando em menos congestionamentos, menos tempo de trânsito para os passageiros e menos estresse ambiental.

A Internet das Coisas: Potencial e Impacto

A internet das coisas está prestes a alterar significativamente a forma como as organizações operam. Embora essa já não seja a declaração controversa que era quando ouvi o termo pela primeira vez em 2007, levanta três questões: por que, como e quanto?

Há três razões principais para que a IoT mude a forma como os negócios são feitos. Primeiro, o volume de dados que os sistemas IoT podem gerar é totalmente sem precedentes. A internet das coisas é projetada para gerar 600 zettabytes de dados por ano até 2020 — 600 milhões de petabytes por ano.[5] Esse número pode parecer quase inacreditável, mas lembre-se de nossa discussão sobre a rede inteligente: centrais elétricas, subestações de transmissão, transformadores, linhas de energia e medidores inteligentes geram constantemente dados. Quando devidamente sensorizados, esses ativos geralmente produzem várias leituras por segundo. Quando se considera que os da rede elétrica dos Estados Unidos sozinha tem 5,7 milhões de milhas de infraestrutura de transmissão e distribuição, 600 zettabytes não é um número implausível.[6]

Segundo, os dados gerados são valiosos. Como as organizações sensorizam e medem as áreas de seu negócio, essas leituras de sensor as ajudam a tomar decisões melhores e mais lucrativas. Os dados gerados pela IoT, quando analisados pela IA, permitirão que as organizações executem melhor os principais processos de negócios. Isso é verdade não só na indústria de utilidades, mas também na indústria de petróleo e gás, manufatura, aeroespacial e defesa, setor público, serviços financeiros, saúde, logística e transporte, varejo e todas as outras indústrias que já vi.[7]

A terceira razão pela qual a IoT transformará os negócios é o poder da Lei de Metcalfe — ou seja, o valor de uma rede é proporcional ao quadrado do número de seus membros.[8] Nesse caso, a rede é a imagem de dados federados de uma empresa, e os membros são os pontos de dados. Com a proliferação de sensores na cadeia de valor de uma empresa, há uma proliferação de dados, tanto em volume como em variedade. Mais dados, mais valor.

Considere uma empresa aeroespacial que deseja implementar uma solução de manutenção preditiva orientada por IA para sua frota de aeronaves a jato. Falhas imprevistas no equipamento significam menos tempo de voo, o que constitui claramente um problema para qualquer operador de frota. A maioria dos jatos já tem uma grande variedade de sensores a bordo, mas muitas das leituras não são usadas para prever quando a manutenção é necessária. Como resultado, a maioria das organizações hoje em dia depende da manutenção baseada no tempo — isto é, programada em intervalos de tempo ou de uso predefinidos —, que leva a uma manutenção excessiva e não pode prever adequadamente quando o equipamento precisará de manutenção. O resultado é o desperdício de recursos e custos.

Imagine uma abordagem alternativa que aproveite todos os dados gerados pelos sistemas da aeronave. Comece com uma fonte de dados: o sensor de vibração do motor a jato para a frente. Por si só, isso não fornece dados suficientes para construir uma aplicação de manutenção preditiva abrangente para todo o jato. Pode mesmo não fornecer dados suficientes para prever a falha do motor a jato com um nível aceitável de precisão. Mas imagine que usamos dados de vinte sensores em cada motor, coletados de cada motor em uma frota de mil jatos. Usando algoritmos de autoaprendizagem de IA nesse conjunto de dados significativamente maior e mais rico, podemos prever falhas de motor com muito mais precisão, resultando em menor tempo de inatividade da aeronave e uso mais eficiente dos recursos de manutenção — o que se traduz claramente em valor econômico.

A Transformação Digital da Smart Grid

Dois trilhões de dólares estão sendo gastos esta década para detectar a cadeia de valor da rede eléctrica.

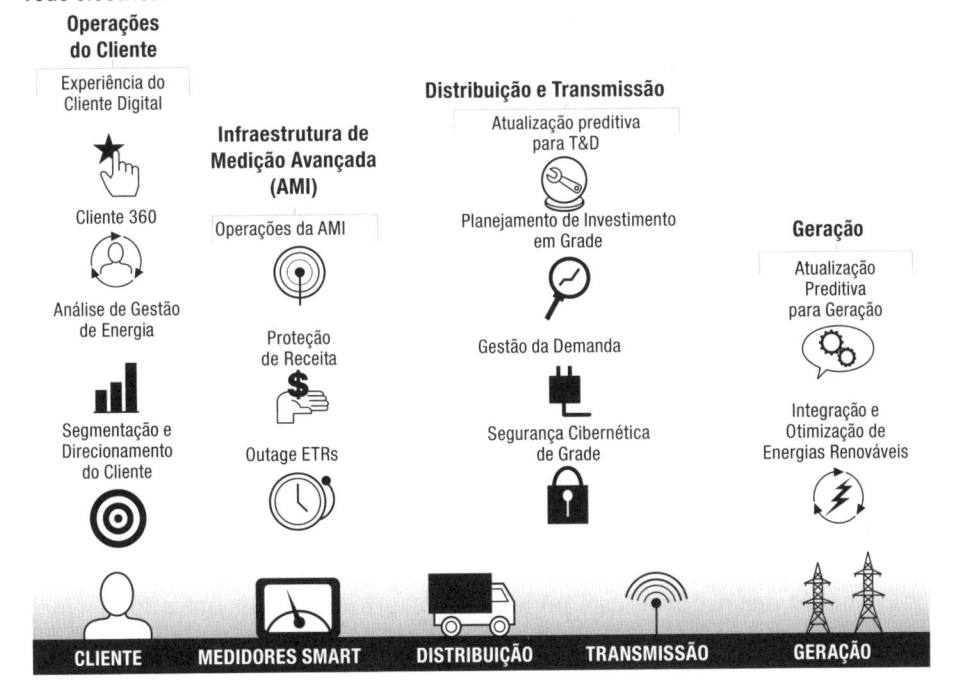

Operações do Cliente
- Experiência do Cliente Digital
- Cliente 360
- Análise de Gestão de Energia
- Segmentação e Direcionamento do Cliente

Infraestrutura de Medição Avançada (AMI)
- Operações da AMI
- Proteção de Receita
- Outage ETRs

Distribuição e Transmissão
- Atualização preditiva para T&D
- Planejamento de Investimento em Grade
- Gestão da Demanda
- Segurança Cibernética de Grade

Geração
- Atualização Preditiva para Geração
- Integração e Otimização de Energias Renováveis

CLIENTE | MEDIDORES SMART | DISTRIBUIÇÃO | TRANSMISSÃO | GERAÇÃO

FIGURA 7.2

Agora, considere a captação e análise de dados de sensores de *todos* os sistemas e componentes do jato, e não apenas dos sensores do motor: agora podemos prever falhas para cada parte da aeronave — os motores, o sistema de ventiladores, o trem de pouso — antes que isso aconteça, porque temos dados de sensores para cada parte. Mas essa não é a única implicação. Como a aeronave é um sistema unificado, os componentes e os dados estão inter-relacionados. Isso significa que os dados gerados pelos motores a jato podem ser preditivos de taxas de falha para o sistema de ventiladores, e vice-versa. Isso é verdade para cada par de componentes. Desta forma, o valor dos dados aumenta exponencialmente com o volume e a diversidade dos dados.

Ao ingerir mais dados de mais dispositivos e aumentar a riqueza e o volume de nosso conjunto de dados, a precisão de nossa aplicação de manutenção preditiva é agora muito maior — e mais eficaz e econômica — do que aquela dos métodos tradicionais. Além disso, a manutenção preditiva prepara o caminho para um gerenciamento mais eficiente de peças de estoque e operações da cadeia de suprimentos — um benefício composto. É inconcebível regressar às operações de manutenção de aeronaves antigas e programadas. Da mesma forma e pelas mesmas razões — volume de dados, valor e Lei de Metcalfe —, a IoT transformará os processos de negócios em todos os setores.

Como outro exemplo, a IoT tem um impacto significativo na agricultura. Um produtor de batata na Holanda agora administra uma das fazendas de batata mais avançadas do mundo por causa da IoT.[9] Vários tipos de sensores em sua fazenda — monitorando coisas como nutrientes do solo, níveis de umidade, luz solar, temperatura e outros fatores — fornecem grandes quantidades de dados valiosos, permitindo que o agricultor use suas terras com mais eficiência do que outras fazendas. Ao conectar cada parte do processo agrícola através da IoT, ele sabe exatamente quais partes de sua terra precisam de mais nutrientes, onde as pragas estão comendo folhas ou quais plantas não estão recebendo luz solar suficiente. Equipado com esses insights, o agricultor pode tomar as medidas certas para otimizar a produção de sua fazenda.

O mundo dos negócios está no início da captura do valor que a IoT — juntamente com a computação em nuvem, big data e IA — pode desbloquear. A nossa explosão cambriana de IoT ainda está adiante. Mas uma coisa é certa: a IoT mudará os negócios de uma maneira importante. A questão continua a ser *como*. Defendo que isso alterará profundamente três aspectos fundamentais do negócio: como tomamos decisões, como executamos processos de negócios e como diferenciamos produtos no mercado.

Os algoritmos se tornarão parte integrante da maioria, se não de todas as decisões. Isso é particularmente verdadeiro para as decisões do dia a dia que mantêm uma empresa em funcionamento. Pense nas decisões tomadas no chão de fábrica, dentro de um armazém de atendimento ou até mesmo na divisão de empréstimos de um banco. Com informações sobre o uso do produto, dados sobre a saúde do equipamento e medições ambientais, os problemas podem ser avaliados em tempo real, e as recomendações podem ser imediatamente transmitidas aos operadores. Isso significa menos confiança em práticas simples, mas subótimas em relação à "regra do polegar". Significa também uma menor dependência da especialização operacional. A especialização humana só é necessária quando a produção produzida pela IA parece estar fora da base. Se assim for, o sistema pode aprender com a intervenção humana para melhor abordar casos semelhantes no futuro. Isso significa menos pessoal, menos envolvimento humano e resultados de negócio superiores. As redes de valor sensorizadas permitem a tomada de decisão preditiva baseada em fatos e orientada por IA.

Em segundo lugar, a IoT mudará a forma como os processos de negócios são executados, resultando em tomadas de decisão mais rápidas, mais precisas e menos caras. Em vez de consultar a própria intuição e experiência e fazer "o que parece certo", os operadores consultarão uma recomendação algorítmica que explica claramente por que isso sugere um determinado curso de ação. O ônus de substituir o sistema recairá sobre os funcionários, mas isso só acontecerá em um número fracionário de casos. Os funcionários serão liberados para se concentrarem menos em minúcias operacionais e mais em agregar valor estratégico e competitivo.

Terceiro, a IoT mudará a forma como os produtos são diferenciados no mercado. Veremos um novo nível de individualização dos comportamentos dos produtos. Os smartphones já se adaptam à forma como o proprietário fala ou escreve. Os termostatos inteligentes aprendem as preferências de temperatura dos residentes e as ajustam automaticamente. Em cuidados de saúde, monitores de glicose inteligentes equipados com algoritmos podem ajustar automaticamente o fornecimento de insulina através de uma bomba implantada.

Esse é apenas o começo — a IoT muda as relações que criamos com os objetos físicos. A IoT dá aos fabricantes uma visibilidade sem precedentes sobre como os clientes usam seus produtos. Isso não só permite que as empresas conheçam melhor seus clientes e, consequentemente, fabriquem melhores produtos, como também novos modelos de garantia e aluguel de equipamentos — ou seja, que garantam produtos com determinadas restrições de utilização e desativem os artigos alugados quando o cliente deixa de pagar uma taxa de assinatura.[11] Esses modelos podem não parecer apelativos para os utilizadores finais à primeira vista, mas podem alterar radicalmente a economia da propriedade ou aluguel de determinados produtos, e os clientes respondem absolutamente a melhores modelos de preços. A IoT abriu novas possibilidades na tomada de decisões, operações e diferenciação de produtos, e continuará a fazê-lo — muitas vezes de formas que ainda não imaginamos.

Em que medida toda essa mudança impulsionada pela IoT terá impacto na economia? Com o número total de dispositivos conectados projetado para crescer de cerca de 20 bilhões hoje para 75 bilhões até 2025,[12] os analistas esperam que a IoT contribua com até US$11,1 trilhões em valor econômico global anual até 2025.[13] Esse é um valor impressionante, equivalente a aproximadamente 11% da economia global, com base na projeção do Banco Mundial de US$99,5 trilhões no PIB global em 2025.

O deslocamento significativo da força de trabalho será um subproduto da adoção da IoT e da automação correspondente que ela permite. Espero que o nível e o momento da deslocação de postos de trabalho variem drasticamente entre indústrias, mas as estatísticas agregadas são inegáveis.

Quase metade (47%, de acordo com o *Economist*) dos empregos norte-americanos está em risco devido à automação, e uma parte substancial dessa automação é devida à IoT. Na Grã-Bretanha e no Japão, os números são semelhantes: 35% e 49% dos empregos estão em risco, respectivamente.[14]

Crescimento Exponencial de Dispositivos Conectados
O número total de dispositivos conectados atingirá 75 bilhões até 2025.

75 Bilhões de Dispositivos IoT até 2025

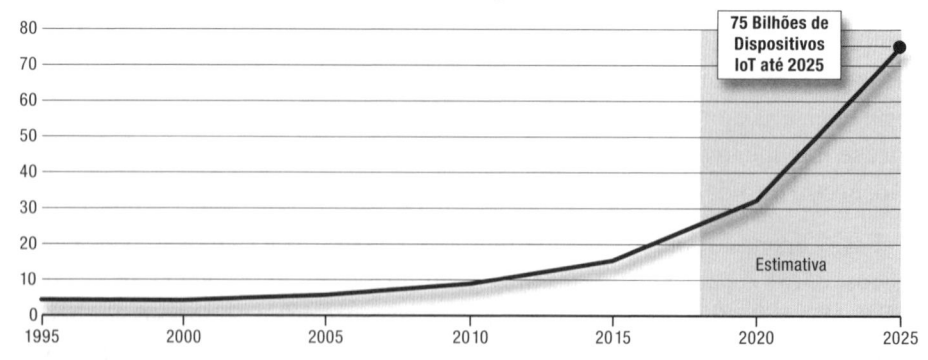

Estimativa

FIGURA 7.3

As empresas individuais também pesam o impacto da automação. O CEO da UBS, Sergio Ermotti, prevê que a automação causada pela adoção de novas tecnologias pode fazer com que a empresa reduza seu tamanho em 30%. Só na UBS, são quase 30 mil funcionários.[15] O ex-CEO do Deutsche Bank, John Cryan, previu que a empresa cortaria pela metade seus 97 mil colaboradores devido à automação.[16] A Goldman Sachs estima que os carros autodirigíveis poderiam destruir 25 mil empregos de motoristas por mês nos EUA.

No entanto, o deslocamento do trabalho não significa que as pessoas não trabalharão mais. Surgirão novos postos de trabalho, mesmo quando os postos de trabalho tradicionais desaparecerem. Como referi no Capítulo 6, as tecnologias avançadas criarão mais empregos do que aqueles que eliminarão, e essa mudança acontecerá rapidamente.

Novas oportunidades serão abundantes para aqueles com conjuntos de habilidades imediatamente relevantes, e surgirão novos tipos de papéis, que não podemos nem sequer imaginar hoje. Em 2018, sete dos dez cargos de maior crescimento no LinkedIn eram funções de ciência dos dados e engenharia.[18] Esse crescimento na ciência dos dados continuará no futuro previsível: em 2020, espera-se que haja cerca de 700 mil vagas de emprego para cientistas de dados e funções semelhantes nos EUA.[19] Da mesma forma, as funções operacionais para aqueles que gerenciam dispositivos IoT de todos os tipos, bem como novos tipos de TI, redes e telecomunicações, provavelmente crescerão. Esses empregos de elevado valor serão frequentemente interdisciplinares, baseados em conhecimentos empresariais e técnicos.

Valor do Negócio por Indústria a Partir da IoT em 2025

A IoT está projetada para criar até US$ 11 trilhões em valor comercial em 2025.

11 Trilhões de Dólares

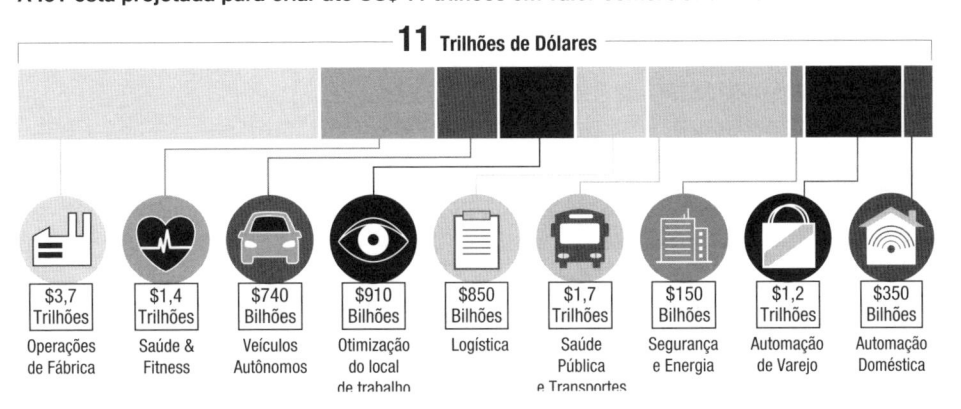

$3,7 Trilhões	$1,4 Trilhões	$740 Bilhões	$910 Bilhões	$850 Bilhões	$1,7 Trilhões	$150 Bilhões	$1,2 Trilhões	$350 Bilhões
Operações de Fábrica	Saúde & Fitness	Veículos Autônomos	Otimização do local de trabalho	Logística	Saúde Pública e Transportes	Segurança e Energia	Automação de Varejo	Automação Doméstica

FIGURA 7.4

Há todas as razões para ser otimista. Mas, como já observamos, empregadores, governos e escolas precisarão treinar e requalificar milhões de pessoas para esses novos empregos. Milhões de trabalhadores existentes terão de encontrar novos empregos. Penso que nós, no setor comercial, temos a responsabilidade de promover a formação e a educação para esses novos papéis. A IoT, quando emparelhada com a IA, está causando uma mudança estrutural no cenário de emprego. A IoT e as tecnologias que ela possibilita afetarão nosso mundo em uma escala que é difícil de exagerar.

Como a IoT Cria Valor

Uma ampla e crescente gama de casos de uso está conduzindo o tremendo impacto da internet das coisas. Tudo isso envolve diferentes partes da pilha de tecnologia, desde o hardware real dos dispositivos conectados até serviços, análises e aplicativos. Da perspectiva de um cliente ou usuário final, o valor real da IoT vem de serviços, análises de IoT e aplicativos, enquanto o restante da pilha de tecnologia serve como um facilitador com menor valor e potencial de crescimento.[20] Finalmente, as organizações que usam tecnologias IoT (proprietários de fábricas, operadoras, fabricantes etc.) capturarão a maior parte do valor potencial ao longo do tempo.

Para que os líderes empresariais adotem soluções de IoT, eles precisam saber como essas ofertas agregarão valor à sua organização, resolvendo desafios críticos de negócios: reduzindo os custos de manutenção de ativos, otimizando o inventário, aumentando a receita através de uma melhor previsão de demanda, aumentando a satisfação do cliente e a qualidade do produto, e muito mais.

Ao focar nesses problemas de negócios concretos, as ofertas de IoT podem ser implantadas rapidamente em todos os setores e ganhar adoção generalizada. Na seção a seguir, discutirei alguns dos casos de uso mais promissores e como eles podem agregar valor aos negócios.

Casos de Uso da IoT

Smart Grid

Tal como referido anteriormente, o setor dos serviços de utilidade pública foi um dos primeiros a utilizar a IoT em grande escala. Ao implantar milhões de medidores inteligentes em suas operações, as concessionárias criaram o que hoje chamamos de smart grid.

A Enel, a grande concessionária com sede em Roma, gerencia mais de 40 milhões de medidores inteligentes em toda a Europa. Esses medidores geram uma quantidade sem precedentes de dados: mais de 5 bilhões de leituras por dia. As unidades de medição fasorial (UGP, sigla em inglês) IoT nas linhas de transmissão emitem sinais de qualidade de energia a ciclos de 60 Hz (ou seja, 60 vezes por segundo), com cada UGP gerando 2 bilhões de sinais por ano.

A combinação de inferir o consumo de energia, a produção e a capacidade de armazenamento de cada cliente em tempo real (usando computação em nuvem e IA), em conjunto com o efeito de rede de clientes interligados, produção de energia local e armazenamento, é a essência da rede inteligente. Quanto mais sensores conectados e mais dados disponíveis para análise, mais precisos serão os algoritmos de aprendizagem profunda, resultando em uma rede inteligente cada vez mais eficiente. Lembre-se da Lei de Metcalfe: aumentar o número de sensores conectados aciona o valor exponencial na rede. Todos esses dados do sensor fornecem informações quase em tempo real sobre a condição do status da grade, problemas de equipamentos, níveis de desempenho etc. Isso permite que os algoritmos adaptem suas previsões e recomendações em tempo quase real. A Enel estima que a aplicação de algoritmos de IA em todos esses dados de redes inteligentes em toda a sua rede renderá mais de 600 milhões de euros em valor econômico anual.

Manutenção Preditiva

As empresas podem aplicar a IA a dados capturados com tecnologias IoT — sensores, contadores, computadores incorporados etc. — para prever falhas nos equipamentos antes que elas aconteçam. Isso reduz o tempo de inatividade não planejado e permite programações de trabalho flexíveis, que aumentam a vida útil do equipamento e reduzem os custos de mão de obra de serviço e substituição de peças. Uma ampla gama de indústrias — desde a de manufatura discreta, energia e aeroespacial até a de logística, transporte e cuidados com a saúde — será capaz de capturar esses benefícios.

Considere, por exemplo, a Royal Dutch Shell, uma das maiores companhias de energia do mundo, com 86 mil empregados operando em mais de 70 países, e uma receita anual de mais de US$300 bilhões. A Shell está desenvolvendo aplicações de IA para tratar de numerosos casos de uso em suas operações globais, que abrangem um grande número de ativos em mais de 20 refinarias, 25 mil poços de petróleo e gás e mais de 40 mil postos de serviço. Várias aplicações IA já são usadas na produção, com muitas outras por vir.

Em um caso de uso, a Shell desenvolveu e implantou uma aplicação para prever falhas nas unidades de energia hidráulica (HPUs) — que são críticas na prevenção de explosões de poços — para 5 mil poços de gás em sua operação de QGC na Austrália. O aplicativo alimentado por IA ingere dados de alta frequência de vários sensores nesses locais remotos e de difícil acesso para prever quando uma HPU falhará e a causa raiz do problema. Isso permite que as equipes de manutenção resolvam proativamente os problemas antes que ocorra uma falha. Os benefícios demonstrados da aplicação incluem maior tempo de execução dos ativos, utilização otimizada dos recursos, custos operacionais reduzidos e milhões de dólares em receitas anuais realizadas.

Em outro exemplo, a Shell desenvolveu e implantou uma aplicação que prevê a deterioração do desempenho de mais de 500 mil válvulas operando em refinarias em todo o mundo que produzem gasolina, diesel, combustível para aviação, lubrificantes e outros produtos. Válvulas de vários tipos são componentes críticos no controle do fluxo de fluidos nas refinarias. O desempenho de uma válvula se deteriora ao longo do tempo com base em múltiplos fatores, incluindo o tipo de válvula, seu uso histórico, exposição ao calor, pressão, vazão de fluido etc. Vários sensores registram continuamente várias medidas do funcionamento e o estado de uma válvula.

Para esse caso de uso, a Shell automatizou o treinamento, a implantação e o gerenciamento de mais de 500 mil modelos de IA — um para cada válvula individual. A aplicação consome mais de 10 milhões de sinais do sensor em frequência muito alta, aplica modelos IA específicos de válvulas para prever a deterioração, e prioriza as válvulas mais críticas para a atenção do operador. A aplicação permite que as operações da Shell deixem de ser reativas e baseadas em regras para serem preditivas e prescritivas. Com base nessas mudanças, que reduzem os custos de manutenção e aumentam a eficiência operacional, estima-se que a implantação do aplicativo somente para esse caso de uso entregue *várias centenas de milhões de dólares em valor econômico anual.*

Otimização de Estoques

Desde a fabricação até os bens de consumo embalados e muitos outros setores, as empresas em todo o mundo lutam para obter o planejamento de inventário correto. Na verdade, muitas grandes organizações com cadeias de suprimentos complexas e operações de inventário perdem suas metas de entrega "a tempo inteiro" (OTIF) em 50% do tempo em que empregam soluções de otimização de inventário de fornecedores tradicionais de planejamento de recursos empresariais (ERP). As soluções baseadas em IoT — combinadas com a análise de big data baseada em IA — ajudam as empresas a melhorar drasticamente suas taxas de realização da OTIF, aumentando significativamente a velocidade de processamento e reduzindo os tempos de resposta, faltas de estoque e acumulações de estoque.

Por exemplo, um discreto fabricante de máquinas complexas de US$40 bilhões usa uma solução de otimização de inventário alimentada por IA para equilibrar os níveis ótimos de inventário e minimizar os custos deste. As máquinas da empresa selecionam entre 10 mil opções diferentes e até 21 mil componentes em cada lista técnica. Ao contrário das soluções de inventário tradicionais baseadas em ERP, o aplicativo de IA aplica otimização estocástica avançada baseada em IA no topo do grande conjunto de dados baseado em IoT da empresa. Como resultado, esse fabricante é capaz de reduzir os custos de estoque em até 52% em seus US$6 bilhões de retenção de estoque — liberando até US$3 bilhões de capital que ele pode implantar e investir em outros lugares.

Atendimento ao Paciente

O potencial da IoT nos cuidados de saúde é vasto. A IoT oferece aos médicos a oportunidade de acompanhar a saúde do paciente remotamente para melhorar os resultados de saúde e reduzir custos. Ao aproveitar todos esses dados, a IoT apoia os médicos na previsão de fatores de risco para seus pacientes.

Por exemplo, os marca-passos são um tipo de sensor IoT — eles podem ser lidos remotamente e emitir alarmes para médicos e pacientes, avisando se um batimento cardíaco for irregular. A indústria wearable deu às pessoas a capacidade de rastrear facilmente todos os tipos de métricas relacionadas à saúde: passos dados, degraus subidos, frequência cardíaca, qualidade do sono, ingestão de nutrientes etc.

Outros aplicativos aproveitam grandes conjuntos de dados gerados pela IoT para descobrir insights e fazer previsões. As organizações de saúde usam a análise preditiva de IA para encontrar potenciais barreiras ao tratamento medicamentoso e identificar potenciais contraindicações. Isso dá aos médicos as ferramentas para apoiar mais efetivamente os pacientes, melhorar os resultados, reduzir recaídas e melhorar a qualidade de vida. Imagine frascos de comprimidos que rastreiam a adesão aos medicamentos prescritos, alertando médicos e usuários quando os pacientes falham ou se esquecem de tomar seus medicamentos. Também estão em desenvolvimento pílulas inteligentes que podem transmitir informações sobre sinais vitais após serem ingeridas.

Pode ser criado um valor adicional significativo quando os sistemas IoT de consumo estão ligados a sistemas business-to-business (B2B). Por exemplo, dados de dispositivos de rastreamento de condicionamento físico pessoal, como um Fitbit ou Apple Watch, combinados com informações clínicas podem criar uma visão holística do paciente, permitindo que os médicos prestem melhores cuidados.

A crescente variedade de casos de uso da IoT, desde a otimização de produção e resposta de demanda até o gerenciamento de frota e logística, traça um bom quadro da potência e do valor dessa tecnologia. A maior parte do potencial econômico da IoT reside nas aplicações B2B, e não nas aplicações de consumo. No entanto, aplicativos simples, como o de manuseio de bagagem habilitado para IoT, para que os viajantes saibam exatamente onde está sua bagagem, podem contribuir muito para aumentar a satisfação do cliente em vários setores de consumo. Estamos certos de que veremos mais desses aplicativos IoT no futuro.

As Indústrias Mais Afetadas pela IoT

O maior impacto da IoT será nas empresas que operam em setores intensivos em ativos. Aproximadamente 50% dos gastos com IoT serão contabilizados por três setores: fabricação discreta, transporte e logística e serviços públicos.[21, 22] Muitas dessas empresas enfrentam cada vez mais a concorrência de poderosas empresas de tecnologia. Por exemplo, a FedEx precisa investir pesadamente em IoT para evitar a concorrência da Amazon, que criou seus próprios recursos de entrega — incluindo o Amazon Air (uma frota de jatos de carga), o Amazon Delivery Services Partners (vans de entrega da Amazon operadas por parceiros licenciados) e o Amazon Flex (motoristas independentes que entregam pacotes usando seus próprios veículos). Com custos de frete anuais superiores a US$20 bilhões, a Amazon tem um incentivo substancial para investir em seus próprios recursos de entrega, pressionando FedEx, UPS e outros a inovar.[23]

A integração de recursos IoT digitais terá um efeito profundamente transformador nas empresas desses setores, especialmente em termos de redução de custos e maior eficiência operacional. Dois grandes casos de uso isolado — manutenção preditiva e otimização de inventário — conduzirão a um valor econômico significativo. No setor dos serviços de utilidade pública, o investimento em curso nas capacidades das redes inteligentes criará também um valor substancial, como vimos na ENGIE e na Enel.

Seguindo de perto essas indústrias, veremos um grande impacto nas empresas de business-to-consumer (B2C), cuidados de saúde, processos e energia e recursos naturais. Nos cuidados de saúde, a IoT proporcionará grande valor — em termos de benefícios econômicos e bem-estar humano — por meio de novas soluções para monitorar e gerenciar doenças em tempo real, como bombas de insulina automatizadas para pacientes com diabetes. Do mesmo modo, em indústrias de recursos naturais, como a de silvicultura e de mineração, as soluções IoT para monitorizar as condições dos recursos e melhorar a segurança produzirão benefícios econômicos e contribuirão para salvar vidas humanas e o ambiente. O mundo possibilitado pela IoT promete ser mais rico, mais seguro e mais saudável.

Gastos em IoT por Setor

A fabricação, o transporte, a logística e os serviços públicos discretos dominarão os gastos com IoT em 2020.

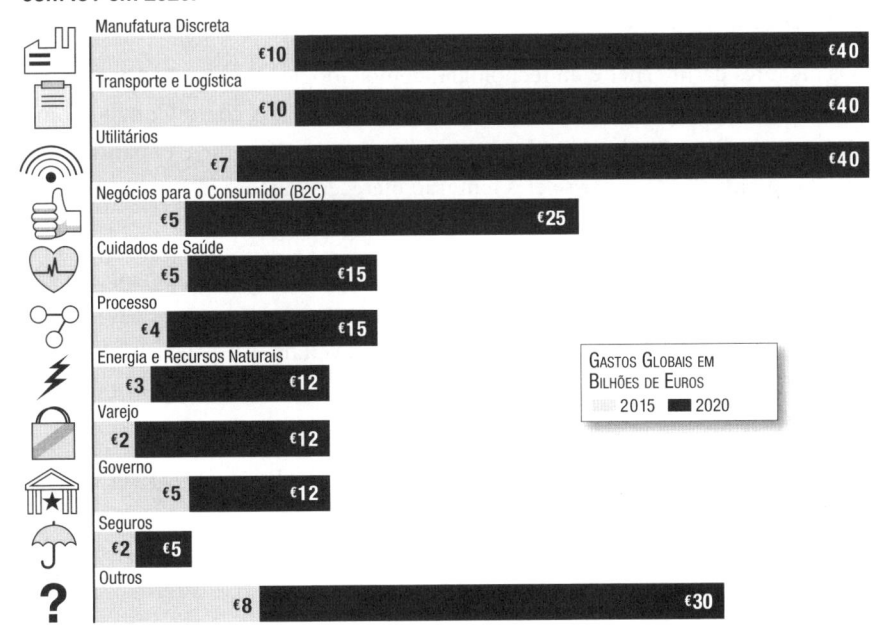

Setor	2015	2020
Manufatura Discreta	€10	€40
Transporte e Logística	€10	€40
Utilitários	€7	€40
Negócios para o Consumidor (B2C)	€5	€25
Cuidados de Saúde	€5	€15
Processo	€4	€15
Energia e Recursos Naturais	€3	€12
Varejo	€2	€12
Governo	€5	€12
Seguros	€2	€5
Outros	€8	€30

Gastos Globais em Bilhões de Euros

FIGURA 7.5

A Paisagem do Mercado IoT

Provedores de Soluções IoT

Muitos participantes do mercado de IoT estão posicionados para fornecer soluções valiosas:

- Empresas e fabricantes industriais como Siemens, John Deere e Caterpillar podem ampliar seus recursos digitais para criar ofertas de IoT e aprimorar seus produtos existentes — desde motores a jato, motores e veículos até equipamentos agrícolas e de mineração —, oferecendo mais valor aos clientes finais.

- Empresas de telecomunicações como a AT&T, Verizon e Vodafone podem aproveitar suas vastas redes de ativos de comunicação e dados ricos de clientes para fornecer conectividade IoT e serviços de valor agregado, como segurança residencial habilitada para IoT.

- Gigantes de software corporativo como a SAP, a Microsoft e a Oracle estão tentando incorporar recursos em suas plataformas para oferecer suporte a dispositivos IoT para clientes finais.

- Os gigantes da internet e da tecnologia, como Google, Amazon e Apple, já estabelecidos no espaço IoT do consumidor com produtos como Google Home, Amazon Echo e Apple HomePod, continuarão a aprimorar e expandir suas ofertas de IoT. Resta saber se eles tentarão oferecer soluções B2B — ou se serão bem-sucedidos se o fizerem.

- Em uma ampla gama de outros setores — energia, mineração, petróleo e gás, saúde, automotivo, aeroespacial —, a IoT apresenta oportunidades para as empresas inovarem, não apenas em como elas aproveitam a IoT para operar com mais eficiência, mas também em como incorporam a IoT aos produtos e serviços que oferecem.

- Finalmente, algumas das mais empolgantes ofertas e soluções de IoT certamente virão de startups atuais e futuras.

Facilitadores e Barreiras

Conforme as organizações procuram aproveitar a tecnologia IoT para seu uso interno ou para desenvolver produtos e serviços IoT, elas precisam considerar vários fatores que permitirão ou potencialmente diminuirão ainda mais a adoção da IoT e a evolução do mercado.

A segurança, a privacidade e a confidencialidade serão cada vez mais importantes. Os indivíduos confiam às empresas os seus dados e exigirão uma proposta de valor convincente para permitir que os dados sejam recolhidos. Eles também vão querer entender exatamente quais dados são coletados e como as empresas garantem a segurança desses dados. O não cumprimento dessas promessas criará obstáculos significativos à adoção. Além disso, quando a IoT é usada para controlar ativos físicos, as violações de segurança podem ter consequências potencialmente graves.

Para que a tecnologia IoT cumpra a promessa de tomada de decisões em tempo real, os desenvolvimentos de infraestrutura na área de comunicação sem fio 5G devem ser realizados primeiro. As empresas de telecomunicações em todo o mundo estão em processo de investir bilhões de dólares nessa infraestrutura, com as primeiras redes 5G começando a ser implantadas em 2019. Quando instalada, essa infraestrutura será um grande impulso para a adoção da IoT, pois fornecerá a capacidade de mover dados sem fio em velocidades suficientemente rápidas para a tomada de decisões em tempo real.

A adoção generalizada de massa de produtos IoT também exigirá o declínio contínuo dos preços de sensores, hardware de conectividade e baterias. Os preços de computação e armazenamento também devem continuar seu declínio, pois o crescente volume de dados gerados pela IoT exigirá que os provedores de produtos IoT consumam mais desses recursos.

A regulamentação e a ordem pública podem também estimular o desenvolvimento do mercado da IoT ou impedi-lo significativamente. Por exemplo, a regulamentação pode estabelecer regras de mercado e práticas de dados que protegem os consumidores e, portanto, aumentam a adoção. Dispor dos incentivos adequados será também um fator de dinamização do mercado. Certas tecnologias e casos de utilização, tais como a condução autônoma de automóveis, não podem prosseguir sem uma ação governamental. Esses produtos correm o risco de sofrer atrasos se os governos não agirem.

Finalmente, as organizações podem ter de fazer mudanças na cultura da empresa para alavancar totalmente o poder da IoT. Em muitos casos, as novas tecnologias da IoT reduzirão a necessidade de determinados empregos e criarão novos empregos, exigindo que os trabalhadores desenvolvam novas competências através da formação.

Implicações para as Empresas

Transformando a Cadeia de Valor

Cada aspecto da cadeia de valor, do desenvolvimento de produtos ao serviço pós--venda, é afetado quando as empresas adotam a IoT em seu pensamento de produto.

No passado, o desenvolvimento de produtos era recorrentemente muito descontínuo, com as empresas se concentrando em lançamentos periódicos de produtos. No futuro, o design de produtos habilitados para IoT se tornará cada vez mais iterativo, especialmente para produtos com software incorporado que exigem atualizações frequentes via nuvem. As equipes de produtos precisarão de novas habilidades, e as empresas de manufatura precisarão não apenas de engenheiros mecânicos, mas também de engenheiros de software e cientistas de dados.

À medida que as empresas coletam dados por meio de dispositivos IoT, elas obtêm novas percepções sobre os clientes e podem personalizar melhor os produtos de acordo com as necessidades dos consumidores. A IoT constituirá uma nova base para um diálogo permanente com os consumidores, e surgirão novos modelos de negócio, uma vez que os produtos podem ser oferecidos como um serviço. As equipes de vendas e marketing precisarão de um conhecimento mais amplo para posicionar efetivamente as ofertas como parte desses sistemas conectados.

Para muitas empresas, a IoT também terá um grande impacto nos serviços pós-venda, uma vez que a IoT viabiliza o serviço remoto. Além disso, os dados dos sensores podem ser usados para prever quando as peças estão prestes a quebrar, o que torna possível a manutenção preditiva, permitindo que as empresas ampliem significativamente sua proposta de valor para os clientes.

Com a IoT, as preocupações com a segurança se ampliam à medida que os dispositivos IoT se tornam alvos de possíveis ataques cibernéticos. As empresas têm agora a tarefa de proteger milhares ou milhões de produtos no campo. A segurança deve ser incorporada como um primeiro princípio na concepção dos produtos e em toda a cadeia de valor.

Redefinindo os Limites da Indústria

A adoção da IoT em larga escala afetará as estratégias das empresas e como elas se diferenciam, criam valor e competem. A IoT mudará a estrutura de indústrias inteiras, desfocando as fronteiras dentro das indústrias e mudando o poder de barganha.

Os produtos IoT mudarão os princípios básicos do design de produtos. Eles serão projetados para fazer parte de sistemas e poderão ser mantidos e continuamente atualizados. A verdadeira transformação acontecerá quando a IoT reunir o que Michael Porter, professor da Harvard Business School, chama de "produtos inteligentes e conectados" em um "sistema de produtos" — aqui os produtos da IoT são integrados com outros produtos, para otimizar todo o sistema. Como exemplo, Porter aponta para a John Deere, que está criando um "sistema de equipamentos agrícolas" ao conectar e integrar seus produtos (por exemplo, tratores, motoenxadas, colheitadeiras etc.) com o objetivo de otimizar o desempenho geral do equipamento para o cliente agrícola.[24] No espaço "casa inteligente", a Apple, por exemplo, está criando a base de um sistema de produtos com sua estrutura Apple HomeKit, permitindo que fabricantes de terceiros desenvolvam produtos — como luzes, sprinklers, fechaduras, ventiladores etc. — que podem ser controlados com o aplicativo Apple Home. Nesse sentido, a concorrência passará também da concorrência pelo melhor produto único para a concorrência pelo melhor sistema.

Isso representa uma mudança fundamental no modelo de negócio de uma empresa — fazer e vender um produto para construir sistemas ou plataformas de produtos inteiros. As possibilidades agora disponíveis exigem que as empresas respondam a grandes questões estratégicas, como, por exemplo, em que negócio se encontram. As empresas têm de decidir se querem ser o integrador de sistemas que fornece toda a plataforma ou um produto discreto em uma plataforma maior.

Efeito nos Modelos de Negócio

Abraçar a IoT está forçando as empresas a avaliar novas opções estratégicas. Essas escolhas importantes incluem quais capacidades buscar e quais funcionalidades incorporar, se deve-se criar um sistema aberto ou um sistema proprietário, que tipo de dados capturar e como gerenciá-los, qual o modelo de negócio a seguir, o âmbito da oferta, e mais.

As mudanças organizacionais que descrevi anteriormente serão evolucionárias, com estruturas antigas e novas precisando muitas vezes operar em paralelo. Muitas empresas terão de recorrer a estruturas híbridas ou transitórias para permitir que os escassos talentos sejam alavancados e a experiência seja reunida. Algumas empresas precisarão fazer parcerias com empresas de software focadas e consultores experientes, para injetar novos talentos e perspectivas em suas organizações. No nível corporativo, em empresas de vários negócios, estruturas de sobreposição estão sendo colocadas em prática para abraçar oportunidades de IoT e IA.

- **Unidade de negócios autônoma.** Esta é uma nova unidade separada, com responsabilidade por lucros e perdas, encarregada de executar a estratégia da empresa para projetar, lançar, comercializar, vender e oferecer produtos e serviços de IoT. A unidade de negócios agrega o talento e mobiliza a tecnologia e os ativos necessários para trazer novas ofertas ao mercado. Ele está livre de restrições de processos empresariais herdados e estruturas organizacionais.

- **Centro de Excelência (CoE).** Complementarmente às unidades de negócio autônomas, o CoE é uma unidade corporativa separada, alojando conhecimentos-chave sobre produtos inteligentes e conectados. Ele não tem responsabilidade por lucros e perdas, mas é um centro de custo de serviços compartilhados que outras unidades de negócios podem explorar. O CoE reúne expertise multifuncional em tecnologias digitais (IA, IoT) e estratégia de transformação, ajudando a orientar a estratégia de produtos IoT e fornecendo recursos especializados para outras unidades de negócios.

- **Comitê de Direção da Unidade de Negócios Cruzada.** Essa abordagem envolve a convocação de um comitê de líderes de pensamento em várias unidades de negócios que defendem oportunidades para compartilhar experiências e facilitar a colaboração. Essa organização tipicamente desempenhará um papel fundamental na definição da estratégia global da transformação digital.[25]

Os produtos IoT reformularão não apenas a concorrência, mas a própria natureza da empresa de fabricação, seu trabalho e como ela está organizada. Eles estão criando a primeira descontinuidade verdadeira na organização de firmas de manufatura na história moderna dos negócios.

É importante que as organizações vejam os produtos IoT, antes de qualquer coisa, como uma oportunidade para melhorar as economias e a sociedade. Os produtos IoT estão prontos para contribuir com grandes avanços na condição humana — um planeta mais limpo por meio de um uso mais eficiente de energia e recursos e vidas mais saudáveis por meio de um melhor monitoramento da saúde. Eles nos posicionam para mudar a trajetória do consumo global da sociedade. As oportunidades exponenciais de inovação apresentadas pelos produtos IoT, juntamente com a enorme expansão de dados que eles criam, serão um gerador líquido de crescimento econômico.

A IoT representa uma grande oportunidade para organizações de todos os setores — que esperam criar mais de US$11 trilhões em valor econômico global até 2025 — e mudará profundamente a forma como os produtos são projetados, suportados e usados, já que tudo se torna um dispositivo de computação. Muitas das empresas com quem falo hoje estão tornando a IoT um imperativo de negócios de primeiro nível. Muitos mais se seguirão. A IoT, combinada com a capacidade de analisar grandes conjuntos de dados que residem na nuvem e de aplicar sofisticados algoritmos de IA para casos de uso específicos, transformará drasticamente a forma como as empresas operam e criam valor.

A Derradeira Plataforma de Computação IA e IoT

Os dispositivos IoT são sensores — que podem monitorar remotamente o estado de dispositivos, sistemas e organismos em tempo real ou quase real. Estão se proliferando em todas as cadeias de valor: viagens, transporte, energia, aeroespacial, saúde, serviços financeiros, sistemas de defesa e governo. E estão se tornando onipresentes: relógios inteligentes, medidores inteligentes, monitores de câmeras domésticas. Todas as aeronaves, os veículos e equipamentos de construção modernos estão sendo equipados com sensores que permitem ao operador ou fabricante monitorar o equipamento. Hoje em dia, os humanos usam Fitbits. Amanhã os humanos serão equipados com monitores cardíacos com sensores. As ondas cerebrais serão monitoradas. Pílulas com sensores serão ingeridas para informar sobre o estado do intestino, a química sanguínea, arritmia cardíaca, níveis de cortisol — todos serão monitorados remotamente.

Lei de Moore

A Lei de Moore, postulada pelo cofundador da Intel, Gordon Moore, afirma que o número de transistores em um circuito integrado dobra a cada dois anos à metade do custo.

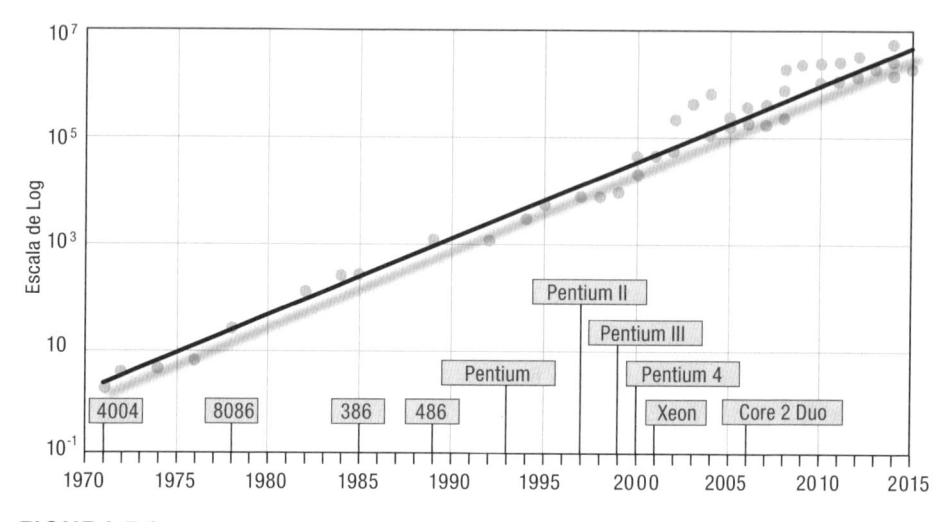

FIGURA 7.6

Como discutido antes, a taxa de proliferação de sensores IoT no século XXI é de tirar o fôlego. Em breve, mais de 50 bilhões de sensores terão sido instalados em cadeias de valor industriais, governamentais e de consumo.

Examinando esses dispositivos IoT mais de perto, quando nos afastamos da cobertura, descobrimos que — embora possa custar apenas alguns dólares ou alguns centavos — cada um deles tem capacidade computacional e de comunicação. É um computador ligado a uma rede.

Lembre-se da Lei de Moore, cunhada pelo cofundador da Intel, Gordon Moore. Em 1965, Moore descreveu uma tendência de que o número de transistores em um circuito integrado estava dobrando a cada dois anos à metade do custo. Essa economia de custos provou ser a força motriz por trás do aumento no desempenho do computador e da memória que vimos nos últimos cinquenta anos.

Como cientista da Xerox PARC na década de 1970, Bob Metcalfe inventou a Ethernet — um avanço que tornou possível conectar computadores anteriormente discretos em redes interativas. Estava claro que o poder da rede de computador é maior do que a soma dos seus componentes. Na tentativa de descrever esse poder, a Lei de Metcalfe foi apresentada pela primeira vez em 1980. Ela afirma que o poder da rede é uma função do quadrado do número de dispositivos conectados à rede.

Lei de Metcalfe

A Internet das Coisas, que em breve terá 50 bilhões de dispositivos conectados, cria uma plataforma de computação cujo poder era inconcebível apenas alguns anos atrás.

CONEXÕES NA REDE = $n(n-1)/2$

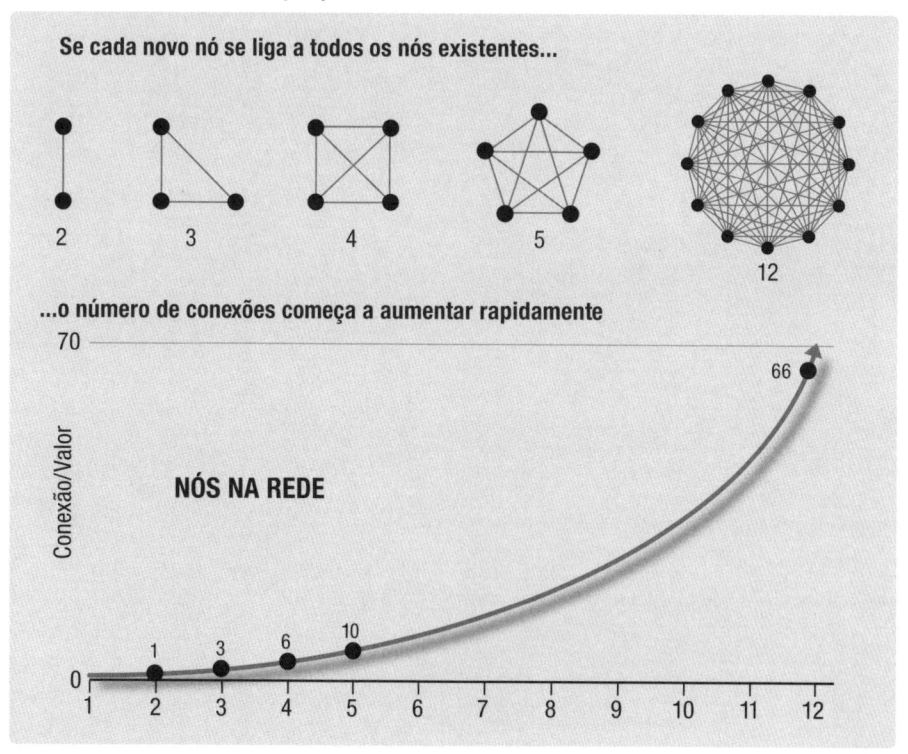

FIGURA 7.7

Você pode pensar na transformação digital como resultado da colisão e confluência entre a Lei de Moore e a Lei de Metcalfe. Com a IoT, temos 50 bilhões de computadores conectados a uma rede. Cinquenta bilhões ao quadrado é algo da ordem de 10^{21}, que é aproximadamente equivalente ao número de estrelas em nosso universo. São *bilhões de trilhões*! A IoT pode ser a característica determinante mais importante da economia do século XXI. Sim, é uma rede de sensores.

Sim, coletam quantidades enormes de dados, que podem ser usados de formas novas e poderosas. Mas o mais importante é que essa constelação IoT é uma *plataforma de computação*. Grande parte da computação tem lugar nos próprios sensores — isto é, no limite — que constituem coletivamente uma plataforma informática cuja potência era inconcebível apenas alguns anos atrás.

A IoT e IA são duas faces da mesma moeda. É essa plataforma informática que habilita totalmente a IA e a transformação digital.

Capítulo 8

A IA no Governo

"A inteligência artificial é o futuro, não apenas para a Rússia, mas para toda a humanidade. Quem se tornar o líder nessa esfera se tornará o soberano do mundo."[1]

Vladimir Putin
setembro, 2017

Neste livro argumentei que a transformação digital alcançará todas as indústrias, terá um impacto profundo em todas as facetas das empresas e da sociedade e criará um enorme valor em nível mundial.

Também determinará o futuro equilíbrio de poder geopolítico e a segurança das nações do mundo e de seus cidadãos. A guerra está sendo transformada digitalmente.

IA é o novo campo de batalha na competição pelo poder econômico e militar global, com os EUA e as democracias europeias, no Ocidente, competindo com a China, no Oriente, pela liderança da IA. A Rússia, embora não seja uma potência econômica significativa, entende claramente e prioriza a importância militar da IA.

Neste capítulo apresento uma visão geral da batalha pela liderança da IA, focando principalmente dois atores centrais: os EUA e a China. Também descrevo algumas das maneiras pelas quais a IA pode e está sendo aplicada hoje para impulsionar melhorias significativas na prontidão, nas eficiências operacionais e na economia de custos no exército dos EUA.

Acredito que cabe aos altos executivos e líderes governamentais compreender a dinâmica da competição global pela liderança da IA e suas implicações para a segurança nacional e global. O setor privado, enquanto inovador e fornecedor de tecnologia, desempenhará um papel fundamental no resultado dessa concorrência. Não há nada maior em jogo.

Estamos em Guerra

A próxima guerra cibernética começou. China, Rússia, Coreia do Norte, Irã, Al-Qaeda e outros estão hoje envolvidos em uma guerra cibernética frontal total, atacando instituições ocidentais, incluindo o governo norte-americano, outros governos, bancos e empresas de alta tecnologia, infraestrutura crítica e mídia social.

Isso tudo está bem documentado em um relatório de janeiro de 2019 feito pela Comunidade de Inteligência da Avaliação Mundial de Ameaças dos EUA (Worldwide Threat Assessment of the U.S.). O relatório concluiu que as ameaças cibernéticas críticas à segurança nacional dos Estados Unidos são originárias principalmente da China e da Rússia e que estão em um curso crescente de intensidade e impacto.

> Nossos adversários e concorrentes estratégicos usarão cada vez mais os recursos cibernéticos — incluindo espionagem, ataque e influência cibernéticos — para buscar vantagens políticas, econômicas e militares sobre os Estados Unidos e seus aliados e parceiros...
>
> Atualmente, a China e a Rússia representam as maiores ameaças de espionagem e ataques cibernéticos, mas prevemos que todos nossos adversários e concorrentes estratégicos construirão e integrarão cada vez mais a espionagem cibernética, os ataques e os recursos de influência em seus esforços para influenciar as políticas dos EUA e promover seus próprios interesses de segurança nacional.[2]

Os esforços altamente bem-sucedidos da Rússia para armar o Facebook e outras mídias sociais em uma tentativa de cooptar as eleições presidenciais dos EUA em 2016 estão bem documentadas e ainda sob investigação.

A China é particularmente ativa. A divisão de espionagem cibernética do país, conhecida como Unidade 61398, com mais de 100 mil soldados, completou com sucesso várias missões devastadoras da guerra cibernética dirigidas contra os EUA e outros. Em 2009, a Operação Aurora explorou vulnerabilidades no Internet Explorer para penetrar no Google, Adobe e duas dezenas de outras empresas, para acessar o código-fonte de muitos produtos de software de computador. O objetivo era permitir que a China pudesse monitorar e conter melhor os dissidentes.[3]

A unidade 61398 roubou grandes quantidades de segredos comerciais da Alcoa, U.S. Steel e Westinghouse. Incluídos nessa pilhagem estavam os segredos comerciais e de PI da Westinghouse para projetar e operar usinas nucleares.

Em 2015, foi revelado que um inimigo estrangeiro, geralmente considerado como a China, conseguiu roubar 21,5 milhões de documentos — incluindo registros pessoais de 4 milhões de pessoas — do Gabinete de Gestão de Pessoal dos EUA. Esses dados incluem verificações de antecedentes e informações pessoais e altamente confidenciais sobre 4 milhões de pessoas que foram consideradas para empregos pelo governo dos Estados Unidos, incluindo os que foram concedidos ou considerados para uma habilitação de segurança.[4]

Facebook, Sony Pictures, Target, Visa, Mastercard, Yahoo!, Adobe, JP Morgan Chase, Equifax, o Departamento de Estado dos Estados Unidos da América, o Comitê Nacional Democrático — a frequência desses ataques nefastos por parte de nações estrangeiras e outros malfeitores é suficientemente onipresente para que não fiquemos mais surpresos ao abrir o jornal da manhã e descobrir que outras centenas de milhões de documentos altamente secretos ou registros financeiros ou médicos altamente pessoais foram roubados por um inimigo estrangeiro. Se isso não é uma guerra, o que é?

O Papel Estratégico da IA

Os governos nacionais em todo o mundo veem claramente a IA como uma tecnologia estratégica, tendo mais de 25 países publicando estratégias nacionais de IA nos últimos anos.[5] Esses documentos de estratégia abrangem a política de IA através de pesquisa científica, desenvolvimento de talentos, educação, adoção e colaboração dos setores público e privado, ética, normas e regulamentos de privacidade de dados e infraestrutura digital e de dados.

Nenhum país tem sido mais ambicioso em sua estratégia nacional para a supremacia global da IA do que a China. Apoiada por investimentos maciços em I&D, a China prevê um futuro em que a IA inspire todos os aspectos das suas operações industriais, comerciais, governamentais e militares, incluindo armas avançadas alimentadas por IA em todos os domínios: terra, ar, mar, espaço e ciberespaço.

A IA está desempenhando um papel central na transformação digital dos negócios e da indústria, e também conduzindo a transformação da guerra do século XXI.

A IA é a Primeira Fase da Guerra entre a China e os Estados Unidos

Em julho de 2017, a China lançou seu "Next Generation Artificial Intelligence Development Plan" (Plano de Desenvolvimento de Inteligência Artificial Next Generation), com o objetivo explícito de se tornar o líder mundial em inteligência artificial até 2030. O país aumentará os gastos do governo em programas centrais de IA para US$22 bilhões nos próximos anos, com planos para gastar quase US$60 bilhões por ano até 2025. O orçamento de defesa da China dobrou durante a última década, atingindo cerca de US$190 bilhões em 2017.[6]

A China Está no Caminho Certo para Gastar Mais do que os Estados Unidos em Pesquisa e Desenvolvimento

Com ambições de ser o líder mundial indiscutível em tecnologia, incluindo IA, a China está fazendo investimentos maciços em P&D.

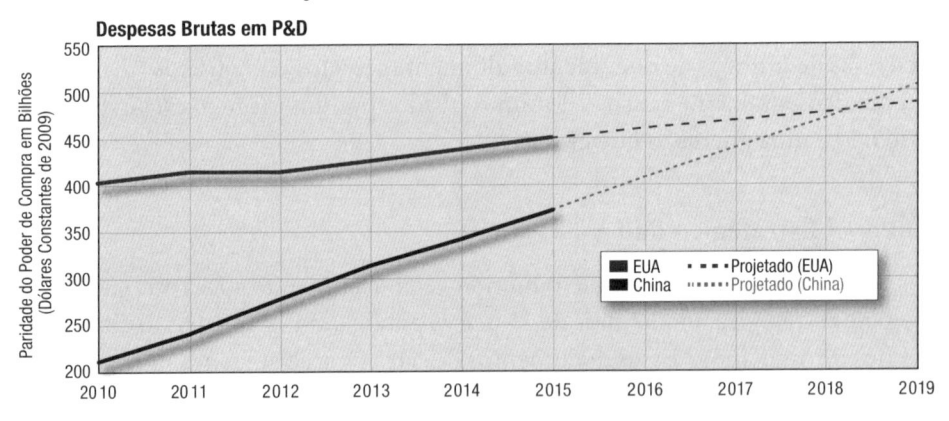

FIGURA 8.1

Em maior destaque está o papel da guerra cibernética ativada por IA na estratégia militar da China. Em um relatório de 2018 para o Congresso, o Departamento de Defesa dos EUA destacou que a guerra cibernética figura de forma proeminente no objetivo da China de transformar o Exército de Libertação do Povo (PLA) em uma força militar de "classe mundial".

Os escritos militares chineses descrevem a guerra informatizada como o uso da tecnologia da informação para criar um sistema operacional de sistemas que permita ao PLA adquirir, transmitir, processar e usar informação para conduzir operações militares conjuntas nos domínios da terra, mar, ar, espaço, ciberespaço e o espectro electromagnético durante um conflito. As reformas militares em curso destinam-se a acelerar a incorporação de sistemas de informação que permitam às forças e comandantes levar a cabo missões e tarefas de forma mais eficaz para ganhar guerras locais informatizadas. O PLA continua a expandir o âmbito e a regularidade dos exercícios militares que simulam essas operações e provavelmente vê as operações convencionais e cibernéticas como meios para alcançar o domínio da informação.[7]

A China está trabalhando para aplicar a IA em todo o seu arsenal, incluindo aeronaves avançadas, mísseis, veículos autônomos e armas cibernéticas.[8]

- De acordo com Yang Wei, ex-designer-chefe do caça furtivo J-20 da Chengdu Aircraft Corp, o caça de última geração da China utilizará a IA para alcançar a superioridade aérea.

- A IA permitirá que as futuras aeronaves de combate não tripuladas (UCAV) sejam mais reativas do que as aeronaves controladas pelo homem, bem como as novas plataformas de combate espacial sejam equipadas com armas de base energética.

- A IA também permitirá que os veículos de combate submarinos não tripulados (UUCVs) afirmem o controle sobre o fundo do oceano e defendam as grandes redes de sensores que compõem a "Grande Muralha Submarina" da China.

- Os futuros mísseis de cruzeiro utilizarão IA que permite aos comandantes controlar mísseis em tempo real, adicionar tarefas em voo ou operá-los em modo "fogo e esquecimento".

- Para dominar na guerra eletrônica, armas cibernéticas habilitadas para IA serão usadas contra redes inimigas, utilizando métodos avançados para "tornar o oponente incapaz de perceber, ou perceber informações descartáveis e informações falsas".

Armamento de Infraestrutura Crítica

O uso de armas cibernéticas habilitadas para IA como precursor de um conflito militar em si mesmo apresenta riscos potencialmente catastróficos. Considere a rede de energia dos Estados Unidos. A rede elétrica é o motor que impulsiona todos os mecanismos de comércio e civilização nos Estados Unidos. Se esse motor falhar, todas as atividades dependentes deixam imediatamente de funcionar, incluindo água e saneamento, cadeia de abastecimento alimentar, instituições financeiras, cuidados de saúde, comunicações, meios de comunicação social, transporte e aplicação da lei.

A rede elétrica dos EUA é frágil e altamente suscetível a ataques cibernéticos destrutivos vindos de malfeitores, terroristas, estados párias e inimigos estrangeiros. E eles sabem disso. A rede elétrica dos Estados Unidos está sujeita a ataques incessantes que empregam phishing e spear phishing, roubo de identidade, ataques de negação de serviço e um espectro de técnicas de injeção viral que entregam e incorporam malware clandestino, bots e worms, que, se e quando ativados, têm a capacidade de desativar partes críticas do sistema de energia, se não a própria rede inteira. Se e quando isso acontecer, o mundo tal como o conhecemos chegará ao fim. Imagine *Mad Max* conhecendo a cidade de Peoria.

Quão vulnerável é a rede? A North American Electric Reliability Corporation (Corporação Norte-Americana de Confiabilidade Elétrica — NERC) previu que o software malicioso usado no sofisticado ataque russo que derrubou a rede ucraniana em 2015 poderia ser modificado para ser usado contra utilitários nos EUA.[9] Um vírus entregue por e-mail poderia apagar a sequência de reinicialização no sistema SCADA (Sistemas de Supervisão e Aquisição de Dados) do computador de qualquer grande operador de rede — atingindo efetivamente o interruptor "off". Uma pesquisa de 2017 com executivos de serviços públicos norte-americanos descobriu que mais de três quartos acreditam que há uma probabilidade de que a rede de energia dos EUA esteja sujeita a um ataque cibernético nos próximos cinco anos.[10]

O risco não é apenas cibernético, mas também físico. Rebecca Smith, do *Wall Street Journal*, informou que se nove subestações específicas nos EUA fossem desativadas, toda a rede de energia do país poderia ficar desligada durante semanas ou meses.[11] Em 2014, Jim Woolsey, ex-chefe da CIA, alertou sobre a ameaça cada vez mais provável de um ataque de pulso eletromagnético nuclear (EMP).[12] Uma explosão de EMP de alta altitude desativaria a rede por anos. Uma década atrás, a Comissão EMP determinou que, como resultado de um encerramento em longo prazo da rede — em um ambiente social de caos total —, apenas um em cada dez norte-americanos sobreviveria após um ano.[13, 14]

A vulnerabilidade da rede, a nova realidade dos ataques ciberfísicos contra infraestruturas críticas e a devastação quase inimaginável que resultaria teriam sido bem conhecidas e documentadas pela liderança nacional e mídia dos Estados Unidos por décadas. No entanto, os EUA não têm uma política nacional coesa para garantir infraestruturas críticas de rede — especialmente para os sistemas de distribuição local. Não existe uma política nacional para lidar com as consequências de um ataque cibernético eficaz à rede elétrica. O pesadelo nacional do Armagedom mudou da perspectiva, de um inverno nuclear do século XX para o potencial de um inverno digital do século XXI.

Em 2010, William Perry, Stephen Hadley e John Deutsch relataram em uma carta bipartidária confidencial, mas agora pública, ao presidente do Comitê de Energia e Comércio da Câmara que *"a rede é extremamente vulnerável a interrupções por um ataque cibernético ou outro. Os nossos adversários... têm a capacidade de realizar tal ataque. As consequências... seriam catastróficas"*.[15]

Relatórios recentes do *Wall Street Journal* e de outros descrevem inúmeras penetrações bem-sucedidas dos EUA patrocinadas pelo Estado. O efeito dessas penetrações é o de armar a rede dos EUA. Por que precisariam os adversários de armas nucleares ou biológicas, quando têm a capacidade de pôr os Estados Unidos de joelhos com alguns toques de teclado de Teerã, Pyongyang ou Moscou?

Líderes de agências encarregadas de proteger a segurança nacional, incluindo CIA, DIA, NSA, FBI, FEMA, DHS e DoD, têm atestado a importância da vulnerabilidade e a escala da possível devastação. Tanto o Governo como os meios de comunicação social confirmaram que já não se trata apenas de uma ameaça; está a acontecer todos os dias.

A digitalização da rede e o crescimento exponencial dos recursos de energia distribuídos interconectados expandem drasticamente a superfície de ataque vulnerável, multiplicando o que hoje são alguns nós críticos da rede em milhões.

Esse é um problema de engenharia e governança resolúvel. Do ponto de vista da ciência e da engenharia, essa é uma ordem de grandeza menos complexa que a do Projeto Manhattan ou do Programa Espacial. A infraestrutura crítica pode ser assegurada. Os recursos digitais distribuídos podem ser um ponto forte.

O quadro jurídico que rege a regulamentação dos EUA foi delineado pela primeira vez quando Franklin Delano Roosevelt era presidente e menos de uma em cada dez famílias norte-americanas tinham um refrigerador. Os governos federal e estadual precisam ultrapassar fronteiras jurisdicionais e regulatórias antiquadas para colaborar, cooperar e coordenar nesta era de novas tecnologias e novas ameaças. A segurança ciberfísica da rede é uma questão de segurança nacional e requer um grau proporcional de atenção, recursos e coordenação.

É uma simples questão de prioridade e orçamento. Não há necessidade de esperar até — como alguns pensam ser inevitável — um ataque catastrófico do tipo 11 de Setembro à rede eléctrica dos EUA, causando uma devastação indescritível no país.

É hora de a Casa Branca, o Congresso, os governadores e as legislaturas estaduais estabelecerem a prioridade. É tempo de os setores público e privado passarem à ação; para reconhecer que o problema é crítico; para implementar um plano para lidar com a vulnerabilidade; e consertá-la.

Hiperguerra Orientada pela IA

John Allen, general do Corpo de Fuzileiros Navais dos EUA já aposentado, fornece uma descrição vividamente imaginada de como a guerra baseada em IA — ou "hiperguerra" — pode parecer no futuro próximo.

> O dano da batalha foi devastador e constituiu a vanguarda do que os Estados Unidos logo descobririam ser um ataque estratégico generalizado. O destruidor de mísseis guiados não tinha "visto" o enxame de entrada porque não tinha reconhecido que seus sistemas estavam sob ataque cibernético antes de as coisas se tornarem cinéticas. A atividade cibernética não detectada não só comprometeu os sensores do destruidor, mas também "bloqueou" seus sistemas defensivos, deixando o navio quase indefeso. Os ataques cinéticos vieram em ondas como um enxame complexo e pareciam ser conduzidos por uma nuvem de sistemas autônomos que pareciam se mover em conjunto com um propósito, reagindo uns aos outros e à nave.
>
> A velocidade do ataque rapidamente dominou quase todos os sistemas de combate do navio, e enquanto os especialistas em tecnologia da informação foram capazes de liberar alguns sistemas defensivos das garras da intrusão cibernética, os marinheiros do centro de informações de combate (CIC) simplesmente foram incapazes de gerar a velocidade para reagir. Os tempos de decisão-ação foram em segundos ou menos. De fato, parecia, a partir da consciência situacional agora muito limitada no CIC, que algumas das armas autônomas inimigas estavam dando apoio a outros sistemas para criar ataques de outros sistemas. Todo o evento terminou em minutos.[17]

Esse novo tipo de hiperguerra, com sua velocidade sem precedentes e ação poderosamente simultânea, é possível graças à tomada de decisões com alimentação IA.

Esses sistemas de armas autônomas estão disponíveis hoje. No início de 2018, a Rússia completou os testes de seu planador hipersônico, Avangard, que pode viajar a Mach 20 — quase 25 mil quilômetros por hora — e foi projetado para se esconder das defesas de mísseis balísticos dos EUA.[18] A Força Aérea dos Estados Unidos não prevê a colocação em campo de um sistema de armas hipersônico equivalente até 2021.[19]

A Liderança Tecnológica Norte-Americana está em Perigo

Em resposta à ameaça representada pelos adversários habilitados para IA, o Congresso dos Estados Unidos está realizando audiências sobre o progresso do Departamento de Defesa em inteligência artificial e, em 2018, estabeleceu uma nova Comissão de Segurança Nacional de Inteligência Artificial, mandatada pela Lei de Autorização de Defesa Nacional. Seus membros são indicados por líderes seniores do Congresso e chefes de agência para desenvolver recomendações para o avanço do desenvolvimento de técnicas de IA para apoiar a segurança nacional dos EUA.

A Agência de Projetos de Pesquisa Avançada em Defesa (DARPA) anunciou planos para gastar mais de US$2 bilhões em pesquisa sobre as chamadas capacidades de inteligência artificial de "terceira onda" nos próximos anos. Essa é uma pequena fração — apenas 10% — dos US$22 bilhões que a China pretende gastar em IA no curto prazo. A iniciativa DARPA é chamada de "AI Next" e visa desenvolver tecnologia de IA que se adapta a situações em mudança, como a inteligência humana faz, em oposição ao modo atual de processamento de dados de treinamento de alta qualidade em inúmeras situações para calibrar um algoritmo.

A Estratégia Nacional de Defesa dos Estados Unidos

"Enfrentamos um ambiente de segurança internacional mais competitivo e perigoso do que temos enfrentado em décadas", disse Heather Wilson, Secretário da Força Aérea dos Estados Unidos. "A grande competição de poder ressurgiu como o desafio central para a segurança e a prosperidade dos EUA."[20] A Estratégia Nacional de Defesa dos EUA de 2018 articula a estratégia dos Estados Unidos de competir, deter e vencer em um ambiente de segurança cada vez mais complexo.

A rápida mudança tecnológica — IA, autonomia, robótica, energia dirigida, hipersônica, biotecnologia — define em grande parte esse ambiente complexo. Competições estratégicas de longo prazo com a China e a Rússia são as principais prioridades para o Departamento de Defesa, exigindo investimentos maiores e sustentados devido à magnitude das ameaças à segurança dos EUA.

Durante décadas, os Estados Unidos gozou de uma superioridade dominante em todos os domínios operacionais. Hoje em dia, todos os domínios são contestados — ar, terra, mar, espaço e ciberespaço. Competidores e adversários têm como alvo redes e operações de batalha norte-americana, enquanto também usam outras áreas de competição além da guerra aberta para alcançar seus objetivos (por exemplo, guerra de informações, operações de proxy ambíguas ou negadas, e subversão).

A China está alavancando a modernização militar, influenciando operações (por exemplo, propaganda, desinformação, manipulação da mídia social) e economia predatória para coagir os países vizinhos a reordenar a região do Indo-Pacífico a seu favor. À medida que a China continuar sua ascensão econômica e militar, afirmando o poder através de uma estratégia de longo prazo de todas as nações, ela continuará a seguir um programa de modernização militar que busca a hegemonia regional indo-pacífica no curto prazo e o deslocamento dos EUA, para alcançar a preeminência global no futuro.[21]

De acordo com os analistas de defesa dos Estados Unidos, as atividades cibernéticas da China dirigidas contra o Departamento de Defesa norte-americano são sofisticadas e extensas:

> Para apoiar a modernização militar da China, ela usa uma variedade de métodos para adquirir tecnologias militares estrangeiras e de dupla utilização, incluindo investimento estrangeiro direcionado, roubo cibernético e exploração do acesso de cidadãos chineses privados a essas tecnologias. Vários casos e acusações recentes ilustram o uso, pela China, de serviços de inteligência, intrusões de computadores e outras abordagens ilícitas para obter segurança nacional e tecnologias restritas, equipamentos controlados e outros materiais.
>
> Sistemas de computadores em todo o mundo, incluindo os do governo norte-americano, continuam a ser alvo de intrusões baseadas na China. Essas intrusões centram-se no acesso às redes e na extração de informação. A China usa seus recursos cibernéticos para apoiar a coleta de inteligência dos setores norte-americanos diplomáticos, econômicos, acadêmicos e de base industrial de

defesa. A China pode usar as informações para beneficiar as indústrias de alta tecnologia de defesa da China, apoiar sua modernização militar, fornecer ao PCC informações sobre os Estados Unidos e permitir negociações diplomáticas, como as que apoiam a Iniciativa Cinturão e Rota da China. Além disso, informações específicas poderiam permitir que as forças cibernéticas do PLA construíssem um quadro operacional nas redes de defesa dos Estados Unidos, sua disposição militar, logística e capacidades militares relacionadas que possam ser exploradas antes ou durante uma crise. Os acessos e as habilidades necessárias para essas intrusões são semelhantes aos necessários para conduzir operações cibernéticas na tentativa de impedir, atrasar, interromper e degradar as operações de DoD antes ou durante um conflito.[22]

A Estratégia Nacional de Defesa de 2018 delineia uma estratégia abrangente composta por múltiplas prioridades, incluindo prontidão, modernização (nuclear, espacial e cibernética, inteligência, vigilância e reconhecimento, defesa antimísseis, sistemas autônomos e logística contestada), agilidade e cultivo de talentos técnicos da força de trabalho.

O Papel da IA na Preparação para a Defesa: A Prontidão da Aeronave

A Força Aérea dos Estados Unidos tem cerca de 5.600 aeronaves, com idade média de 28 anos, algumas introduzidas em serviço 60 anos atrás. De acordo com dados da Força Aérea, 71,3% das aeronaves da Força eram voáveis, ou com capacidade para missões, em qualquer momento do ano fiscal de 2017,[23] o que representa uma queda em relação à taxa de 72,1% de capacidade para missões no ano fiscal de 2016, e uma continuação do declínio nos últimos anos.

Em setembro de 2018, o secretário de Defesa ordenou que a Força Aérea e a Marinha aumentassem as taxas de capacidade de missão para quatro aeronaves táticas chave acima de 80% em um ano, um número bem acima das taxas de capacidade de missão que as aeronaves agora alcançam.

- F-35 (disponibilidade de 55%)
- F-22 (disponibilidade de 49%)
- F-16 (disponibilidade de 70%)
- F-18 (disponibilidade de 53% para a frota F/A-18E/F Super Hornet, e 44% para a frota de reserva do F-18C Hornets)

Muitos desses aviões estão se aproximando do fim de sua vida útil. O Escritório de Orçamento do Congresso projeta que a substituição das aeronaves da frota atual custaria uma média de US$15 bilhões por ano na década de 2020. Esse valor subiria para US$23 bilhões em 2030, e depois cairia para US$15 bilhões em 2040. Em comparação, os gatos com aquisição de novos aviões atingiram, em média, cerca de US$12 bilhões por ano entre 1980 e 2017.

A aeronáutica precisa substituir muitos aviões em um curto espaço de tempo, segundo a Secretária da Força Aérea, Heather Wilson, que disse, em uma declaração de março de 2018: "A Força Aérea tem de gerir uma modernização nos próximos dez anos."[24]

Uma melhoria significativa na prontidão das aeronaves, juntamente com as economias de custos resultantes (tais como a redução dos custos de manutenção e manutenção do inventário), poderia ter um grande impacto na redução da lacuna orçamentária da modernização.

Melhorar a prontidão da aeronave requer que se antecipe a manutenção não planejada, se garanta a disponibilidade de peças de reposição nos locais corretos e se programem os mantenedores para realizar a manutenção. A Força Aérea norte-americana tem demonstrado que, ao aplicar algoritmos sofisticados de IA a dados de voo, ambientais e de manutenção de aeronaves, podemos identificar corretamente, pelo menos, 40% das manutenções não programadas de aeronaves.

Com base no sucesso do projeto de demonstração, a USAF planeja disponibilizar o aplicativo de manutenção preditiva para qualquer de suas plataformas de aeronaves. Quando isso estiver amplamente implantada, a Força Aérea norte-americana espera melhorar a prontidão geral em 40%.

Essa abordagem baseada em IA não requer o tempo e as despesas de reequipamento de jatos mais antigos com sensores do sistema. Esses algoritmos podem ser implantados em conjunto com os atuais sistemas de manutenção da Força Aérea para recomendar manutenção adicional do subsistema de aeronaves enquanto uma aeronave estiver em manutenção programada. As saídas desses algoritmos também podem informar o planejamento da demanda de peças de reposição e a programação da manutenção.

Os algoritmos de IA podem não só aumentar o peso de lançamento (ou seja, a capacidade de entrega de armas) da Força Aérea em 40%, mas também liberar o orçamento de operações e manutenção para a modernização e expansão da frota. O impacto cumulativo dessa aplicação de manutenção preditiva orientada por IA para a USAF — que inclui reduções consideráveis no tempo, mão de obra, peças de reposição e custos de manutenção de estoque, além de custos de relatórios — totaliza uma melhoria de 10% na eficiência, em US$50 bilhões em custos anuais de operação e manutenção. São *US$5 bilhões por ano* que podem ajudar a eliminar a lacuna orçamental da modernização.

Custos Projetados para a Aquisição de Novas Aeronaves, 2019–2050

O Gabinete do Orçamento do Congresso projeta que os custos de aquisição de novos aviões militares aumentarão substancialmente na próxima década. Usar a IA para melhorar a disponibilidade das aeronaves e reduzir os custos operacionais pode liberar bilhões de dólares para esforços de modernização.

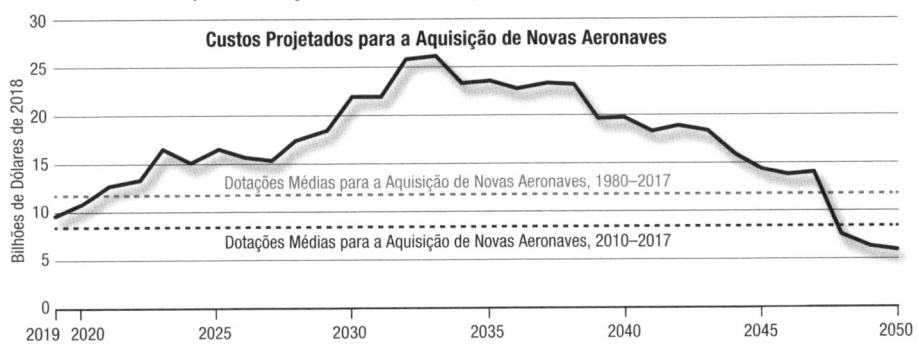

FIGURA 8.2

A solicitação de orçamento de Operações e Manutenção do Departamento de Defesa para o ano fiscal de 2019 foi de US$283,5 bilhões.[25] A aplicação desses algoritmos de IA em todos os ativos empregados no Exército, na Marinha e na Aeronáutica pode gerar melhorias de prontidão e economia orçamentária semelhantes.

Modernização da Defesa à Velocidade da Relevância

Os investimentos do Departamento de Defesa dos Estados Unidos na IA proporcionam a oportunidade de melhorar as capacidades operacionais militares enquanto melhoram a acessibilidade e racionalizam as principais funções empresariais para proporcionar vantagem competitiva militar. Fazê-lo em ritmo acelerado e em parceria com empresas inovadoras é uma prioridade do Departamento de Defesa.

O Departamento deu passos importantes para lidar com o descompasso entre o ritmo das startups e as compras governamentais tradicionais por meio da criação, em 2015, da Unidade de Inovação em Defesa (DIU), um escritório baseado no Vale do Silício que tem mais flexibilidade para financiar rapidamente pequenos contratos de defesa e facilitar a interação entre o Pentágono e o Vale do Silício.

"A minha opinião fundamental é a de que estamos em uma corrida tecnológica. Não pedimos para estar nisso, mas estamos nisso", disse Michael Brown, diretor da DIU. "Estou preocupado que, se não reconhecermos que estamos em uma corrida e tomarmos as medidas apropriadas, então deixaremos a China avançar e não colocaremos nosso melhor pé na frente em termos de liderança nessas áreas-chave de tecnologia."[26]

O Pentágono também criou um novo Centro de Inteligência Artificial Conjunta para coordenar e avançar com as atividades de IA relacionadas à defesa. Esses esforços tornam mais fácil para o governo trabalhar com startups e outras empresas não habituadas a trabalhar com o Governo Federal.

Em 2018, o Exército criou o Comando de Futuros do Exército, para racionalizar e acelerar a aquisição e fornecer rapidamente capacidades de combate, com o objetivo de reduzir o processo de desenvolvimento de requisitos de quase cinco anos para um ano ou menos.

Com equipes multifuncionais, o comando está enfrentando seis prioridades de modernização: mísseis de precisão de longa distância; veículos de combate de última geração (tanques, transportadores de tropas); Futuro Elevador Vertical (helicópteros); comando, controle, comunicação e inteligência de redes; defesa aérea e de mísseis; e letalidade dos soldados (capacidades de combate das tropas).[27]

A National Defense Authorization Act (Lei de Autorização de Defesa Nacional) do ano fiscal de 2019, que foi assinada pelo presidente em agosto de 2018, destinou US$10,2 bilhões para ajudar a financiar esses esforços. O comando em si tem um orçamento anual de cerca de US$100 milhões.

"O Comando de Futuros do Exército tem sido uma oportunidade para reunirmos duas partes interessadas-chave — aquisições e requisitos", disse o subsecretário do Exército Ryan D. McCarthy durante a reunião anual em um painel na Associação do Exército Americano (AUSA).[28]

O Departamento de Defesa está investindo amplamente na aplicação militar da autonomia, inteligência artificial e aprendizado de máquina. Os esforços para escalar o uso da IA em todo o Departamento para expandir a vantagem militar incluem:[29]

Espaço e ciberespaço como domínios de combate. O Departamento priorizará investimentos em resiliência, reconstituição e operações para assegurar as capacidades espaciais norte-americanas. Os Estados Unidos também investirão na defesa cibernética, na resiliência e na integração contínua das capacidades cibernéticas em todo o espectro das operações militares.

Logística resiliente e ágil. Os investimentos nessa área priorizam a logística distribuída e a manutenção, para garantir a sustentação da logística sob ataque multidomínio persistente (terrestre, aéreo, marítimo e espacial), bem como a transição de uma infraestrutura grande, centralizada e não endurecida para bases menores, dispersas, resilientes e adaptáveis.

No setor privado, os algoritmos de IA são utilizados para atingir objetivos semelhantes, tais como elevados níveis de entrega atempada ao cliente e resiliência da rede elétrica. Os algoritmos operam caracterizando e compensando continuamente a incerteza nas redes de demanda, logística e fornecimento; estas técnicas podem ser aplicadas para garantir a entrega de forças e aprovisionamentos militares. Do mesmo modo, os algoritmos de IA são utilizados para acompanhar o estado das redes de energia e garantir a sua resiliência; em caso de falha imprevista do equipamento, a energia é instantaneamente reencaminhada, para assegurar um fornecimento contínuo de energia. Essas técnicas são igualmente aplicáveis a operações em ambientes militares contestados.

Comando, controle, comunicações, computadores, inteligência, vigilância e reconhecimento (C4ISR). Os investimentos priorizam o desenvolvimento de redes e sistemas de informação resilientes, sobreviventes e federados desde o nível tático até o planejamento estratégico. Os investimentos também priorizam recursos para obter e explorar informações, negar aos adversários essas mesmas vantagens e habilitar os Estados Unidos a identificar e responsabilizar os perpetradores estatais e não estatais das tentativas de ciberataques.

Um exemplo é a biblioteca de ameaças operacionais do F-35 Joint Strike Fighter — os arquivos de dados da missão —, os "cérebros" do avião — são extensos sistemas de dados a bordo que compilam informações sobre geografia, espaço aéreo e ameaças potenciais, como jatos de caça inimigos em áreas onde a aeronave pode ser utilizada em combate.[30]

Os arquivos de dados de missão funcionam com o Receptor de Aviso de Radar do F-35, que detecta ameaças de aproximação e fogo hostil. A informação dos sensores de longo alcance da aeronave é comparada em tempo real com a biblioteca de ameaças inimigas. Se isso acontecer com rapidez suficiente e em uma área de alcance, o F-35 pode identificar e destruir alvos inimigos antes de ser vulnerável ao fogo. Por exemplo, o sistema de dados da missão poderia rapidamente identificar um caça chinês J-10 se detectado pelos sensores do F-35.

Manter os arquivos de dados de missão atualizados requer a assimilação de informações coletadas de várias agências de inteligência do governo em formatos variados (imagem, vídeo, comentários, documentos e dados estruturados). Os analistas devem revisar, analisar, organizar e atualizar esses dados manualmente e determinar qual inteligência é mais relevante para um determinado arquivo de dados de missão. Os algoritmos de IA podem ser usados para automatizar a agregação, análise e correlação desses dados díspares, o que acelerará o processo e garantirá que o F-35 esteja operando com informações relevantes e atualizadas.

Força de Trabalho do Talento IA

Aumentar a reserva de talentos de IA nos setores público e privado é fundamental para garantir a liderança da IA e a segurança nacional. Pesquisadores de IA e cientistas de dados atualmente recebem salários cada vez mais altos, um sinal da escassez de talentos de alto nível. Os Estados Unidos devem educar, recrutar e reter os melhores investigadores do mundo. Aumentar o financiamento da educação e as oportunidades para a ciência, tecnologia, engenharia e matemática (STEM) é uma prioridade máxima. O plano do governo federal para a educação, STEM, lançado em dezembro de 2018, toma algumas medidas importantes para aumentar o time de estudantes que adquirem graus STEM avançados.[31]

Outro obstáculo significativo ao progresso é o processo de habilitação de segurança. Há 500 mil novos funcionários federais, empreiteiros e militares cuja capacidade de trabalhar é impedida ou limitada por um processo de liberação de segurança que é incapaz de acompanhar a demanda.[32] Alguns indivíduos são capazes de obter autorizações de segurança provisória e começar a trabalhar, mas outros são deixados esperando um ano ou mais antes de ser capazes de começar a trabalhar em tudo.[33] Há um acúmulo semelhante de reinvestigações de pessoal liberado que são necessárias periodicamente.

A Defense Security Services (Agência de Contrainteligência e Segurança de Defesa) está implementando técnicas inovadoras para avaliar o risco pessoal, incluindo um sistema de "avaliação contínua" (CE). Usando algoritmos de IA, o sistema CE verifica regularmente uma série de fontes de dados — tais como processos judiciais e registros bancários e de agências de crédito — à procura de indicações de que um titular ou requerente de autorização existente pode representar um risco de segurança. Se ele revelar quaisquer indicadores de risco relativos a um indivíduo, o sistema CE alerta um agente de segurança para revisão e ação de acompanhamento.[34] Esses sistemas são mais eficientes e eficazes na identificação de riscos e podem ser facilmente escalonados para funcionários federais e fornecedores.

Sem Riscos Maiores

A IA determinará fundamentalmente o destino do planeta. Essa é uma categoria de tecnologia diferente de qualquer outra que a precedeu, exclusivamente capaz de aproveitar grandes quantidades de dados insondáveis para a mente humana para conduzir decisões precisas e em tempo real para praticamente qualquer tarefa, incluindo a operação de mísseis hipersônicos, armas espaciais movidas a energia, veículos autônomos de combate aéreo, terrestre e aquático e ciber-armas avançadas destinadas a sistemas de informação, redes de comunicações, redes elétricas e outras infraestruturas essenciais. Em suma, a IA será a tecnologia facilitadora essencial da guerra do século XXI.

Hoje os Estados Unidos e a China estão envolvidos em uma guerra pela liderança da IA. O resultado desse embate permanece incerto. A China está claramente comprometida com uma estratégia nacional ambiciosa e explicitamente declarada para se tornar o líder global de IA. A menos que os Estados Unidos aumentem significativamente o investimento em IA em todos os níveis — governo, indústria e educação —, o país corre o risco de ficar para trás. Pode-se pensar nisso como o equivalente do Projeto Manhattan do século XXI.

O destino do mundo está em jogo.

Capítulo 9

A Empresa Digital

Como abordamos nos capítulos anteriores, a confluência de computação em nuvem elástica, big data, IA e IoT impulsiona a transformação digital. As empresas que aproveitarem essas tecnologias e se transformarem em empresas digitais vibrantes e dinâmicas prosperarão. Aquelas que não o fizerem se tornarão obsoletas e deixarão de existir. Se a realidade parece dura, é porque é.

O preço da falta de uma mudança estratégica transformacional é alto. O cemitério corporativo está repleto de empresas outrora grandes, mas que não conseguiram mudar. Blockbuster, Yahoo! e Borders se destacam como empresas esmagadas por mudanças setoriais às quais não conseguiram se adaptar. Em seu auge, a Blockbuster, uma empresa norte-americana de aluguel de vídeos e videogames, empregava 60 mil pessoas, obteve US$5,9 bilhões em receita e teve uma capitalização de mercado de US$5 bilhões.[1] Seis anos depois, a Blockbuster pediu falência, restando apenas um pouco de sua antiga essência.[2] Em 2000, o CEO da Netflix, Reed Hastings, propôs uma parceria com a Blockbuster — a Netflix queria realizar a presença online da Blockbuster como parte de uma aquisição de US$50 milhões, e a Blockbuster declinou.[3] Enquanto escrevo isto, a Netflix tem um plano de negócios de US$5,9 bilhões. A empresa viu a mudança acontecer, descartou a venda por correspondência e se transformou em uma empresa de streaming de vídeo. Já a Blockbuster não o fez.

Em 2000, o Yahoo! era o exemplo na internet. Foi avaliado em US$125 bilhões na altura da bolha das pontocom.[4] Nos anos seguintes, o Yahoo! teve oportunidade de comprar o Google e o Facebook, e em ambos os casos, não conseguiu executar as transações devido a problemas de preços: US$3 bilhões era simplesmente demais para se pagar por uma empresa como o Google.[5] Em 2008, a Microsoft tentou a aquisição do Yahoo! a um preço de cerca de US$45 bilhões, que a empresa recusou, e em 2016, a Verizon adquiriu o Yahoo! por US$4,8 bilhões de dólares.[6] O declínio do Yahoo! foi dramático. A internet do consumidor tornou-se móvel, social e impulsionada por interações em torno de fotos e vídeos. O Yahoo! não o fez, e por isso foi adquirida e desintegrada. No momento em que escrevo, o Google e o Facebook tiveram capitalizações de mercado de US$840 bilhões e US$500 bilhões, respectivamente.

Borders, um varejista de livros norte-americano, tinha 1.249 lojas em seu ápice, em 2003.[7] Apenas dois anos antes, a empresa vendeu seu negócio de comércio eletrônico para a Amazon.com, um erro famoso e grave que desincentivou executivos internos de estabelecer uma presença online proprietária.[8] Os e-books da Amazon e a logística orientada por dados eram uma ameaça existencial, mas a Borders não agiu. Sem surpresa, ao enviar seu negócio online para a Amazon e ao não entrar no negócio de e-books, a marca Borders sofreu uma erosão e tornou-se irrelevante. Em 2010, a Borders tentou lançar sua própria loja de e-readers e livros eletrônicos, mas já era tarde demais.[9] Um ano depois, a empresa fechou suas portas.[10]

Essas histórias — Blockbuster, Yahoo! e Borders — não são excepcionais. Não são anomalias. Não são incomuns. Essas histórias são o produto de extinções corporativas em massa impulsionadas por mudanças fundamentais na forma como o negócio é feito. Elas representam o resultado garantido para as empresas que não se transformam. Desta vez, a transformação digital é o impulso do fazer ou morrer. As empresas que não tiverem sucesso nessa tarefa vital seguirão o caminho da Blockbuster, Yahoo! e Borders.

Embora o custo de não se adaptar seja perigoso, o futuro nunca foi tão promissor para as grandes empresas que adotam a transformação digital. Isso se deve principalmente a duas razões. A primeira é a Lei de Metcalfe, como discutimos no Capítulo 7: as redes crescem em valor à medida que os participantes aumentam. As grandes empresas devem se beneficiar de um paradigma semelhante no que diz respeito aos dados. Se usado corretamente, o valor dos dados da empresa também aumenta exponencialmente com a escala. As grandes empresas tendem a ter drasticamente mais dados do que os concorrentes emergentes que procuram substituí-los e podem recolher dados consideravelmente mais rapidamente. Se as organizações incumbentes puderem se transformar digitalmente, elas estabelecerão "data moats", que são uma vantagem assimétrica que poderia dissuadir os concorrentes de entrar facilmente em seus setores. O impacto desses dados não deve ser subestimado. A vantagem que a Amazon ou o Google já têm é enorme, graças aos anos de dados do consumidor e do usuário. Da mesma forma, os primeiros participantes do mercado com ofertas disruptivas — lembre-se da Uber, Zappos, Slack ou Instagram — que ganham vantagem competitiva ao capturar e usar grandes quantidades de dados, criando uma formidável vantagem de escala de tempo até o mercado.

A segunda razão pela qual as grandes empresas estão bem posicionadas para explorar a transformação digital é que elas normalmente têm acesso a capital substancial. A transformação digital oferece oportunidades de investimento altamente atraentes. Uma dessas oportunidades é contratar um grande número de cientistas e engenheiros de dados de primeira linha. Outra é investir em tecnologias de transformação digital.

Acontece que esses dois fatores — data moats e acesso ao capital — trabalham em sinergia. Grandes empresas com dados proprietários, tecnologias certas e capital para recrutar os melhores talentos se encontrarão em posições quase sem precedentes e extremamente favoráveis.

Para os cientistas e engenheiros de dados, mais dados significa problemas mais interessantes para resolver, e os melhores cientistas e engenheiros de dados querem trabalhar nos problemas mais interessantes. Se uma grande empresa é capaz de executar com sucesso uma transformação digital, seu data moat — por exemplo, sua vantagem em ter mais e melhores dados do que os concorrentes — se traduz na capacidade de atrair cientistas de dados superiores, construir algoritmos e resultados de inteligência artificial superiores, gerar insights superiores e, finalmente, alcançar um desempenho econômico superior. Google, Amazon e Netflix são exemplos claros de como essa vantagem de dados se manifesta.

Estamos nos primórdios da transformação digital. Como vimos, as tecnologias que impulsionam essa mudança amadureceram apenas nos últimos cinco ou dez anos. Neste capítulo, compartilho estudos de caso de iniciativas bem-sucedidas da transformação digital em seis grandes organizações — ENGIE, Enel, Caterpillar, John Deere, 3M e a Força Aérea norte-americana — no trabalho no C3.ai que fizemos com esses clientes.

Os seguintes estudos de caso — que envolvem a solução de alguns dos mais complexos problemas de data science do mundo — abrangem uma série de diferentes casos de uso, incluindo manutenção preditiva, otimização de inventário, detecção de fraude, otimização de processos e rendimentos e insights de clientes. Comum a todos esses estudos de caso são a natureza estratégica da abordagem — em particular o foco em objetivos específicos e de alta prioridade para gerar valor significativo e mensurável — e o mandato de mudança em nível de CEO.

ENGIE: Transformação Digital em toda a empresa

ENGIE, a empresa francesa de energia integrada que mencionei anteriormente, é em muitos aspectos o arquétipo de uma grande empresa que abraça a transformação digital. Com mais de 150 mil empregados e operações em 70 países, a ENGIE registou 60,6 bilhões de euros em receitas em 2018. A ENGIE gera grandes quantidades de dados a partir dos seus 22 milhões de dispositivos IoT e centenas de sistemas empresariais e operacionais. Em 2016, a CEO da ENGIE, Isabelle Kocher, reconheceu duas forças inextricáveis que abalaram o núcleo da indústria da ENGIE: transformações digitais e energéticas. Nas palavras da própria ENGIE, a revolução na indústria de energia está sendo impulsionada pela "descarbonização, descentralização e digitalização".[11] Kocher reconheceu que, para sobreviver e prosperar neste novo mundo da energia, a ENGIE teria de passar por uma transformação digital fundamental.

Como discutimos, o sucesso da transformação digital tem de começar pelo topo. Na ENGIE, começa com Kocher. Ela é quem nos deu a visão para a transformação digital da ENGIE e anunciou que 1,5 bilhão de euros seria dedicado à transformação digital da empresa de 2016 a 2019. Ela criou a ENGIE Digital, um hub de atuação da transformação digital em toda a empresa. A ENGIE Digital inclui sua Fábrica Digital — um Centro de Excelência (CoE) onde os desenvolvedores de software da empresa, juntamente com seus parceiros, incubam e implementam ferramentas de TI inovadoras em toda a organização. Finalmente, Kocher nomeou Yves Le Gélard como diretor digital para supervisionar esses esforços.[12]

O primeiro passo da ENGIE nessa transformação foi identificar casos de uso de alto valor e elaborar um roteiro que priorize sua trajetória rumo à transformação digital completa. A Fábrica Digital da ENGIE criou e priorizou um roteiro de projeto abrangente. Os casos de uso abrangem as linhas de negócios da empresa. Aqui estão alguns exemplos:

- Para seus ativos de gás, a ENGIE usa análise preditiva e algoritmos de IA para realizar manutenção preditiva em seus ativos e otimizar a geração de eletricidade — identificando os drivers de perda de eficiência, reduzindo as falhas de ativos e melhorando o tempo de atividade.

- Na gestão de clientes, a ENGIE está implementando um conjunto completo de serviços online para clientes, incluindo aplicações de self-service que lhes permitem gerir sua própria utilização de energia. Para residentes individuais e gestores de edifícios, a ENGIE desenvolveu uma aplicação que analisa dados de sensores inteligentes para identificar oportunidades de poupar energia.

- Na área das energias renováveis, a ENGIE desenvolveu uma plataforma digital de aplicações para otimizar a produção de eletricidade a partir de fontes renováveis. Esses aplicativos usam análise preditiva e IA para prever requisitos de manutenção, identificar ativos de baixo desempenho e fornecer aos operadores de campo uma visão em tempo real dos ativos e das necessidades de manutenção. A plataforma já cobre mais de 2 gigawatts de capacidade instalada, e até 2020 cobrirá mais de 25 gigawatts, tornando-a uma das maiores implantações de IA no mundo para gestão de energias renováveis. Hoje, mais de mil modelos de autoaprendizagem são continuamente treinados para se adaptarem às condições de operação em constante mudança, fornecendo 140 mil previsões por dia em intervalos de 10 minutos para mais de 350 turbinas eólicas em todo o mundo. Até 2020, sua plataforma digital abordará mais de 20 casos adicionais de utilização da aprendizagem automática, desbloqueando um valor econômico significativo.

- Em cidades inteligentes, a ENGIE planeja desenvolver e implementar uma série de aplicações — incluindo aquecimento e arrefecimento urbano eficientes, controle de tráfego, mobilidade verde, gestão de resíduos e segurança — para criar cidades conectadas sustentáveis e energeticamente eficientes, uma vez que a percentagem da população mundial que vive em cidades aumentará de 50% hoje para 70% em 2050.

A lista de casos de utilização da ENGIE continua. Em toda a organização, a ENGIE desenvolverá e implementará 28 aplicações em um período de 3 anos e formará mais de 100 funcionários. Para coordenar e conduzir essa mudança, a ENGIE estabeleceu um Centro de Excelência sofisticado, aplicando as melhores práticas para colaborar com os líderes das unidades de negócio, definir requisitos, criar roteiros e desenvolver e implementar aplicações de uma forma sistemática que atinja resultados mensuráveis.

Um ano depois, as primeiras quatro aplicações já estão funcionando. A ENGIE começa a ver resultados, e os potenciais benefícios econômicos são substanciais: por exemplo, o valor de apenas dois casos de uso — predição e prevenção de falhas de equipamentos e otimização do tempo de inatividade planejado e operações de despacho — deve exceder 100 milhões de euros anuais.

Enel: Transformação Digital um Passo de Cada Vez

A Enel, concessionária italiana, é a segunda maior produtora de energia do mundo, com mais de 95 gigawatts de capacidade instalada, mais de 70 milhões de clientes globalmente, 75,7 bilhões de euros em receitas em 2018 e 69 mil funcionários. Pioneira em redes inteligentes, a Enel foi a primeira empresa de serviços públicos do mundo a substituir os medidores eletromecânicos tradicionais por medidores inteligentes digitais, uma grande operação realizada em toda a base de clientes italianos da Enel. Em 2006, a Enel havia instalado 32 milhões de medidores inteligentes em toda a Itália. Desde então, a empresa implantou um total de mais de 40 milhões de medidores inteligentes na Europa, representando mais de 80% do total de medidores inteligentes no continente.

A transformação digital da Enel tem sido monumental: a empresa tem a maior implantação de aplicativos de IA e IoT do mundo. A jornada da Enel rumo à transformação digital também começou no topo, liderada pelo CEO Francesco Starace, que nomeou Fabio Veronese, diretor de Infraestrutura e Serviços tecnológicos, para liderar a iniciativa da transformação digital da Enel. A Enel projeta gastar 5,3 bilhões de euros para digitalizar seus ativos, operações e processos e melhorar a conectividade.[13]

Mergulharemos em dois casos específicos de uso ao longo da jornada de transformação digital da Enel. A primeira é a manutenção preditiva da rede de distribuição de 1,2 milhão de quilômetros da Enel na Itália, que compreende vários ativos — estações ferroviárias, linhas de distribuição, transformadores e medidores inteligentes — com sensores por toda parte. Para melhorar ainda mais a confiabilidade da rede e reduzir a ocorrência de indisponibilidade e interrupções de serviço devido à falha de ativos, a Enel implantou um aplicativo de manutenção preditiva pré-construído com a implementação de IA. A aplicação SaaS aplica aprendizado de máquina avançado para analisar dados de sensores de rede em tempo real, dados de medidores inteligentes, registros de manutenção de ativos e dados meteorológicos para prever falhas ao longo dos "alimentadores" da rede de distribuição (ou seja, linhas de distribuição que transportam eletricidade de subestações para transformadores e clientes finais) antes que elas aconteçam. A Enel pode monitorar os ativos em tempo real, atribuir pontuações de risco diárias aos ativos e detectar imediatamente quaisquer anomalias ou condições operacionais alteradas que prevejam problemas de manutenção emergentes. Esse recurso preditivo alimentado por IA permite que a Enel melhore a confiabilidade, reduza seus custos operacionais, forneça maior flexibilidade na programação de tarefas de manutenção, estenda significativamente o ciclo de vida de seus ativos e melhore a satisfação do cliente.

As principais inovações nesse projeto incluem (a) a capacidade de construir o estado de rede da Enel como operada a qualquer momento usando uma abordagem de rede gráfica avançada e (b) o uso de uma estrutura baseada em aprendizado de máquina avançada que aprende continuamente a melhorar o desempenho da previsão de falhas de ativos. Aproveitando a computação em nuvem elástica, o aplicativo de manutenção preditiva é capaz de agregar dados em escala de petabyte e em tempo real dos sensores de grade e medidores inteligentes da Enel, correlacionar esses dados com dados de sistemas operacionais e, mais importante, ampliar o insight operacional, sujeitando esses dados a um conjunto abrangente de análises de potência e algoritmos de aprendizado de máquina.

O segundo caso de utilização a destacar é o da proteção das receitas. A Enel transformou sua abordagem de identificar e priorizar o roubo de eletricidade ("perda não técnica") para impulsionar um aumento significativo na recuperação de energia não faturada, enquanto melhora a produtividade. A visão da Enel para essa transformação era um aplicativo empresarial IA e IoT SaaS que podia ser implantado em todas as entidades operacionais da Enel globalmente em um período de seis meses. A concretização dessa visão exigiu a criação de um algoritmo de aprendizado de máquina para corresponder ao desempenho fornecido pelos especialistas da Enel, que usaram um processo manual aperfeiçoado com mais de trinta anos de experiência. Embora esse tenha sido um desafio significativo em si mesmo, a Enel estabeleceu uma meta ambiciosa para dobrar o desempenho alcançado nos últimos anos de operação.

Uma inovação fundamental que permitiu essa transformação foi a substituição dos processos tradicionais de identificação de perdas não técnicas. Isso concentrou-se principalmente em melhorar o sucesso das inspeções de campo com algoritmos avançados de IA para dar prioridade a potenciais casos de perdas não técnicas em pontos de serviço, com base em uma mistura da magnitude da recuperação de energia e da probabilidade de fraude. O aplicativo de proteção de receita com alimentação IA permitiu que a Enel atingisse seu objetivo e *dobrasse a energia média recuperada por inspeção* — uma conquista significativa, uma vez que o processo original da Enel foi baseado em três décadas de experiência especializada.

A transformação digital entregou enorme valor e impacto para a Enel. Os seus esforços valeram à empresa um lugar na lista "Change the World" da *Fortune* de 2018 (uma das 57 empresas globais) — pela terceira vez em quatro anos. A lista da *Fortune* reconhece as empresas que, por meio da sua estratégia empresarial principal, melhoram as condições de vida em nível social e ambiental. A Enel imbuiu a inovação e a transformação digital em toda sua organização, e valeu a pena — com um benefício econômico anual projetado que excede 600 milhões de euros por ano.

Caterpillar: Centro de Dados Empresariais

Comutando engrenagens para o setor de fabricação industrial, podemos olhar para o fabricante líder mundial de equipamentos de construção e mineração — a Caterpillar. É um exemplo de uma empresa que produz produtos de engenharia extremamente complexos e compreende o valor potencial de transformar fundamentalmente esse processo de produção intensiva. Em 2016, o então CEO da Caterpillar, Doug Oberhelman, anunciou: "Hoje, temos 400 mil ativos conectados e em crescimento. Neste verão, cada uma de nossas máquinas sairá de linha, podendo ser conectada e fornecer algum tipo de feedback em produtividade operacional para o proprietário, para o revendedor e para nós." E ele apontou para outra visão, "onde podemos mostrar ao cliente em seu iPhone tudo o que acontece com sua máquina, sua frota, sua saúde, sua taxa de execução, sua produtividade, e assim por diante".[14]

A estratégia de transformação digital da Caterpillar depende do equipamento conectado digitalmente da empresa — hoje composto por cerca de 470 mil ativos (e com previsão de crescimento para mais de 2 milhões) em operação em clientes em todo o mundo. O primeiro passo da Caterpillar foi criar um Centro de Dados Empresariais extensível para atuar como fonte de dados empresariais de mais de 2 mil aplicativos, sistemas e bancos de dados da Caterpillar globalmente. Esses dados incluem dados de aplicações de negócios, dados de revendedores e clientes, dados de fornecedores e dados de máquinas. Os dados serão agregados, unificados, normalizados e federados em uma única imagem de dados que suporta uma variedade de aplicativos de aprendizado de máquina, análise preditiva e IoT em todas as unidades de negócios da Caterpillar.

Aproveitando o Enterprise Data Hub, a Caterpillar está construindo uma série de aplicativos para viabilizar sua transformação digital. Em uma primeira instância, a Caterpillar voltou-se para seu inventário. Como gerenciar uma rede de abastecimento que reúne mais de 28 mil fornecedores para enviar para 170 revendedores, todos com demanda flutuante? Ter visibilidade em toda sua rede de fornecimento, compreender o tempo de trânsito das peças enviadas do exterior e reduzir o excesso de estoque de peças de reposição são questões comerciais críticas que a Caterpillar está resolvendo com o uso de IA, big data e análise preditiva.

Com um aplicativo movido a IA, a Caterpillar agora tem a capacidade de pesquisar e visualizar o inventário em toda a sua cadeia de suprimentos, receber recomendações movidas a IA sobre níveis ideais de estocagem e entender os trade-offs entre riscos de ruptura de estoque e manutenção de excesso de estoque. A Caterpillar desenvolveu e implantou soluções avançadas habilitadas para IA que fornecem à sua rede de revendedores visibilidade do inventário de produtos acabados e capacidade sofisticada de "pesquisa de similaridade". Isso permite que os revendedores atendam à demanda do cliente de forma eficaz, por meio de recomendações de produtos em estoque que atendam muito de perto às necessidades do cliente. A aplicação também fornece aos planejadores de produção e gerentes de produto da Caterpillar recomendações sobre opções de configuração e níveis de estoque de estoque.

Em seguida, a Caterpillar está focada em aproveitar a telemetria de toda a sua frota de ativos conectados, juntamente com dados relacionados às condições operacionais ambientais de cada ativo. Parte dessa telemetria está sendo continuamente ingerida em tempo real a uma taxa de mais de mil mensagens por segundo. Essa análise habilitada para IA permite que a Caterpillar identifique anomalias na integridade do equipamento, preveja falhas de ativos, projete ofertas de garantia competitivas e aproveite o conjunto completo de dados operacionais para projetar a próxima geração de produtos e recursos.

A Caterpillar faz todas essas mudanças em suas operações por meio do estabelecimento de uma equipe multifuncional CoE — uma equipe multifuncional que reúne especialistas externos e desenvolvedores da Caterpillar para treinamento intensivo sobre como projetar, desenvolver, implantar e manter aplicativos usando IA e análise preditiva. A função do CoE é definir um roteiro de caso de uso priorizado e, em seguida, implementar um programa escalável e repetível para desenvolver, implantar e operar um portfólio de aplicativos de alto valor para transformar a empresa.

John Deere: Transformando a Cadeia de Suprimentos e o Inventário

A John Deere é outro fabricante industrial embarcando em uma estratégia de transformação digital para transformar sua cadeia de suprimentos. Fundada em 1837, a John Deere é o maior fabricante de equipamentos agrícolas do mundo, com mais de US$38 bilhões em receita anual e mais de 60 mil funcionários.

Um componente crítico da transformação digital da John Deere é a gestão do seu inventário. A John Deere opera centenas de fábricas em todo o mundo e fabrica equipamentos industriais altamente complexos. A empresa permite que os clientes configurem centenas de opções individuais, levando a produtos que têm milhares de permutações. A natureza personalizada do produto cria uma complexidade significativa na gestão dos níveis de inventário durante o processo de fabricação. Anteriormente, a John Deere tinha de gerir as principais incertezas, como as flutuações na procura, os prazos de entrega dos fornecedores e as interrupções na linha de produtos. Devido a essas incertezas, e uma vez que a configuração final de um produto muitas vezes não é conhecida até estar próximo da submissão do pedido de um produto, a John Deere geralmente mantinha o excesso de estoque para atender aos pedidos dentro do prazo. Esse excesso de inventário é caro e complicado de gerir.

Como outros fabricantes do setor, a John Deere implantou soluções de software de planejamento de necessidades de material (MRP) para apoiar o planejamento da produção e a administração de estoques. A empresa também tinha experimentado com diferentes ofertas de software de otimização de inventário comercial. No entanto, as soluções de software existentes foram incapazes de otimizar dinamicamente os níveis de estoque de peças individuais em escala, enquanto gerenciava a incerteza e aprendia continuamente com os dados. As principais fontes de incerteza incluem variabilidade na demanda, risco do fornecedor, problemas de qualidade com itens entregues pelos fornecedores e interrupções na linha de produção.

Para resolver esses problemas, a John Deere criou um aplicativo movido a IA para otimizar os níveis de estoque, começando com uma de suas linhas de produtos que tem mais de 40 mil peças exclusivas. A empresa utilizou um algoritmo para calcular os níveis de inventário históricos diários com base em um intervalo de parâmetros. Com o aplicativo alimentado por IA, a John Deere foi capaz de simular e otimizar parâmetros de pedidos, quantificar o uso planejado de materiais com base nos pedidos de produção e minimizar os níveis de estoque de segurança. O impacto operacional desses insights é significativo — a John Deere poderia potencialmente reduzir o estoque de peças em 25% a 35%, entregando entre US$100 milhões e US$200 milhões em valor econômico anual para a empresa.

3M: Eficiência Operacional Orientada pela IA

Com sede em Minnesota, a 3M é um conglomerado multinacional que produz dezenas de milhares de variantes de produtos derivados de 46 plataformas tecnológicas centrais. A empresa está principalmente no negócio de produtos físicos, embora uma de suas divisões, a 3M Health Information Systems, forneça software.

As origens da 3M remontam a 1902, quando um grupo de jovens empreendedores fundou a Minnesota Mining and Manufacturing Company, uma empresa de mineração que falhou prontamente. Os fundadores, em conjunto com um grupo de investidores e trabalhadores, recusaram-se a ceder. Em vez disso, eles tentaram comercializar muitos produtos diferentes, acabando por encontrar sucesso na fabricação de lixas. Ao longo do caminho, eles desenvolveram uma cultura robusta de inovação que está profundamente enraizada na empresa hoje. Seus numerosos produtos industriais e de consumo incluem muitas marcas conhecidas, como a Scotch Tape, a Post-it Notes e a Scotchgard. Hoje, a 3M Company (renomeada em 2002) emprega mais de 91 mil pessoas e gerou mais de US$32 bilhões em receita em 2018.

O CEO Mike Roman, um veterano que está há trinta anos na 3M, e sua equipe de liderança estão colocando em prática o "3M Playbook" — um conjunto de estratégias que são fundamentalmente sobre simplificação, otimização, inovação e construção dos pontos fortes da 3M. Como parte do playbook, o programa de "transformação de negócios" da 3M está focado no aumento da produtividade operacional e na redução de custos. "Em tempos de rápida mudança, as empresas têm de se adaptar, mudar e antecipar constantemente", afirmou Roman pouco depois de assumir o cargo de CEO em 2018. "Essa é uma das razões pelas quais os nossos esforços de transformação são tão críticos, à medida que nos tornamos mais ágeis, mais contemporâneos, mais eficientes e ainda mais bem equipados para servir às necessidades evolutivas dos clientes."

A 3M vê inúmeras oportunidades de aplicar a IA para impulsionar melhorias significativas na eficiência operacional e produtividade em uma ampla gama de processos de negócios com benefícios diretos. A empresa está desenvolvendo e implantando vários aplicativos habilitados para IA focados em casos específicos de uso de alto valor. Permitam-me que destaque dois casos de utilização que podem ser de interesse para qualquer grande empresa transformadora.

Em um caso de uso, a 3M desenvolveu uma aplicação de IA para melhorar drasticamente seu processo de "garantia de entrega", permitindo que a empresa forneça compromissos significativamente mais precisos para quando os produtos serão entregues aos clientes corporativos. Dada a extensa cadeia de suprimentos da 3M, sua rede logística e as dezenas de milhares de variantes de produtos que fabrica, esse é um problema complexo a ser resolvido.

Com o aplicativo alimentado por IA, a 3M integra e unifica dados de diferentes sistemas corporativos — pedido, cliente, demanda, fabricação, estoque, serviço ao cliente —, para prever as datas de entrega esperadas para pedidos individuais e fornecer promessas precisas aos clientes quando eles fazem pedidos. Esse tipo de processo habilitado para IA faz com que a aquisição business-to-business pareça mais uma compra na Amazon, melhorando drasticamente o atendimento ao cliente da 3M ao garantir que os pedidos cheguem quando prometidos. Também tem o benefício secundário significativo de revelar gargalos na rede de abastecimento e logística, permitindo uma maior otimização da rede. Usuários autorizados na 3M podem acessar KPIs relevantes em todos os locais globalmente, que são atualizados em tempo real, através de uma interface de usuário intuitiva. Eles também podem usar esses insights para tomar decisões operacionais importantes, como encomendar estoque adicional, redirecionar pedidos e enviar alertas de serviço para clientes potencialmente afetados.

Um segundo caso de uso concentra-se no processo de "escalonamento de faturas de pedidos", com o objetivo de reduzir drasticamente o número de reclamações de clientes relacionadas a faturas. Dada a complexidade de muitas ordens de compra — numerosas linhas de faturação, entregas transfronteiras, vários descontos e impostos aplicáveis —, um número significativo de queixas de clientes está relacionado com questões de faturação. A 3M desenvolveu um aplicativo de inteligência artificial para prever faturas que podem causar reclamações de clientes, permitindo que os especialistas da 3M analisem e corrijam essas faturas antes que elas sejam enviadas. O sistema de faturação da 3M contava anteriormente apenas com uma abordagem baseada em regras para sinalizar problemas potenciais e não tinha recursos preditivos habilitados para IA. A nova aplicação emprega métodos sofisticados de IA juntamente com as regras existentes e alcança uma precisão muito maior na identificação de faturas problemáticas. Para uma empresa com a escala e o alcance global da 3M, os benefícios resultantes — tanto em termos de redução de custos de investigação de questões relacionadas a faturas quanto de aumento da satisfação do cliente — são significativos.

Até 2020, a 3M espera que o impacto de sua iniciativa de transformação de negócios resulte em algo entre US$500 milhões e US$700 milhões em economias operacionais anuais, e outra redução, de US$500 milhões, em capital de giro. Isso é mais de US$1 bilhão — *3% da receita da empresa em 2018.*

Força Aérea dos Estados Unidos: Manutenção Preditiva

Embora muitas organizações industriais tenham adotado a análise preditiva de IA para otimizar o inventário, proteger a receita, melhorar as relações com os clientes e muito mais, as vantagens da transformação digital não se limitam à empresa privada.

Os militares norte-americanos consagram um terço de seu orçamento anual à manutenção. Qualquer redução nesse número tem implicações profundas na prontidão militar — para não mencionar os impactos sobre os recursos disponíveis, o moral e muito mais. A partir de meados de 2017, vários grupos internos da Força Aérea norte-americana começaram a considerar se a aplicação da IA à manutenção de aeronaves aliviaria falhas não planejadas, aumentaria a disponibilidade de aeronaves e melhoraria a regularidade dos cronogramas de manutenção.

A Força Aérea mantém uma frota de quase 5.600 aeronaves, que têm, em média, 28 anos de idade. A USAF conta com 59 bases aéreas nos EUA e mais de 100 aeródromos no exterior. Os aviões são pilotados por 17 mil pilotos e mantidos por milhares de pessoas diferentes em muitos grupos diferentes. Os fatores que contribuem para que uma aeronave precise de manutenção, ou para a falha de qualquer um de seus seis sistemas principais (motor, instrumentos de voo, controle ambiental, instrumentação hidráulica-pneumática, combustível e elétrica) ou subsistemas podem variar muito. Temperaturas e umidade básicas, comportamentos da equipe de manutenção, condições e duração do voo e, é claro, a condição e a idade do equipamento podem afetar as necessidades de manutenção.

Para resolver esse desafio, o posto avançado do Vale do Silício da Unidade de Inovação de Defesa (DIU), que é fretado com tecnologias comerciais aceleradoras para uso militar, trabalhou com várias divisões da USAF para desenvolver um projeto de manutenção preditiva baseada em IA. As equipes começaram com o E-3 Sentry (Airborne Warning and Control System, ou AWACS) e compilaram sete anos de todos os dados estruturados e não estruturados relevantes: a experiência da força de trabalho, interdependências do subsistema, clima externo, registros de texto de manutenção, amostras de óleo e até mesmo notas do piloto.

Em três semanas, as equipes agregaram esses dados operacionais de 11 fontes com 2 mil pontos de dados para um único subsistema E-3 Sentry para construir um protótipo. Após um esforço de 12 semanas, as equipes entregaram uma aplicação inicial que utilizou 20 algoritmos de aprendizado de máquina IA para calcular a probabilidade de falha de subsistemas de aeronaves de alta prioridade, para que a manutenção pudesse ser feita nesses sistemas imediatamente antes da falha.

O aplicativo de manutenção preditiva também forneceu recursos para otimizar as programações de manutenção para alinhar com o uso e o risco, priorizar a manutenção em todos os equipamentos, iniciar atividades diretamente por meio de sistemas de gerenciamento de ordens de trabalho existentes, identificar as causas raízes de possíveis falhas e recomendar ações técnicas a um operador.

A equipe da USAF pode agora analisar a saúde dos equipamentos em qualquer nível de agregação, incluindo sistemas e subcomponentes, perfis de risco, status operacional, localização geográfica e implantação.

Inteligência Artificial Implementa 40% de Melhoria na Manutenção Preditiva de Prontidão da Aeronave

Com base nos resultados iniciais da implantação da manutenção preditiva acionada por IA para sua frota de aeronaves E-3 Sentry (esquerda), a Força Aérea expandiu o projeto para incluir sua frota de aeronaves F-16 Fighting Falcon (centro) e C-5 Galaxy (direita).

FIGURA 9.1

No geral, o projeto inicial melhorou a disponibilidade de aeronaves em 40%. Como o projeto inicial foi bem-sucedido, a USAF o expandiu para o C-5 Galaxy e o F-16 Fighting Falcon, e planeja disponibilizar a aplicação para manutenção preditiva para qualquer grupo ou plataforma de aeronaves da USAF. Uma vez que a aplicação esteja amplamente implantada, a USAF espera que ela melhore a prontidão *geral* da USAF em 40%.

Como esses estudos de caso demonstram, a transformação digital pode ter um impacto potencialmente revolucionário em grandes empresas e entidades do setor público. As mudanças entram profundamente no processo e na cultura.

Mas o êxito desses esforços depende de dois pilares fundamentais: uma infraestrutura de tecnologia capaz de suportar essas novas classes de aplicativos de IA e IoT, e liderança direta do CEO. No próximo capítulo, descrevo a nova "pilha de tecnologia" que a transformação digital requer. E no capítulo final, esboço como os CEOs podem tomar medidas concretas e avançar em sua jornada para a transformação digital.

Capítulo 10

Uma Nova Pilha de Tecnologia

Nas quatro décadas em que participei da revolução da tecnologia da informação, a indústria cresceu da ordem de US$50 bilhões para cerca de US$4 trilhões anualmente. Assisti à transição da computação mainframe para os minicomputadores, para a computação pessoal, para a computação na internet e para a computação portátil. A indústria de software fez a transição do software aplicativo personalizado baseado em MVS, VSAM e ISAM para aplicativos desenvolvidos em uma base de banco de dados relacional, para software aplicativo corporativo, para SaaS, para computação portátil e, agora, para a empresa habilitada para IA. Já vi a internet e o iPhone mudarem tudo. Cada uma dessas transições representou um mercado de substituição para seu antecessor. Cada uma delas trouxe benefícios dramáticos em termos de produtividade. As empresas que não conseguiram aproveitar cada nova geração de tecnologia deixaram de ser competitivas. Imagine tentar fechar os livros em uma grande corporação global sem um sistema ERP ou executar seu negócio somente em computadores mainframe. É inimaginável.

Uma Nova Pilha de Tecnologia

A atual função da etapa em tecnologia da informação que tenho discutido tem uma série de requisitos únicos que criam a necessidade de uma pilha de tecnologia de software totalmente nova. Os requisitos dessa pilha para desenvolver e operar um aplicativo empresarial IA ou IoT eficaz são assustadores.

Para desenvolver um aplicativo de IA ou IoT empresarial eficaz, é necessário agregar dados de milhares de sistemas de informação corporativos, fornecedores, distribuidores, mercados, produtos em uso do cliente e redes de sensores para fornecer uma visão quase em tempo real da empresa estendida.

As velocidades de dados neste novo mundo digital são bastante dramáticas, exigindo a capacidade de ingerir e agregar dados de centenas de milhões de endpoints em frequências muito altas, às vezes excedendo mil ciclos de Hz (mil vezes por segundo).

Os dados precisam ser processados na velocidade em que chegam, em um sistema altamente seguro e resiliente, que aborda persistência, processamento de eventos, aprendizado de máquina e visualização. Isso requer capacidade de processamento distribuído e elástico escalonável horizontalmente, oferecido apenas por plataformas de nuvem modernas e sistemas de supercomputador.

Os requisitos de persistência de dados resultantes são surpreendentes em escala e forma. Esses conjuntos de dados rapidamente se agregam em centenas de petabytes, até mesmo exabytes, e cada tipo de dados precisa ser armazenado em um banco de dados adequado capaz de lidar com esses volumes de alta frequência. Bases de dados relacionais, lojas de valor-chave, bases de dados gráficas, sistemas de arquivos distribuídos, blobs (coleção de dados binários) — nenhum é suficiente, e todos são necessários, exigindo que os dados sejam organizados e ligados entre essas tecnologias divergentes.

Faça Você Mesmo

Na década de 1980, quando eu estava na Oracle Corporation, introduzimos no mercado o software RDBMS (Relational Database Management System). Havia um elevado nível de interesse no mercado. A tecnologia RDBMS ofereceu economias de custos e ganhos de produtividade dramáticos no desenvolvimento e na manutenção de aplicativos. Ele provou ser uma tecnologia capacitante para a próxima geração de aplicações empresariais que se seguiram, incluindo planejamento de necessidades de materiais (MRP), planejamento de recursos empresariais (ERP), gerenciamento de relacionamento com clientes (CRM), automação da fabricação e outros.

Os primeiros concorrentes no mercado de RDBMS foram a Oracle, a IBM (DB2), a Relational Technology (Ingres) e a Sperry (Mapper). Mas a principal concorrente da Oracle, aquela que se tornou a principal fornecedora do mundo, não era nenhuma dessas empresas. Em muitos casos, foi o CIO. Ele ou ela construiria o RDBMS da própria organização com pessoal de TI, pessoal offshore ou a ajuda de um integrador de sistemas. Ninguém conseguiu. Depois de alguns anos e centenas de milhões de dólares investidos, o CIO seria substituído, e voltaríamos para instalar um RDBMS comercial.

Quando introduzimos software de aplicação empresarial no mercado, incluindo ERP e CRM, na década de 1990, os principais concorrentes de software incluíam Oracle, SAP e Siebel Systems. Mas, na realidade, o principal obstáculo à adoção foi o CIO. Muitos CIOs acreditavam que tinham o conhecimento, a experiência e as competências para desenvolver internamente essas complexas aplicações empresariais. Centenas de pessoas por anos e centenas de milhões de dólares foram gastos nesses projetos esbanjadores. Alguns anos mais tarde, haveria um novo CIO, e voltaríamos a instalar um sistema funcional.

Lembro-me de que algumas das empresas mais tecnologicamente astutas — incluindo Hewlett-Packard, IBM, Microsoft e Compaq — falharam repetidamente em projetos de CRM desenvolvidos internamente. E depois de vários esforços, todas se tornaram grandes e bem-sucedidos clientes da Siebel Systems CRM. Se *eles* não conseguissem fazer isso, quais seriam as chances de uma empresa de telecomunicações, banco ou empresa farmacêutica ter sucesso? Muitos tentaram. Nenhum teve sucesso.

Plataforma Referência de Software IA

Os problemas que devem ser resolvidos para solucionar os problemas de computação IA ou IoT não são triviais. A computação elástica maciçamente paralela e a capacidade de armazenamento são pré-requisitos. Esses serviços estão sendo fornecidos hoje a um custo cada vez mais baixo pela Microsoft Azure, AWS, IBM e outros. Esse é um grande avanço na computação. A nuvem elástica muda tudo.

Além da nuvem, há uma multiplicidade de serviços de dados necessários para desenvolver, fornecer e operar aplicações dessa natureza.

Os utilitários de software apresentados na Figura 10.1 são os necessários para esse domínio de aplicação. Você pode pensar em cada um deles como um problema de desenvolvimento na ordem de magnitude de uma aplicação de software empresarial relativamente simples, como o CRM. Esse conjunto de técnicas de software necessárias para abordar a complexidade do problema empresarial IA e IoT aproxima a união das metodologias de desenvolvimento de software comercialmente viáveis inventadas nos últimos cinquenta anos. Esse não é um problema trivial.

Vamos dar uma olhada em alguns desses requisitos.

Integração de dados: Este problema tem assombrado a indústria da computação por décadas. O pré-requisito para o aprendizado de máquina e IA em escala industrial é a disponibilidade de uma imagem unificada e federada de todos os dados contidos na multiplicidade de (1) sistemas de informação corporativos — ERP, CRM, SCADA, HR, MRP —, normalmente milhares de sistemas em cada grande empresa; (2) redes de sensores IoT — SIM chips, contadores inteligentes, matrizes lógicas programáveis, telemetria de máquinas, bioinformática; e (3) dados extraempresariais pertinentes — tempo, terreno, imagens de satélite, redes sociais, dados biométricos, dados comerciais, preços, dados de mercado etc.

Persistência de dados: Os dados agregados e processados nesses sistemas incluem todos os tipos de dados estruturados e não estruturados imagináveis. Informações pessoais identificáveis, dados censitários, imagens, texto, vídeo, telemetria, voz, topologias de rede. Não existe um banco de dados "tamanho único" que seja otimizado para todos esses tipos de dados. Isso resulta na necessidade de uma multiplicidade de tecnologias de banco de dados, incluindo, mas não limitado a relacional, NoSQL, key-value stores, sistemas de arquivos distribuídos, bancos de dados gráficos e blobs.

Serviços de plataforma: Uma miríade de serviços de plataforma sofisticados é necessária para qualquer aplicação empresarial IA ou IoT. Exemplos incluem controle de acesso, criptografia de dados em movimento, criptografia em repouso, ETL, enfileiramento, gerenciamento de pipeline, autoescalonamento, multitenancy, autenticação, autorização, cibersegurança, serviços de série temporal, normalização, privacidade de dados, conformidade de privacidade GDPR, conformidade NERC-CIP e conformidade SOC2.

Processamento analítico: Os volumes e a velocidade de aquisição de dados em tais sistemas são ofuscantes, e os tipos de dados e requisitos analíticos são altamente divergentes, exigindo uma gama de serviços de processamento analítico. Isso inclui processamento analítico contínuo, MapReduce, processamento em lote, processamento de fluxo e processamento recursivo.

Serviços de aprendizado de máquina: O objetivo desses sistemas é permitir que os cientistas de dados desenvolvam e implantem modelos de autoaprendizagem. Há uma série de ferramentas necessárias para habilitar isso, incluindo Jupyter Notebooks, Python, DIGITS, R e Scala. Cada vez mais importante é uma curadoria extensível de bibliotecas de aprendizado de máquina como TensorFlow, Caffe, Torch, Amazon Machine Learning e AzureML. Sua plataforma precisa dar suporte a todos eles.

Arquitetura de Referência para IA Suite

O desenvolvimento bem-sucedido de aplicativos de IA e IoT requer um conjunto completo de ferramentas e serviços totalmente integrados e projetados para trabalhar juntos.

Ferramentas de Desenvolvimento Integrado

Dados	Aplicações	Aprendizado de Máquina	DevOps (Desenvolvimento de Operação)

| Registro de Dados → | Integração de Dados
SAP Hana
Oracle
Salesforce
IBM Maximo
OSI PI
GE
AWS IoT
Amazon Kinesis
Azure Data Lake
Weather
Commodity Data | **Suíte IA**

Persistência de dados
NoSQL   RDBMS
Key-Value Store   Sistema de Arquivos Distribuído
Armazenamento de Objetos em Nuvem   Sistemas de Arquivos HDFS

Conectores, Extensões
Origem   Canônica
Transformação de Expressões
IoT | **Quadro e Serviços de Aprendizagem Automática**
Pipeline do Aprendizado de Máquina   Gestão de Dados

Processamento Analítico Contínuo
Batch   MapReduce   Fila de Espera   Stream

Serviços de Gerenciamento de Plataforma
Controle de Acesso   Autoescalonamento   Multitenancy   Séries Temporais
Analytics   Implantação   Perfilagem   Usuários
APIs   Criptografia   Funções e Responsabilidades
Auditoria   Log in   Programador
Autenticação   Monitoramento   Gestão de Sistemas | **IU e ferramentas de Visualização de Dados**
Alteryx   Qlik
Domo   Tableau
MicroStrategy

Estruturas de IU
Angular   JS
React

Ferramentas de Desenvolvimento de Aplicações
Jupyter   Eclipse
R Studio | ← Insights e Ações Saindo |

FIGURA 10.1

Ferramentas de visualização de dados: Qualquer arquitetura de IA viável precisa habilitar um conjunto rico e variado de ferramentas de visualização de dados, incluindo Excel, Tableau, Qlik, Spotfire, Oracle BI, Business Objects, Domo, Alteryx e outros.

Ferramentas para desenvolvedores e estruturas de IU: Sua comunidade de desenvolvimento de TI e ciência de dados — na maioria dos casos, suas *comunidades* de desenvolvimento de TI e ciência de dados —, cada uma adotou e se tornou confortável com um conjunto de estruturas de desenvolvimento de aplicativos e ferramentas de desenvolvimento de interface de usuário (IU). Se sua plataforma de IA não suporta todas essas ferramentas — incluindo, por exemplo, Eclipse IDE, VI, Visual Studio, React, Angular, R Studio e Jupyter —, ela será rejeitada como inutilizável por suas equipes de desenvolvimento.

Aberto, extensível, à prova de futuro: É difícil descrever o ritmo ofuscante da inovação em software e algoritmos nos sistemas citados anteriormente. Todas as técnicas hoje utilizadas serão obsoletas em cinco ou dez anos. Sua arquitetura precisa fornecer a capacidade de substituir quaisquer componentes com suas melhorias de última geração, e permitir a incorporação de quaisquer novas inovações de software de código aberto ou proprietário sem afetar adversamente a funcionalidade ou o desempenho de qualquer um de seus aplicativos existentes. Este é um requisito de nível zero.

"Plataformas IA" em Grandes Quantidades

Como discutido, os vetores de tecnologia que possibilitam a transformação digital incluem computação em nuvem elástica, big data, IA e IoT. Os analistas da indústria estimam que esse mercado de software excederá US$250 bilhões até 2025, e a McKinsey estima que as empresas gerarão mais de US$20 trilhões por ano em valor agregado com o uso dessas novas tecnologias. Esse é o mercado de software empresarial de crescimento mais rápido da história e representa um mercado de substituição completo para software de aplicação empresarial.

A transformação digital requer uma pilha de tecnologia totalmente nova que incorpore todas essas capacidades descritas. Não se trata de usar programação estruturada e 3 mil programadores em Bangalore ou seu integrador de sistemas favorito para desenvolver e instalar mais um aplicativo empresarial.

O mercado está inundado de "plataformas IA" de código aberto que, para o leigo, parecem ser soluções suficientes para conceber, desenvolver, fornecer e operar aplicações IA e IoT empresariais. Nesta era de propaganda da IA, há literalmente centenas delas no mercado — e o número aumenta a cada dia — que se apresentam como "Plataformas IA" abrangentes.

Exemplos incluem Cassandra, Cloudera, DataStax, Databricks, AWS IoT e Hadoop. AWS, Azure, IBM e Google oferecem uma plataforma de computação em nuvem elástica. Além disso, cada um oferece uma biblioteca cada vez mais inovadora de microsserviços que podem ser usados para agregação de dados, ETL, enfileiramento, streaming de dados, MapReduce, processamento analítico contínuo, serviços de autoaprendizagem, visualização de dados etc.

Se você visitar seus sites ou assistir às suas apresentações de vendas, todos eles parecem fazer a mesma coisa e fornecer uma solução completa para suas necessidades de IA.

Embora muitos desses produtos sejam úteis, o fato é que nenhum deles oferece as utilidades necessárias e suficientes para desenvolver e operar uma aplicação de IA empresarial.

Um Mar de "Plataformas IA"

O mercado está repleto de centenas de componentes de código aberto que pretendem ser uma "plataforma IA". Cada componente pode fornecer valor, mas nenhum fornece uma plataforma completa por si só.

FIGURA 10.2

Por exemplo, a Cassandra. É um repositório de dados de valor importante, um banco de dados de propósito especial que é particularmente útil para armazenar e recuperar dados longitudinais, como a telemetria. E com esse propósito, é um grande produto. Mas essa funcionalidade representa talvez 1% da solução necessária. Ou a HDFS, um sistema de arquivos distribuído, útil para armazenar dados não estruturados. Ou o TensorFlow, um conjunto de bibliotecas de matemática publicadas pelo Google, útil para habilitar certos tipos de modelos de autoaprendizagem. O Databricks permite a virtualização de dados, permitindo que cientistas de dados ou desenvolvedores de aplicativos manipulem conjuntos de dados muito grandes em um cluster de computadores. O AWS IoT é um utilitário para coleta de dados de sensores de IoT legíveis por máquina. Mais uma vez, todas elas são úteis, mas de modo algum suficientes. Cada uma delas aborda uma pequena parte do que é necessário para desenvolver e implantar um aplicativo IoT ou IA.

Essas utilidades são escritas em diferentes linguagens, com diferentes modelos computacionais e estruturas de dados frequentemente incompatíveis, desenvolvidas por programadores de diferentes níveis de experiência, treinamento e profissionalismo. Não foram concebidas para trabalharem juntas, e poucas, se alguma, foram escritas nos padrões de programação comercial. A maioria não provou ser comercialmente viável, e o código-fonte foi contribuído para a comunidade "open source". Você pode pensar na comunidade open source como uma espécie de superloja na nuvem com uma coleção crescente de centenas de programas de código-fonte de computador disponíveis para qualquer um baixar, modificar à vontade e usar gratuitamente.

Uma Inteligência Artificial "Faça Você Mesmo"?

Assim como os bancos de dados relacionais, assim como o ERP, e assim como o CRM, a reação instintiva de muitas organizações de TI é tentar desenvolver internamente uma plataforma de IA e IoT de propósito geral usando software de código aberto "livre" com uma combinação de microsserviços de provedores de nuvem como a AWS e o Google.

O processo começa tomando algum subconjunto da miríade de soluções proprietárias e de código aberto e organizando-as na arquitetura de plataforma de referência que descrevi antes.

O próximo passo é reunir centenas a milhares de programadores, frequentemente distribuídos por todo o planeta, usando uma técnica de programação chamada de programação estruturada e interfaces de programação de aplicativos (APIs) para tentar juntar esses vários programas, fontes de dados, sensores, modelos de aprendizado de máquina, ferramentas de desenvolvimento e paradigmas de interface de usuário em um todo unificado, funcional e perfeito que permitirá que a organização se destaque no projeto, no desenvolvimento, no provisionamento e na implantação de vários aplicativos IA e IoT em escala corporativa. Quão difícil pode ser isso? A verdade é que, se não é impossível, está perto. A complexidade de tal sistema é duas ordens de grandeza maior do que a da construção de um sistema CRM ou ERP.

Muitos tentaram isso, mas, tanto quanto sei, ninguém conseguiu. O estudo de caso clássico é o da GE Digital, que gastou 8 anos, utilizou 3 mil programadores e investiu US$7 bilhões tentando ter sucesso nessa tarefa. O resultado final desse esforço incluiu o colapso dessa divisão e a rescisão do CEO, e contribuiu para a dissolução de uma das empresas mais emblemáticas do mundo.

A Pilha de Software IA

A abordagem "construa você mesmo" requer a junção de dezenas de diferentes componentes de código-aberto de diferentes desenvolvedores com diferentes APIs, diferentes bases de código e diferentes níveis de maturidade e suporte.

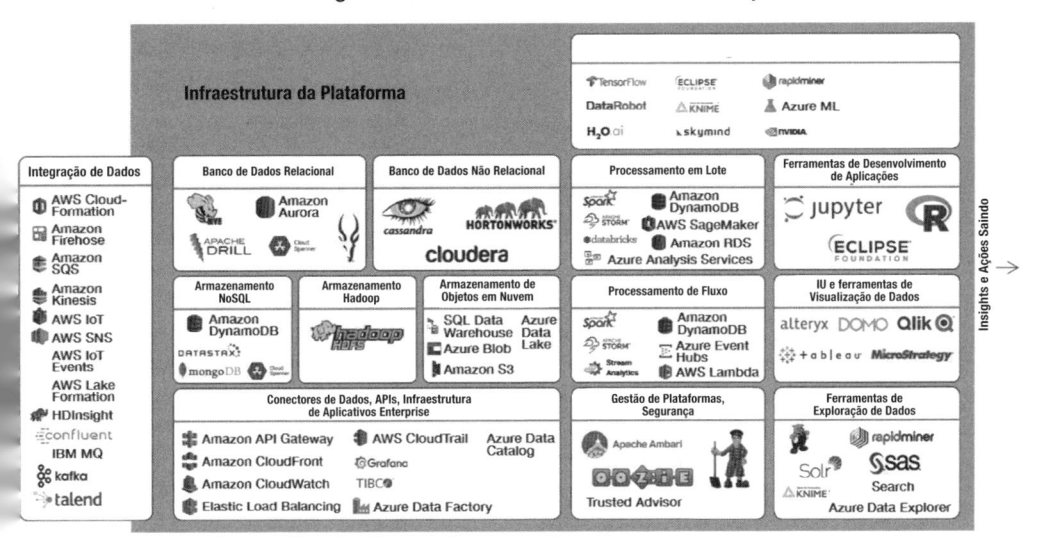

FIGURA 10.3

Se alguém conseguisse tal esforço, a pilha de software resultante seria algo como a Figura 10.4. Eu me refiro a isso como o Cluster de Software da IA.

Cluster de Software IA

A abordagem "construa você mesmo" requer numerosas integrações de componentes subjacentes que não foram projetados para trabalhar em conjunto, resultando em um grau de complexidade que sobrepõe até mesmo as melhores equipes de desenvolvimento.

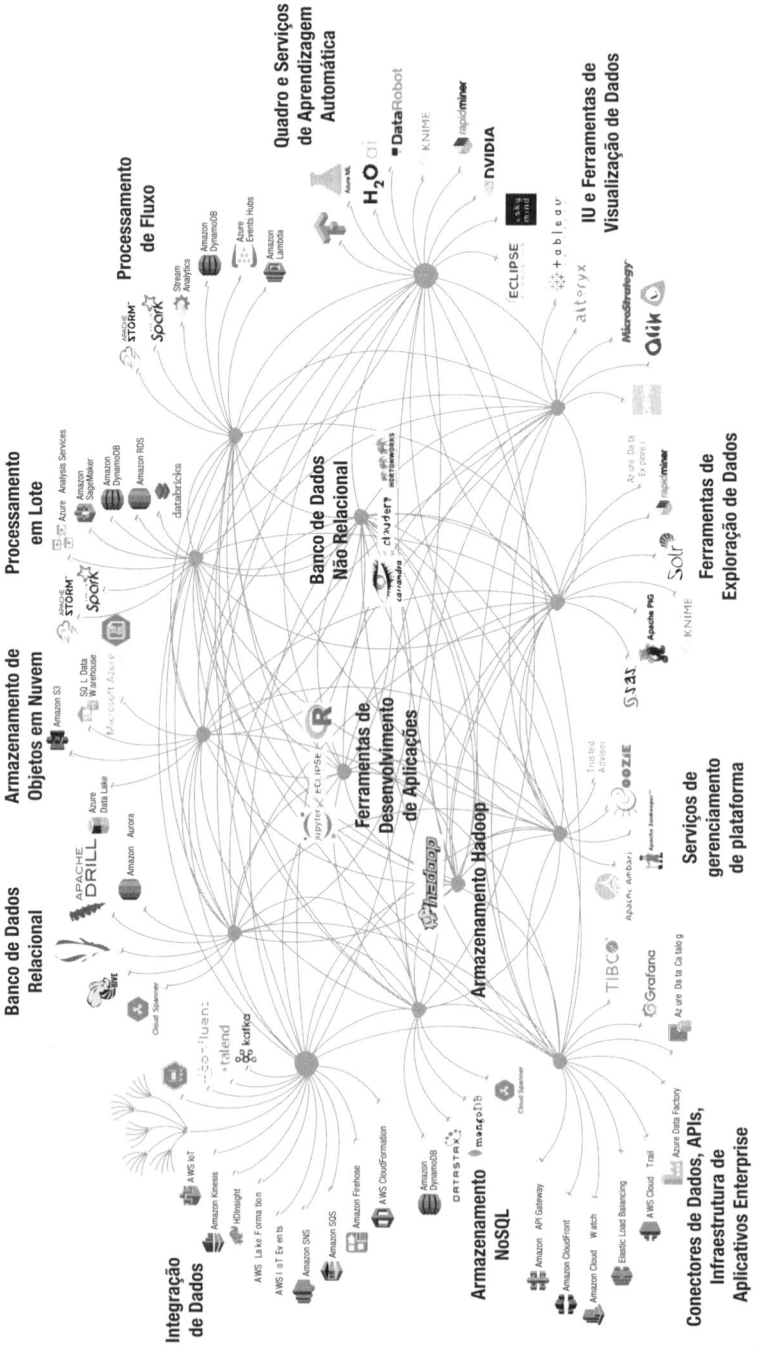

FIGURA 10.4

Há uma série de problemas com essa abordagem:

1. **Complexidade.** Usando programação estruturada, o número de conexões API de software que se precisa estabelecer, endurecer, testar e verificar para um sistema complexo pode se aproximar da ordem de 10^{13}. (Colocando isso em perspectiva, há uma ordem de 10^{21} estrelas em nosso universo.) Os desenvolvedores do sistema precisam entender individual e coletivamente esse nível de complexidade para que ele funcione. O número de programadores capazes de lidar com esse nível de complexidade é bastante pequeno.

    Além dos desenvolvedores de plataforma, os desenvolvedores de aplicativos e cientistas de dados também precisam entender a complexidade da arquitetura e todas as dependências de dados e processos subjacentes para desenvolver qualquer aplicativo.

    O nível de complexidade inerente a esses esforços é suficientemente grande para garantir o fracasso do projeto.

2. **Brilho.** As aplicações de código espaguete desta natureza são altamente dependentes do funcionamento adequado de cada um dos componentes. Se um desenvolvedor introduzir um bug em qualquer um dos componentes de código aberto, todos os aplicativos desenvolvidos com essa plataforma podem deixar de funcionar.

3. **Prova de futuro.** À medida que novas bibliotecas de máquinas, bancos de dados mais rápidos e novas técnicas de aprendizado de máquina se tornam disponíveis, você vai querer disponibilizar esses novos utilitários em sua plataforma. Para fazer isso, você provavelmente terá de reprogramar cada aplicativo que foi construído na plataforma. Isso pode levar de meses a anos.

4. **Integração de dados.** Um modelo de dados de objeto comum integrado e federado é absolutamente necessário para este domínio de aplicação. A utilização deste tipo de arquitetura orientada por API de programação estruturada requer centenas de pessoas por ano para desenvolver um modelo de dados integrado para qualquer grande empresa. Essa é a principal razão pela qual de dezenas a centenas de milhões de dólares são gastos e, cinco anos depois, nenhuma aplicação é implantada. A Fortune 500 está cheia de histórias de desastres. O integrador de sistemas se parece com um bandido, e o cliente fica com os bolsos do avesso.

O Nó Górdio da Programação Estruturada

A programação estruturada é uma técnica desenvolvida em meados dos anos 1960 para simplificar o desenvolvimento de código, testes e manutenção. Antes da programação estruturada, o software foi escrito em grandes volumes monolíticos repletos de APIs e declarações "go-to". O produto resultante podia consistir em milhões de linhas de código com milhares dessas APIs e declarações de "go-to" que eram difíceis de desenvolver, entender, depurar e manter.

A ideia essencial da programação estruturada era quebrar o código em uma "rotina principal" relativamente simples e então usar algo chamado de interface de programação de aplicativos (API) para chamar sub-rotinas que foram projetadas para serem modulares e reutilizáveis. Exemplos de sub-rotinas podem fornecer serviços como completar um cálculo balístico, ou uma rápida transformação de Fourier, uma regressão linear, uma média, uma soma ou um meio. A programação estruturada continua sendo o estado da arte para muitas aplicações hoje em dia e simplificou drasticamente o processo de desenvolvimento e manutenção de código de computador.

Embora essa técnica seja apropriada para muitas classes de aplicações, ela se decompõe com a complexidade e escala dos requisitos para uma aplicação moderna de IA ou IoT, resultando em um nó górdio, descrito na Figura 10.4.

Ferramentas de Fornecedores de Nuvem

Uma alternativa ao cluster de código aberto é tentar reunir os vários serviços e microsserviços oferecidos pelos provedores de serviços de nuvem em uma plataforma corporativa de IA que funcione de forma integrada e coesa. Como você pode ver na Figura 10.5, fornecedores líderes, como a AWS, estão desenvolvendo serviços e microsserviços cada vez mais úteis que, em muitos casos, replicam a funcionalidade dos provedores de código aberto e muitas vezes oferecem funcionalidades novas e exclusivas. A vantagem dessa abordagem sobre o código aberto é que esses produtos são desenvolvidos e testados e sua qualidade é assegurada por organizações de engenharia empresarial altamente profissionais. Além disso, esses serviços foram geralmente concebidos e desenvolvidos com o objetivo específico de trabalhar em conjunto e interagir em um sistema comum. Os mesmos pontos são válidos para Google, Azure e IBM.

UMA NOVA PILHA DE TECNOLOGIA | 181

Ferramentas de Fornecedores de Nuvem — AWS

Plataformas de nuvem pública como AWS, Azure e Google Cloud oferecem um número crescente de ferramentas e microsserviços, mas uni-los para criar aplicações de classe empresarial de IA e IoT é extremamente complexo e caro.

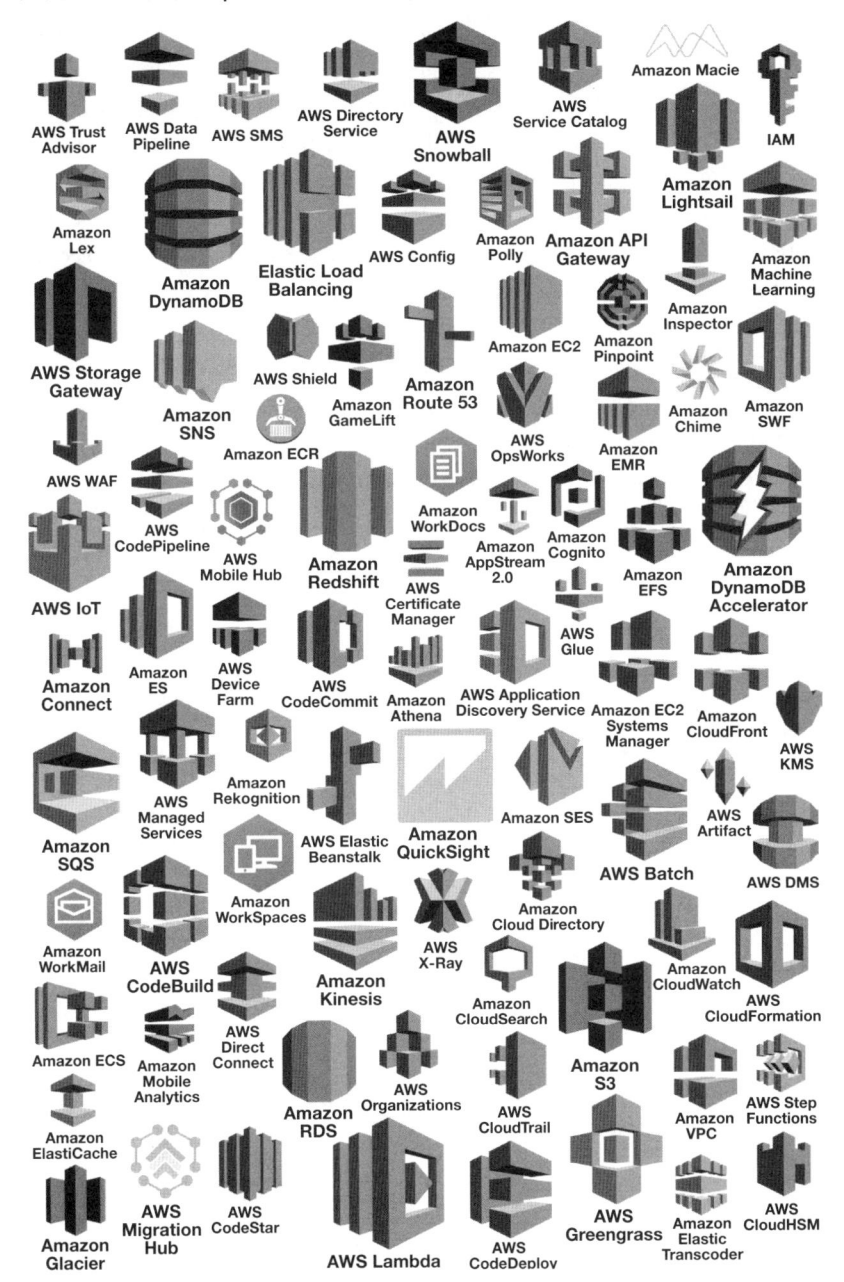

FIGURA 10.5

O problema com essa abordagem é que, como esses sistemas não possuem uma arquitetura orientada a modelos como a descrita na próxima imagem, seus programadores ainda precisam empregar programação estruturada para unir os vários serviços. Uma arquitetura de referência para uma aplicação de manutenção preditiva relativamente simples é mostrada na Figura 10.6. Para desenvolver e implantar esse aplicativo são necessárias 200 pessoas por dia a um custo de US$600 mil de dólares em 2019. O resultado desse esforço são 83 mil linhas de código que precisam ser mantidas durante a vida útil da aplicação. A aplicação resultante será executada apenas na AWS. Se você quisesse executar esse aplicativo no Google ou Azure, ele teria de ser completamente reconstruído para cada uma dessas plataformas a um custo semelhante, e muito tempo e esforço de codificação.

A Arquitetura da Criação da Aplicação de Manutenção Preditiva Básica na AWS

Construir até mesmo uma simples aplicação de manutenção preditiva de IA usando microsserviços de uma nuvem pública (a AWS neste exemplo) e uma abordagem de programação estruturada exige quarenta vezes o esforço de trabalho de usar uma arquitetura orientada a modelos.

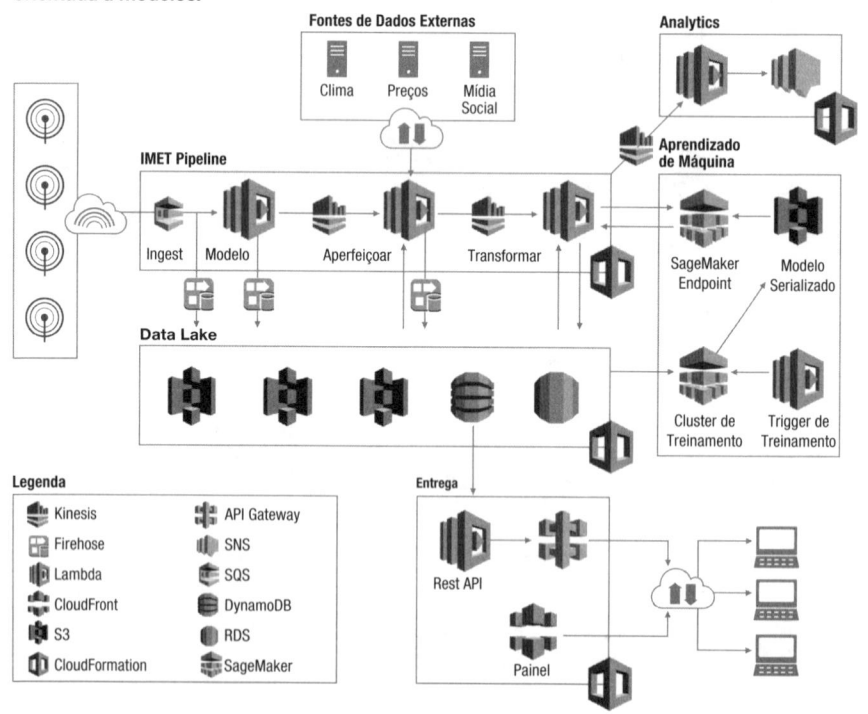

FIGURA 10.6

Por outro lado, usando a arquitetura moderna orientada a modelos descrita na próxima imagem, a mesma aplicação, empregando os mesmos serviços da AWS, podem ser desenvolvidos e testados por 5 pessoas por dia a um custo de aproximadamente US$2.000 dólares. Apenas 1.450 linhas de código são geradas, reduzindo drasticamente o custo de manutenção da vida útil. Além disso, o aplicativo executará em qualquer plataforma de nuvem sem modificação, para que você não incorra no esforço adicional e custo de refatorar o aplicativo se você quiser mudar para um fornecedor de nuvem diferente.

Arquitetura Orientada a Modelos

Desenvolvido no início do século XXI, você pode pensar em uma arquitetura orientada a modelos como a faca usada para cortar o nó górdio da programação estruturada para problemas altamente complexos.

O principal para uma arquitetura orientada a modelos é o conceito de um "modelo" que serve como uma camada de abstração para simplificar o problema de programação. Usando modelos, o programador ou desenvolvedor de aplicações não precisa se preocupar com todos os tipos de dados, interconexões de dados e processos que agem sobre os dados associados a qualquer entidade, por exemplo, cliente, trator, médico ou tipo de combustível. Ele ou ela simplesmente precisa abordar o modelo de qualquer entidade — por exemplo, cliente — e todos os dados subjacentes, inter-relações de dados, ponteiros, APIs, associações, conexões e processos associados ou usados para manipular esses dados são resumidos no próprio modelo. Isso reduz de uma ordem de 10^{13} para 10^3 o número de elementos, processos e conexões dos quais o programador ou desenvolvedor de aplicações precisa estar ciente, tornando o intratável agora bastante rastreável.

Usando uma arquitetura orientada a modelos, qualquer coisa pode ser representada como um modelo — por exemplo, aplicativos, incluindo bancos de dados, mecanismos de processamento de linguagem natural e sistemas de reconhecimento de imagem. Os modelos também suportam um conceito chamado herança. Podemos ter um modelo chamado banco de dados relacional, que, por sua vez, serve como um placeholder que pode incorporar qualquer sistema de banco de dados relacional, como Oracle, Postgres, Aurora, Spanner, ou SQL Server. Um modelo de armazenamento de valor-chave pode conter Cassandra, HBase, Cosmos DB ou DynamoDB.

O uso de uma arquitetura orientada a modelos fornece uma camada de abstração e semântica para representar a aplicação. Isso libera o programador de ter de se preocupar com o mapeamento de dados, a sintaxe da API e a mecânica da miríade de processos computacionais como ETL, enfileiramento, gerenciamento de pipeline, criptografia etc.

Ao reduzir de uma ordem de 10^{13} para 10^3 o número de entidades, objetos e processos que o desenvolvedor precisa entender, e ao liberar o desenvolvedor de lutar com todas essas minúcias, uma arquitetura orientada a modelos diminui em até 100 vezes ou mais o custo e a complexidade de projetar, desenvolver, testar, provisionar, manter e operar um aplicativo.

O design ideal para um modelo de objeto para endereçar aplicações IA e IoT usa modelos abstratos como espaços reservados aos quais um programador pode vincular uma aplicação apropriada. O modelo de banco de dados relacional pode se vincular ao Postgres. Um modelo de redator de relatórios pode se ligar à MicroStrategy. Um modelo de visualização de dados pode se conectar ao Tableau. E assim por diante. Um recurso poderoso de uma arquitetura orientada a modelos é que, à medida que novas soluções de código aberto ou proprietárias se tornam disponíveis, a biblioteca de modelos de objetos pode simplesmente ser estendida para incorporar esse novo recurso.

Outra característica importante de uma arquitetura orientada a modelos é que a aplicação é totalmente preparada para o futuro. Se, por exemplo, você começou a desenvolver todos os seus aplicativos usando Oracle como seu banco de dados relacional e depois decidiu mudar para um RDBMS proprietário ou de código aberto alternativo, basta alterar o link em seu metamodelo RDBMS para apontar para o novo RDBMS. É importante ressaltar que todos os aplicativos que você implantou anteriormente usando Oracle como RDBMS continuarão a ser executados sem modificações após a substituição. Isso permite que você aproveite imediata e facilmente as vantagens de ofertas de produtos novos e aprimorados à medida que eles se tornam disponíveis.

Independência da Plataforma

Em minha experiência profissional, nunca vi nada como a taxa de adoção da computação em nuvem. É sem precedentes. Ainda em 2011, a mensagem transmitida pelos CEOs e pela liderança corporativa em todo o mundo era clara: "Tom, o que você não entende sobre o fato de que nossos dados nunca residirão na nuvem pública?" A mensagem de hoje é igualmente clara e exclamatória: "Tom, entenda que temos uma estratégia de nuvem em primeiro lugar. Todos os novos aplicativos estão sendo implantados na nuvem. Os aplicativos existentes migrarão para a nuvem. *Mas entenda, temos uma estratégia multinuvem.*"

Uau! Como é que isso aconteceu? Eu não tenho certeza de que posso explicar a volta de 180 graus em escala global no intervalo de alguns anos, mas não há dúvida de que isso aconteceu. E como discutido anteriormente, isso se reflete claramente no crescimento da receita dos principais fornecedores de nuvem. Também está claro que os líderes corporativos têm medo da dependência de fornecedores de nuvem. Eles querem ser capazes de negociar continuamente. Querem implantar aplicativos diferentes em nuvens de diferentes fornecedores e querem ter liberdade para mover aplicativos de um fornecedor de nuvem para outro.

Assim, isso se torna um requisito adicional de uma plataforma de software moderna e orientada por modelos. Quando você desenvolve seu aplicativo de IA, ele precisa ser executado sem modificações em qualquer nuvem e em metal nu atrás do firewall em um ambiente de nuvem híbrida.

O requisito final para a nova pilha de tecnologia de IA é o que eu chamo de suporte à nuvem poliglota — a capacidade de "misturar e combinar" vários serviços de múltiplos prestadores de serviços de computação em nuvem e de trocar e substituir facilmente esses serviços. Os fornecedores de nuvem estão fornecendo ao mercado um ótimo serviço. Hoje em dia, eles fornecem acesso instantâneo a uma capacidade de computação praticamente ilimitada e escalável horizontalmente e uma capacidade de armazenamento efetivamente infinita a um custo excepcionalmente baixo. No momento em que esses concorrentes agressivos terminarem uns com os outros, acredito que o custo da computação em nuvem e do armazenamento se aproximará de zero.

Arquitetura de IA Orientada por Modelos

Uma arquitetura orientada por modelos fornece uma camada de abstração que simplifica e acelera enormemente o desenvolvimento e a implantação de aplicativos de IA e IoT.

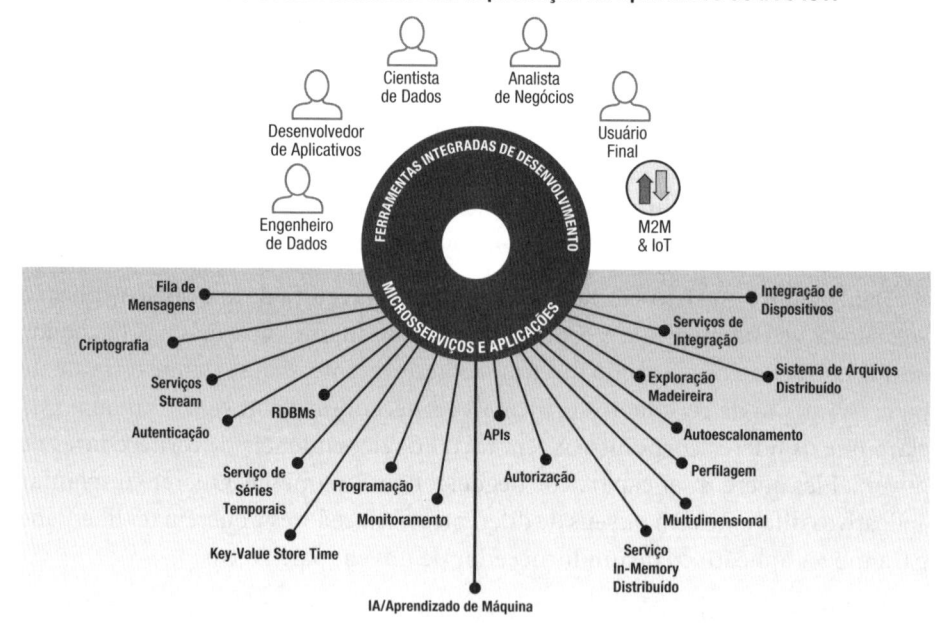

FIGURA 10.7

O segundo serviço importante que os fornecedores de nuvem oferecem é a rápida inovação dos microsserviços. Microsserviços como o TensorFlow do Google aceleram o aprendizado de máquina. O Amazon Forecast facilita o aprendizado profundo de dados de série temporal. O Azure Stream Analytics se integra ao Azure IoT Hub e ao Azure IoT Suite para permitir análises poderosas em tempo real em dados de sensores IoT. Parece que não passa uma semana sem outro anúncio de mais um microsserviço útil do Azure, AWS, Google e IBM.

Implantação da Multinuvem

As organizações precisam de uma arquitetura de IA que permita implantar aplicativos em várias plataformas de nuvem pública, bem como em metal nu atrás do firewall em uma nuvem privada ou data center.

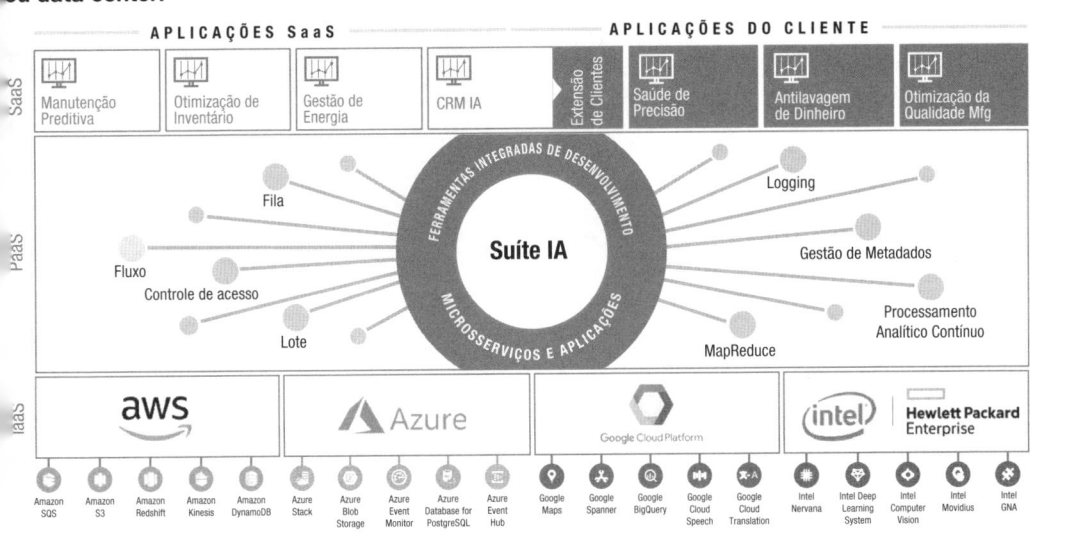

FIGURA 10.8

O suporte à nuvem Polyglot é, na minha opinião, uma capacidade essencial do New IA Technology Stack. Esse recurso não só permite a portabilidade de aplicativos de um fornecedor de nuvem para outro, mas também oferece a capacidade de executar seus aplicativos de IA e IoT em várias nuvens simultaneamente. Isso é importante, porque à medida que esses fornecedores continuam a se superar uns aos outros, você pode escolher os microsserviços de vários fornecedores para otimizar a capacidade de seus aplicativos de IA. E quando um microsserviço novo e mais poderoso se torna disponível, você pode simplesmente desconectar o microsserviço antigo e conectar o novo. Suas aplicações continuam a funcionar, mas agora com maior desempenho, precisão e benefício econômico.

Implantação da Multinuvem

As organizações precisam de uma arquitetura de IA que permita implantar aplicativos em várias plataformas de nuvem pública, bem como em metal nu atrás do firewall em uma nuvem privada ou data center.

APLICAÇÕES SaaS

SaaS: Manutenção Preditiva | Otimização de Inventário | Gestão de Energia | CRM IA

APLICAÇÕES DO CLIENTE

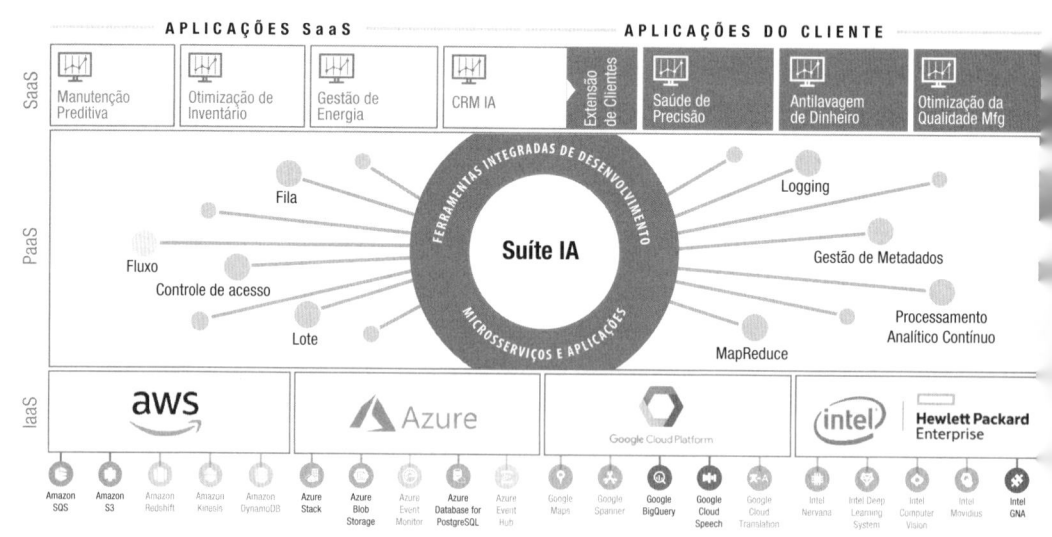

Extensão de Clientes | Saúde de Precisão | Antilavagem de Dinheiro | Otimização da Qualidade Mfg

PaaS — Suíte IA (FERRAMENTAS INTEGRADAS DE DESENVOLVIMENTO / MICROSSERVIÇOS E APLICAÇÕES):
Fila, Fluxo, Controle de acesso, Lote, Logging, Gestão de Metadados, Processamento Analítico Contínuo, MapReduce

IaaS: aws | Azure | Google Cloud Platform | intel | Hewlett Packard Enterprise

Amazon SQS, Amazon S3, Amazon Redshift, Amazon Kinesis, Amazon DynamoDB, Azure Stack, Azure Blob Storage, Azure Event Monitor, Azure Database for PostgreSQL, Azure Event Hub, Google Maps, Google Spanner, Google BigQuery, Google Cloud Speech, Google Cloud Translation, Intel Nervana, Intel Deep Learning System, Intel Computer Vision, Intel Movidius, Intel GNA

FIGURA 10.9

Capítulo 11

O Plano de Ação do CEO

Grandes Riscos, Maiores Ameaças, Melhores Recompensas

Considere estes fatos: a vida média de uma empresa S&P 500 na década de 1950 era de 60 anos; em 2012, era de menos de 20 anos.[1] Metade das empresas que compuseram a Fortune 500 em 2000 não está mais na lista hoje.[2] De 2013 a 2017, a posse média de CEO em grandes corporações caiu em um ano completo, de 6 para 5 anos.[3] Aquisições, fusões, privatizações e falências dizimaram o status quo.

Espero que essas tendências se acelerem. As tecnologias que impulsionam a transformação digital são agora robustas e maduras e estão amplamente disponíveis. Líderes digitais surgirão em todos os setores, aproveitando a IA e a IoT para alcançar melhorias no passo a passo em seus processos de negócios e superar rivais mais lentos.

Ao mesmo tempo, os mercados de capitais tornam-se mais eficientes a cada dia — aumentando a pressão sobre as empresas com fraco desempenho, que serão tratadas de forma impiedosa. Os profissionais de fundo de cobertura e capital privado procuram constantemente oportunidades para adquirir, fundir, cindir e liquidar corporações que mostram vestígios de vulnerabilidade. A indústria de capital privado gerencia US$2,5 trilhões, com quase US$900 bilhões em reservas de caixa esperando para ser implantados.[4] Esse capital não será usado apenas em ofertas públicas de aquisição — ele também será usado para financiar concorrentes nativos digitais em rápido crescimento. Se a história for um indicador, esses fundos apoiarão as empresas em crescimento que alavancam tecnologias modernas, e explorarão, desmantelarão e destruirão impiedosamente empresas que não o fazem. As empresas que não conseguirem se transformar digitalmente serão os alvos principais.

As ameaças competitivas no cenário digital podem vir de qualquer direção e de formas inesperadas. Em janeiro de 2018, a Amazon, a Berkshire Hathaway e a JP Morgan Chase anunciaram uma joint venture na indústria de saúde. Em um único dia de negociações, US$30 bilhões de capitalização de mercado foram apagados das 10 maiores empresas de saúde da Europa, com algumas caindo até 8%.[5] Este exemplo pode parecer extremo, mas garanto que é apenas o começo.

Embora a ameaça de extinção seja grande, e a necessidade de ação, urgente, as empresas que tiverem sucesso serão ricamente recompensadas. Cada estudo significativo sobre o potencial impacto econômico da transformação digital — entre os principais pesquisadores, como McKinsey, PwC, BCG e o Fórum Econômico Mundial — mostra que as organizações têm a oportunidade de criar *trilhões de dólares de valor* através da IA e IoT.

Isso é o mais próximo de uma situação de vencedor de todos os vencedores que já vi. As empresas que se transformam estarão operando em um nível completamente diferente daquele de seus concorrentes mais atrasados. Será uma briga entre tanques e cavalos.

A transformação digital é o próximo imperativo do fazer ou morrer. A forma como os CEOs respondem determinará se suas empresas prosperarão ou perecerão.

O CEO Transformativo

Como informamos, as transformações digitais são onipresentes — tocando todas as partes da organização — e vão ao cerne da empresa, às capacidades e aos ativos que definem e diferenciam o negócio. Por essas razões, a transformação digital — para ter sucesso — deve ser conduzida de cima para baixo pelo CEO, com total apoio e alinhamento de todos os líderes seniores e funções de negócios.

De fato, a transformação digital inverteu completamente o ciclo de adoção da tecnologia que prevaleceu nas décadas anteriores. Anteriormente, as novas tecnologias frequentemente saíam dos laboratórios de pesquisa, novas empresas eram formadas para comercializar as tecnologias, e, com o tempo, elas eram introduzidas na indústria por meio da organização de TI. E, eventualmente, após adoção gradual, ganhavam a atenção do CIO. Só depois de anos (se é que alguma vez) é que elas chegavam à mesa do CEO — e isso normalmente apenas sob a forma de um resumo ou de uma aprovação do orçamento que exigia a assinatura do CEO.

Hoje, os CEOs iniciam e mandatam as transformações digitais. Essa é uma grande mudança — é um paradigma inteiramente novo para a adoção de tecnologia inovadora, impulsionada tanto pela natureza existencial do risco (transformar ou morrer) quanto pela magnitude do desafio. Antes o CEO geralmente não estava envolvido em decisões e estratégias de TI, mas hoje ele ou ela é a força motriz.

Nesta última década, a equipe do C3.ai e eu estamos profundamente envolvidos em um conjunto de transformações digitais lideradas pelo CEO, com clientes em múltiplas indústrias e geografias. Através dessa experiência, desenvolvemos uma metodologia comprovada — o Plano de Ação de 10 pontos do CEO — para acelerar o sucesso da transformação digital.

Começar uma iniciativa de transformação digital pode ser um empreendimento assustador, devido aos desafios de implementar novas tecnologias e gerir as mudanças nos processos de negócio associados. Muitas organizações estão paralisadas em inação. Outras se precipitam para projetos de transformação sem uma metodologia comprovada, reduzindo sua probabilidade de sucesso. Empregado por múltiplas organizações que abordaram suas iniciativas da transformação digital de forma estratégica e metodológica com grande eficácia, o Plano de Ação do CEO reúne as melhores práticas, fornecendo um guia claro para que as organizações avancem com confiança.

**Plano de Ação do CEO para a Transformação Digital
A Oportunidade Só É Superada pela Ameaça Existencial**

1. Utilizar a equipe sênior de CXO como o motor digital de transformação.
2. Nomear um diretor digital com autoridade e orçamento.
3. Trabalhar de forma incremental para obter vitórias e capturar o valor do negócio.
4. Forjar uma visão estratégica em paralelo, e seguir em frente.
5. Elaborar um roteiro digital de transformação e comunicá-lo às partes interessadas.
6. Escolher seus parceiros com cuidado.
7. Foco no benefício econômico.
8. Criar uma cultura transformadora da inovação.
9. Reeducar sua equipe de liderança.
10. Reeducar continuamente sua força de trabalho — investir na autoaprendizagem.

Em vez de um processo sequencial, passo a passo, pense no Plano de Ação do CEO como um conjunto de dez princípios — fatores-chave de sucesso — para orientar a iniciativa de transformação. Algumas ações serão tomadas em paralelo, outras em sequência, e cada organização se adaptará à sua situação particular.

Em última análise, porém, todos os dez pontos são essenciais, uma vez que tocam nas áreas-chave de liderança, estratégia, implementação, tecnologia, gestão da mudança e cultura.

1. Utilizar a equipe sênior de CXO como o motor digital de transformação.

Uma equipe de liderança comprometida com a agenda da transformação digital é um requisito absoluto e uma prioridade absoluta. A sua C-suite deve se tornar o motor da transformação digital. Não tome isso como significando que o CEO ou CMO estão escrevendo código ou disputando novas tecnologias de repente. Como diz Stephanie Woerner, cientista pesquisadora do MIT Sloan School of Management's Center for Information Systems Research: "Essa necessidade de conhecimento digital não significa que os CEOs estarão codificando, mas, sim, que as empresas estão exigindo que os CEOs e outros executivos de alto nível saibam quais oportunidades o digital abre para suas empresas e como criar uma proposta de valor digital que distinga sua empresa das outras."[6]

Essa é uma mudança em relação às épocas anteriores, quando era exigido dos CEOs apenas uma compreensão rudimentar de como a tecnologia funcionava. Hoje, os CEOs precisam acompanhar uma enxurrada de informações sobre tecnologias em constante mudança, ser capazes de decidir o que é relevante para o negócio e priorizar quais novas tecnologias devem ser focadas e quais devem ser filtradas.[7] Como a concorrência, especialmente dos nativos digitais, pode vir do nada, essa tarefa ganha mais peso.

A equipe sênior de CXO precisa organizar o financiamento, os recursos e os relacionamentos necessários para viabilizar a transformação digital.[8] Reinventar uma empresa requer esse compromisso da C-suite para garantir que toda a força de trabalho esteja alinhada com a visão.

Essa não é uma tarefa trivial. Pode ser difícil pôr a C-suite a bordo. O CEO de um grande fabricante europeu de equipamentos pesados experimentou essa lição em primeira mão. Sua missão de conduzir a transformação digital como uma evolução central em todo o negócio foi clara — transformar a empresa para agilidade, insight e crescimento. Mas cada unidade de negócio tinha prioridades individuais e uma compreensão pouco clara inicialmente do que significava transformação digital. Isso gerou confusão e a percepção equivocada de que a resposta era "comprar TI". Somente depois de estabelecer um entendimento comum do mandato da transformação digital e clareza sobre seus objetivos é que o CEO conseguiu colocar seus CXOs a bordo.

A transformação digital requer a adoção de uma perspectiva de longo prazo. Isso requer que se vá além da simples medição do desempenho financeiro para o próximo trimestre e pensar também em um cenário mais amplo do futuro e como a empresa se encaixará nele.

Requer também um certo tipo de personalidade. Os líderes precisam ser capazes de lidar com o risco, precisam estar dispostos a falar e precisam de uma mentalidade de experimentação.[9] Os líderes também devem estar confortáveis com a tecnologia e familiarizados com termos e conceitos tecnológicos. Isso significa gastar tempo para entender as capacidades das tecnologias relevantes e o que as equipes de desenvolvimento estão fazendo. Os CEOs precisam se cercar de uma C-suite e de um conselho que compartilhem essas características para impulsionar a transformação.

2. Nomear um diretor digital com autoridade e orçamento.

Embora toda a C-suite deva ser a força motriz por trás da agenda da transformação digital, é preciso que haja um executivo sênior dedicado e singularmente focado nos resultados da transformação digital — um diretor digital (CDO) que tenha autoridade e orçamento para fazer as coisas acontecerem. Tenho visto esse modelo funcionar muito bem.

O papel principal do CDO é o de evangelista-chefe e facilitador da transformação digital — focado na estratégia de transformação e que se comunica com toda a organização sobre os planos de ação e resultados. O CDO precisa ter, ou ser capaz de estabelecer, relacionamentos fortes em toda a organização, para ajudar os líderes das linhas de negócios a transformar seus processos.

O papel do CDO está focado não só na implementação de TI ou na mudança de tecnologia, mas também na capacitação de todo o espectro da transformação digital; é pensar sobre o que está por vir e como a organização precisa evoluir para aproveitar novas oportunidades, criar valor para os clientes e para o negócio e gerenciar riscos e interrupções potenciais. Assim como o cargo de diretor de segurança assumiu importância como resultado das ameaças representadas por ataques cibernéticos e violações, o diretor digital assumiu um novo significado urgente na era da transformação digital.

O papel do CDO é importante, mas insuficiente para intermediar toda a inovação funcional que precisa acontecer em toda a organização para que ela se transforme. As melhores práticas também exigem uma organização central para atuar como o centro da transformação digital — ou seja, um Centro de Excelência (CoE). Um CoE é uma equipe multifuncional de engenheiros de software, cientistas de dados, especialistas e gerentes de produtos que trabalham de forma colaborativa em uma empresa para desenvolver e implantar aplicativos de IA e IoT. O CEO e o CDO desempenham papéis-chave na formação, apoio e envolvimento com o CoE.

O CoE é particularmente importante para treinar a empresa a ser autossuficiente nos esforços da transformação digital. A equipe do CoE deve se localizar em conjunto, uma vez que precisa trabalhar em estreita colaboração e com o resto da empresa para afetar a mudança.

A CDO pode recomendar complementar as capacidades internas com ajuda de um parceiro externo. Essa pode ser uma estratégia útil para impulsionar uma iniciativa da transformação digital.

O CDO precisa ter o apoio total do CEO e a autoridade clara para assumir a responsabilidade pelo roadmap da transformação digital, pelo engajamento dos fornecedores e pela supervisão do projeto. Ele ou ela precisa agir como parceiro de tempo integral do CEO responsável pelo resultado.

3. Trabalhar de forma incremental para obter vitórias e capturar o valor do negócio.

Tão vital quanto reunir e alinhar forças internas é a necessidade de capturar o valor do negócio o mais rápido possível. Três conselhos simples:

- Não fique enredado em abordagens infinitas e complicadas para unificar dados.
- Construa casos de uso que gerem benefícios econômicos mensuráveis primeiro e resolva os desafios de TI depois.
- Considere uma abordagem faseada para projetos, onde você pode entregar um ROI demonstrável um passo de cada vez, em menos de um ano.

Muitas organizações ficam irremediavelmente atoladas em complexos projetos de "data lake" que se arrastam por anos a grande custo e produzem pouco ou nenhum valor. O cenário está repleto desses exemplos. Tentar resolver o problema da criação de um lago de dados abrangente para análises e insights infelizmente é uma ocorrência comum. Uma empresa de petróleo e gás levou anos para criar um lago de dados unificado que se materializou apenas no papel. Um fabricante norte-americano de equipamentos pesados desperdiçou dois anos com vinte consultores externos para construir um modelo de dados unificado, apenas para não ver nenhum resultado.

A GE gastou mais de US$7 bilhões tentando desenvolver sua plataforma de software de transformação digital, a GE Digital — um esforço que contribuiu substancialmente para o fracasso da empresa e para a substituição de seu icônico CEO.

Um grande banco do Reino Unido investiu mais de 300 milhões de euros em um grande integrador de sistemas, tentando desenvolver uma plataforma de transformação digital personalizada para resolver seus problemas de combate à lavagem de dinheiro. Três anos mais tarde, nada foi entregue, o banco continua a ser multado e opera agora sob rigorosa supervisão regulamentar.

O cenário corporativo está repleto de longos e caros experimentos de TI que tentaram criar recursos digitais internamente. Essa é realmente sua principal competência corporativa? Talvez você deva deixar isso para os especialistas com histórico comprovado de entrega de resultados mensuráveis e ROI em menos de um ano.

A maneira de capturar o valor do negócio é elaborar o caso de uso primeiro, identificar o benefício econômico e se preocupar com a TI depois. Isso pode soar como uma heresia para um CIO, mas é um modelo de uso inicial que permite focar nos drivers de valor.

Ao adotar um modelo de entrega faseado — ele é essencialmente o modelo de desenvolvimento ágil popular no desenvolvimento de software hoje em dia —, as equipes podem alcançar resultados mais rapidamente. Com um modelo faseado, os projetos são abordados e entregues em ciclos iterativos curtos, voltados para a melhoria contínua incremental, cada um contribuindo com benefícios econômicos adicionais, permitindo que as equipes se concentrem no resultado final e no "cliente" (seja interno ou externo). Para os membros da equipe, isso tem o benefício psicológico de ajudá-los a se sentir envolvidos nos esforços produtivos que contribuem para o crescimento da empresa, gerando motivação em torno dos esforços concretos da transformação digital.

4. Crie uma visão estratégica em paralelo, e siga em frente.

A estratégia da transformação digital deve ser focada na criação e captura de valor econômico. Uma abordagem comprovada é mapear toda a cadeia de valor da sua indústria e, em seguida, identificar as etapas dessa cadeia de valor que foram, ou que você espera vir a ser digitalizadas. Isso o ajudaria a compreender onde estão suas lacunas. A Figura11.1 mostra um exemplo desse mapeamento na indústria transformadora.

Mapeamento da Cadeia de Valor da Indústria (Produção)

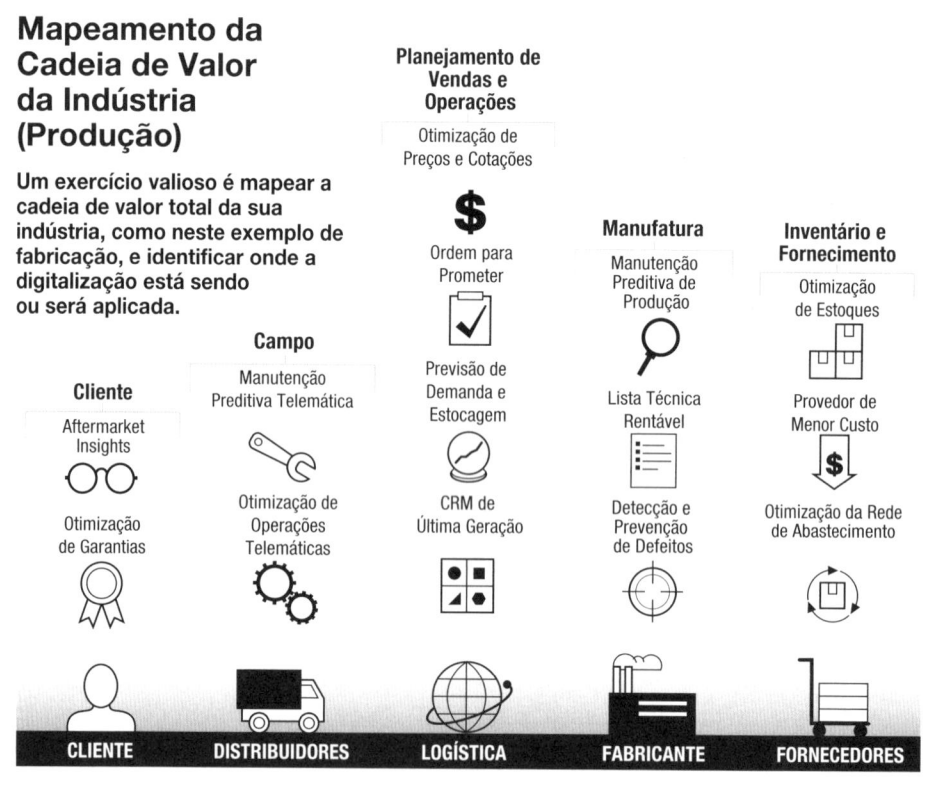

Um exercício valioso é mapear a cadeia de valor total da sua indústria, como neste exemplo de fabricação, e identificar onde a digitalização está sendo ou será aplicada.

Cliente
- Aftermarket Insights
- Otimização de Garantias

Campo
- Manutenção Preditiva Telemática
- Otimização de Operações Telemáticas

- Planejamento de Vendas e Operações
- Otimização de Preços e Cotações
- Ordem para Prometer
- Previsão de Demanda e Estocagem
- CRM de Última Geração

Manufatura
- Manutenção Preditiva de Produção
- Lista Técnica Rentável
- Detecção e Prevenção de Defeitos

Inventário e Fornecimento
- Otimização de Estoques
- Provedor de Menor Custo
- Otimização da Rede de Abastecimento

CLIENTE — DISTRIBUIDORES — LOGÍSTICA — FABRICANTE — FORNECEDORES

FIGURA 11.1

Seu mapa da cadeia de valor — e sua estratégia — pode inicialmente centrar-se na otimização do inventário, otimização da produção, manutenção preditiva de IA e rotatividade de clientes. Como você sequencia sua estratégia depende de como e onde pode encontrar valor para o negócio. Você deve sequenciar esses projetos na ordem em que oferecem a maior probabilidade de proporcionar benefícios econômicos e sociais imediatos e contínuos. Não ferva o oceano.

Enfrente esses projetos em uma abordagem faseada, provando sua estratégia, ajustando seus processos e agregando valor à empresa incrementalmente com cada projeto a ser entregue.

Dois elementos-chave do desenvolvimento de sua estratégia são o benchmarking e a avaliação das forças de interrupção em seu setor.

Benchmarking

Como todos os aspectos do negócio, a transformação digital acontece em um contexto competitivo. Você vai querer comparar os recursos digitais de sua empresa com os de seus colegas e com os melhores exemplos da categoria. Onde está sua indústria como um todo no espectro de maturidade digital? Quem são os pioneiros digitais em sua indústria? Como você se compara com eles? Essas são as perguntas críticas às quais você precisará responder para conseguir uma implantação efetiva da terra.

Um processo de benchmarking pode ser o seguinte: (1) auditar abordagens atuais para a transformação digital em sua indústria; (2) classificar suas capacidades contra seus pares; (3) identificar as melhores práticas dos pares mais avançados; e (4) desenvolver um roteiro para melhorar as capacidades. A comparação de recursos online para medir o nível de transformação digital de uma empresa.

Depois de avaliar as capacidades digitais de sua organização, você pode começar a tentar entender como sua indústria pode estar mudando e como você precisa estar preparado para esse futuro. Identifique claramente as ameaças existenciais à sua empresa na próxima década. Pense em alternativas para transformar essas ameaças em áreas de vantagem competitiva estratégica.

Avaliação das Forças de Interrupção

O desenvolvimento de sua estratégia requer uma avaliação de sua indústria e das forças de perturbação que provavelmente a abalarão. Isso é um desafio. Significa identificar ameaças não só de concorrentes conhecidos, mas também de áreas inesperadas, como inúmeros exemplos nos últimos anos demonstraram amplamente. Poderiam ser concorrentes com uma abordagem de maior qualidade, empresas de baixo custo, nativos digitais mais ágeis, empresas que proporcionam maior visibilidade/insights ou entidades existentes em expansão para novas áreas. Ameaças de concorrentes estrangeiros são possíveis. Ameaças de reputação, de problemas de segurança ou problemas de RP são mais urgentes do que em eras anteriores.

Considere, por exemplo, o impacto que a Amazon, JP Morgan e Berkshire Hathaway tiveram quando anunciaram, em janeiro de 2018, as intenções de entrar no mercado de saúde. Os estoques de seguradoras e varejistas de drogas existentes caíram drasticamente.[10] Ou o impacto da Netflix na Blockbuster. Ou da Uber e da Lyft nos táxis, e assim por diante.

A Bain & Co. usa um modelo para se concentrar em indústrias que poderiam ser interrompidas digitalmente. As indústrias que poderiam se beneficiar de informações em tempo real, melhor alocação de bens ou recursos, automação inteligente de processos altamente rotineiros ou melhores experiências do cliente estão todas prontas para a interrupção. (Ver Figura 11.2.)

Algumas medidas-chave ajudam a indicar se sua indústria é particularmente vulnerável. A primeira é a *eficiência operacional*. Os operadores históricos estão operando com altos custos operacionais e enfrentando pressão para melhorar a eficiência? Isso poderia predizer o potencial de novos operadores que podem operar com margens mais baixas e maior eficiência.

Em seguida, pense nas *barreiras à entrada*. A regulamentação ou os requisitos de capital são a única razão pela qual os grandes operadores históricos conseguem prosperar no seu setor? Esse poderia ser um indicador do potencial de um novo operador para abalar completamente as coisas, contornando essas barreiras. Veja como a Airbnb tem derrubado a indústria hoteleira ao contornar os regulamentos existentes.

Finalmente, pense em até que ponto seu setor industrial *tem alta dependência de ativos imobilizados*. Na era da transformação digital, uma alta dependência de ativos fixos pode ser uma fraqueza potencial, e não uma forte barreira à entrada. Por exemplo, os bancos precisam reavaliar seus investimentos em filiais físicas à medida que os consumidores adotam cada vez mais os canais bancários digitais. No mundo de hoje, investir em processos habilitados para IA provavelmente trará um ROI significativamente maior do que abrir uma nova filial.

Por outro lado, a existência de tecnologia proprietária, alta eficiência operacional e controle de canais de distribuição são indicadores de que seu mercado tem menos probabilidade de ser interrompido em um futuro próximo.

Entender onde sua empresa e sua indústria se sentam em termos de sua suscetibilidade à interrupção ajudará a orientar escolhas estratégicas críticas. O momento certo para começar a assumir o controle de seu estado único de interrupção é agora.[11]

5. Elaborar um roteiro digital de transformação e comunicá-lo às partes interessadas.

Neste ponto, você convenceu sua C-suite a subir a bordo, pesquisou seu cenário da indústria, avaliou seus próprios recursos digitais, comparou-se com seus pares e tirou lições dos líderes digitais. Chegou a hora de elaborar o roteiro de sua empresa e definir um plano de jogo para comunicá-lo às partes interessadas em toda a organização.

Indicadores de Possível Interrupção Digital

Quão vulnerável é o seu setor? Este modelo da Bain aponta indicadores de potenciais interrupções digitais em conjunto de três vetores: custo, experiência do cliente e modelo de negócios.

Custo Extremamente Baixo
- Processos de Baixo Rendimento
- Recursos Subutilizados ou Mal Alocados
- Processos Rotineiros

Melhora da Experiência do Cliente
- Baixa Compreensão do Cliente e Aprendizado Lento
- Experiência Genérica do Cliente e Propostas de Valor
- Valores Genéricos e em Excesso

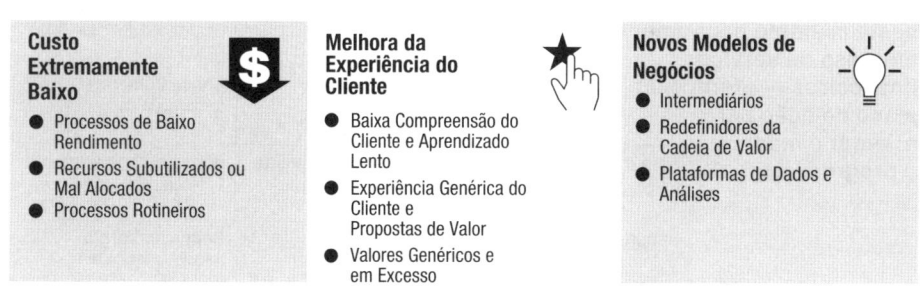

Novos Modelos de Negócios
- Intermediários
- Redefinidores da Cadeia de Valor
- Plataformas de Dados e Análises

FIGURA 11.2

Como escreve o BCG, "Isso envolve a construção de um portfólio de oportunidades — identificando e priorizando funções ou unidades que podem beneficiar mais da transformação. Também envolve localizar e começar a abordar os obstáculos à transformação. Durante a fase de design, as empresas também investem no enquadramento e na comunicação da visão para a transformação, a fim de construir suporte para as mudanças necessárias, e investem em sistemas para industrializar a análise de dados — fazendo da análise um recurso para cada operação".[12]

Primeiro, defina claramente uma visão de futuro para seu negócio digital. Como é seu estado futuro ideal em termos de estrutura organizacional, pessoas e liderança, produtos e serviços, cultura e adoção de tecnologia? Use esse estado futuro ideal para comparar com seu estado atual e ampliar qualquer lacuna. Coloque sua transformação em uma linha do tempo com marcos claros — torne a linha do tempo agressiva, mas não tão agressiva que se torne inviável e apenas seja ignorada.

Os melhores roteiros digitais de transformação envolvem planos concretos e cronogramas para trazer aplicações avançadas de IA para a produção. O ritmo de desenvolvimento e implementação dependerá de seus objetivos e circunstâncias específicas, mas em nossa experiência um grupo relativamente pequeno pode trazer duas aplicações de IA em larga escala para a produção a cada seis meses. Um roteiro típico para uma grande empresa global é descrito na figura 11.3.

Roteiro para a Transformação Digital

Um roteiro de trasformação digital — conforme mostrado neste exemplo para uma empresa de serviços financeiros — oferece um plano de ação para orientar e medir o progresso.

Legenda:
- Operação & Desenvolvimento Incremental de Aplicativo
- Desenvolvimento Ativo de Aplicação

1º Semestre de 2019	2º Semestre de 2019	1º Semestre de 2020	2º Semestre de 2020
			Banco de Varejo — Análise Preditiva de Risco de Crédito
			Private Banking — Combate a Lavagem de Dinheiro
		Banco Comercial — Otimização do Valor da Transação	Banco Comercial — Otimização do Valor da Transação
		Banco Comercial — Otimização de Empréstimo de Títulos	Banco Comercial — Otimização de Empréstimo de Títulos
	Banco de Investimento — Detecção de Fraude	Banco de Investimento — Detecção de Fraude	Banco de Investimento — Detecção de Fraude
	Banco de Varejo — Recomendações de Cross Sell/Upsell	Banco de Varejo — Recomendações de Cross Sell/Upsell	Banco de Varejo — Recomendações de Cross Sell/Upsell
Banco de Investimento — Detecção de Fraude	Banco Comercial — Otimização do Valor da Transação	Banco de Varejo — Análise Preditiva de Risco de Crédito	Negociação — Política de Conformidade de Negociação
Banco de Varejo — Recomendações de Cross Sell/Upsell	Banco Comercial — Otimização de Empréstimos de Títulos	Private Banking — Combate a Lavagem de Dinheiro	Negociação — Gestão de Liquidez Intradiária

FIGURA 11.3

O seu roteiro servirá a vários propósitos ao longo de seu percurso. Primeiro, será um plano de jogo concreto e acionável contra o qual medir o progresso de sua empresa. Seu plano pode mudar, é claro, mas esse roteiro ainda será um termômetro útil para seu progresso. Ajudará a manter sua transformação no caminho certo e vai ajudá-lo a desbloquear e medir o valor do negócio cedo e com frequência. Finalmente, será um plano acionável para que toda sua organização se alinhe por trás. Lembre-se, associado a cada projeto, você deve atribuir um benefício econômico anual recorrente esperado. Concentre todos os projetos na realização desse objetivo. Se não for possível quantificar o benefício esperado, descarte o projeto.

O alinhamento organizacional é crítico. Como líder empresarial, você precisa se comunicar de forma eficaz e vender sua visão para as partes interessadas em toda a organização. Mudar a organização, sua cultura e sua mentalidade requer a adesão de todas as linhas de produtos e partes interessadas, não apenas no nível da C-suite. Como escreve o sócio sênior da McKinsey, Jacques Bughin:

> Agora é amplamente entendido que uma transformação digital precisa de suporte ativo do CEO durante toda a jornada. Esse apoio de cima para baixo, porém, tem de ir além do chefe do executivo. As empresas devem começar por colocar um diretor digital à frente de toda a agenda digital. A verdadeira mudança de cultura, além disso, exige que o apoio a uma reinvenção digital flua através da hierarquia de gestão até cada funcionário da linha de frente, de modo que toda a pirâmide organizacional esteja sintonizada com a digital. Todos os líderes precisam mudar seu estilo de tomador de decisão de cima para baixo para treinador.[13]

Falarei mais sobre a mudança e a criação de uma cultura de inovação no final deste capítulo.

6. Escolha seus parceiros cuidadosamente.

Para cumprir sua visão de transformação digital, é vital escolher os parceiros certos. Isso se aplica a todo o ecossistema de parcerias que a CDO e o CEO precisam estabelecer — parceiros de software, parceiros de nuvem e um espectro de outras parcerias e alianças. Em um mundo em transformação digital, os parceiros desempenham um papel maior do que no passado. Há quatro áreas-chave nas transformações baseadas em IA em que os parceiros podem acrescentar valor significativo: estratégia, tecnologia, serviços e gestão da mudança.

Estratégia

Os parceiros de consultoria de gestão podem ajudar a concretizar sua estratégia de IA: mapeie sua cadeia de valor, descubra oportunidades e ameaças estratégicas e identifique os principais aplicativos e serviços de IA que você precisará desenvolver para liberar valor econômico. Eles também podem auxiliar na configuração de sua estrutura organizacional para a transformação, incluindo o projeto de seu IA/Centro de Excelência Digital, e ajudar a estabelecer os processos apropriados e planos de incentivo para o seu negócio.

Tecnologia

Os parceiros de software podem fornecer a pilha de tecnologia certa para alimentar sua transformação digital. Minha recomendação é evitar as arquiteturas Hadoop de código aberto "acidentais", serviços de nível inferior oferecidos pelos grandes provedores de nuvem e abordagens de data lake suportadas por empresas de consultoria.

Estes podem parecer todos manejáveis no início, mas, à medida que você escala sua transformação, a complexidade de seu sistema cresce exponencialmente. Cada aplicação ou serviço de IA individual exigirá que se junte um grande número de componentes de baixo nível, e seus engenheiros passarão a maior parte do tempo trabalhando em código técnico de baixo nível, em vez de resolver problemas de negócios. Sua agilidade técnica também será severamente afetada.

Minha recomendação é procurar fornecedores de tecnologia que possam oferecer um conjunto coeso de serviços de nível superior para criar aplicações avançadas de IA com grandes volumes de dados. Ao avaliar parceiros de software, procure empresas com histórico comprovado de habilitação de aplicativos de IA em escala.

Serviços

Parceiros de serviços profissionais podem ajudar a criar seus aplicativos avançados de IA e/ou aumentar sua equipe. Eles podem fornecer equipes de desenvolvedores, especialistas em integração de dados e cientistas de dados se você não tiver esses perfis de talentos em casa (ou não estiver interessado em adquirir alguns ou todos esses recursos qualificados). Minha recomendação é procurar parceiros de serviços que tenham um modelo comprovado de desenvolvimento ágil que ofereça aplicativos de alto valor em meses, e não em anos — que possam transferir com eficiência soluções de trabalho e conhecimento para sua equipe por meio de programas de treinamento bem estruturados.

Mudança de Gestão

Depois de ter desenvolvido aplicações e serviços de IA, o próximo passo fundamental envolve toda a transformação do negócio e mudança do processo de negócios necessários para capturar valor econômico. Você terá de trabalhar na integração de IA em seus processos de negócios em conjunto com o desenvolvimento de soluções de software.

Isso envolverá a compreensão de como seres humanos e máquinas podem trabalhar juntos — por exemplo, a máquina gerando recomendações e aumentando a tomada de decisão humana. Os humanos também devem ser capazes de dar feedback aos sistemas de IA para que possam aprender e evoluir.

Os praticantes humanos muitas vezes desconfiam das recomendações dos algoritmos, e você terá de garantir que as recomendações sejam examinadas objetivamente e seguidas na medida do possível.

As estruturas de incentivo e organizacionais das equipes humanas podem ter de ser alteradas para captar valor. As questões organizacionais podem ser extremamente complexas em certas situações — por exemplo, com grandes forças de trabalho historicamente treinadas para operar e contratualmente recompensadas da mesma forma há muito tempo.

O pessoal terá de ser reconvertido, e os contratos de trabalho terão de ser reescritos. Novos líderes terão de ser contratados. As estruturas de compensação e incentivo terão de ser reestruturadas. As estruturas organizacionais exigirão novas arquiteturas. As práticas de recrutamento, formação e gestão terão de ser revistas. A natureza do trabalho mudará, e, a menos que sua força de trabalho seja treinada, incitada, organizada e *motivada* para aproveitar essas novas tecnologias, os benefícios econômicos e sociais não se acumularão. Essa é a parte difícil. Lidar com isso é o motivo de você ganhar muito dinheiro.

7. Foco no benefício econômico.

Harold Geneen, o icônico CEO da ITT, é famoso pelo seu conselho de que o trabalho de gestão é gerir. De Peter Drucker aprendemos que, se é importante, então devemos medir. Andy Grove nos ensinou que só os paranoicos sobrevivem.

Por mais que você queira delegar a transformação digital para uma agência externa, não pode fazer isso. Esse é seu trabalho. À medida que se aproxima disso, eu o encorajo a se manter concentrado nos benefícios econômicos e sociais. Benefícios para seus clientes, seus acionistas e para a sociedade em geral. Se você e sua equipe não conseguem identificar projetos de transformação digital que retornam valor econômico significativo dentro de um ano, continuem procurando. Se a solução não puder ser entregue dentro de um ano, não o faça. O mercado está se movendo demasiado depressa. Exija resultados de curto prazo.

No decorrer dessa jornada, você será apresentado a muitas propostas de projetos digitais que simplesmente não parecem fazer sentido. Muitos projetos serão suficientemente complexos para parecer incompreensíveis. Uma regra a seguir é a de que, se o projeto não parece fazer sentido, é porque não faz sentido. Se parecer incompreensível, é provavelmente impossível. Se você não o entende, não o faça.

Estive ativamente envolvido com os CEOs e equipes de gestão de muitas empresas da Fortune 100, avaliando e selecionando tais projetos na última década. Nós desencorajamos nossos clientes de avançar provavelmente em sete de cada dez projetos apresentados. Fazemos isso porque o projeto provavelmente falhará ou, em alguns casos, certamente falhará. As decisões mais importantes que você tomar nessa jornada serão os projetos que você se recusa a financiar.

Esse é um trabalho em equipe. Envolva-se com sua equipe de gerenciamento, seus líderes de negócios e seus parceiros de confiança. Se você se esforçar para lutar com ideias suficientes — se você jogar espaguete suficiente na parede da sua sala de conferências —, um projeto emergirá do processo rastreável, oferecerá benefícios econômicos claros e substanciais, poderá ser concluído em seis meses a um ano e, uma vez concluído com sucesso, apresentará a oportunidade de ser implantado e escalado em toda a empresa. Entre nessa e não pare até que o valor seja percebido. Sua jornada de transformação digital já começou.

Quando você tiver identificado um ou mais desses projetos, traga especialistas para fornecer a tecnologia de software. Patrocine pessoalmente o projeto. Revise o progresso semanalmente. Estabeleça marcos claros e objetivamente quantificáveis e exija que sejam cumpridos. Quando um marco é ultrapassado, é necessário um plano de mitigação para que ele volte ao cronograma. Converse diariamente com as pessoas que fazem o trabalho, para que você possa sentir o progresso, ou a falta dele — não apenas leia um relatório executivo semanal. E o mais importante, suponha que, a menos que você faça tudo isso, o projeto falhará.

8. Crie uma cultura transformadora de inovação.

Um CEO pode ter uma visão clara do que precisa acontecer para transformar a organização. Mas a gerência sênior, a gerência intermediária e os funcionários da hierarquia também devem entender plenamente a visão e a operação em um ambiente propício ao sucesso. Um artigo da Forrester Consulting de 2018 de liderança de pensamento sobre transformação digital observou que quase metade dos tomadores de decisão de nível inferior luta para atingir os objetivos de transformação digital.[14] É fácil dizer que todos os bons planos morrem fora da liderança sênior, mas sem entender como a cultura organizacional precisa mudar, esse axioma poderia ser muito verdadeiro.

A fim de conduzir eficazmente a transformação digital, os CEOs precisam entender como é o mundo da transformação digital e da disrupção e o que os produtos digitais podem fazer. Como parte desse esforço para coletar informações e informar suas próprias visualizações sobre o futuro de sua empresa, os CEOs devem realizar visitas de executivos corporativos às fontes de interrupção. Como um artigo da McKinsey de fevereiro de 2017 apontou, "As empresas devem estar abertas à reinvenção radical para encontrar fontes de receita novas, significativas e sustentáveis".[15] Onde encontrar inspiração para essa reinvenção radical que não na própria fonte de ruptura?

No C3.ai, eu pessoalmente hospedo muitos CXOs, bem como delegações de governos ao redor do mundo, que estão tentando entender a cultura ágil do Vale do Silício. Na maioria das vezes, esses visitantes passam uma semana de trabalho em reuniões com líderes e organizações menores na área da baía vendo uma grande variedade de setores e casos de uso.

Imagine Uber, Airbnb, Amazon, Apple, Tesla, Netflix. Essas empresas competem entre si com concorrentes tradicionais, perturbam indústrias inteiras e criam novos modelos de negócios. Elas criaram maneiras totalmente novas de abordar seus negócios, modelos de negócios totalmente novos e novos serviços. Através de visitas executivas corporativas, a C-suite pode ver como é uma organização disruptiva, como ela se comporta para definir o rumo da disrupção e como imitar isso para suas próprias empresas.

Mais importante ainda, os líderes corporativos podem aprender com essas empresas o que significa ter uma cultura de inovação. Isso não significa simplesmente traços superficiais, como escritórios onde são servidos biscoitos, sushi para o almoço e massagens diárias. Pelo contrário, significa cultivar uma cultura de valores fundamentais — uma cultura que recompense a colaboração, o trabalho árduo e a aprendizagem contínua.

Os visitantes executivos da nossa sede do C3.ai no Vale do Silício, por exemplo, comentam frequentemente a energia e o foco que veem exibidos pelos membros da nossa equipe, que trabalham em um ambiente de escritório aberto e muitas vezes se autoagregam em pequenos grupos para resolver problemas juntos. Os visitantes perguntam sobre nossos quatro valores fundamentais — inovação, curiosidade, integridade e inteligência coletiva —, que são publicados em nossa área de refeições aberta. E eles veem o nosso "Muro da Fama", onde exibimos certificados de todos os funcionários que concluíram um curso externo para avançar em suas carreiras, pelo qual são recompensados financeiramente com bônus em dinheiro — uma forma eficaz de reforçar uma cultura de aprendizagem.

A maneira como você atrai, retém e, mais importante, motiva e organiza as pessoas hoje mudou drasticamente em relação ao que vivemos nas últimas décadas. Com os baby boomers, poderíamos nos concentrar principalmente em planos de compensação para motivar os indivíduos.

Hoje, supervisionamos forças de trabalho multigeracionais compostas por uma complexa tapeçaria de baby boomers, geração x e millennials — um grupo muito rico e complexo. Os indivíduos que fazem parte da força de trabalho de hoje têm sistemas de valores divergentes e motivações e conjuntos de competências diversos. Você precisa descobrir como tomar essa poderosa mistura de diversas atitudes, objetivos e motivações e transformá-la em algo coeso, focado e produtivo, com uma missão compartilhada e propósito comum.

Estudo após estudo nos dizem que as empresas capazes de inovar efetivamente são aquelas que compartilham certas características: alta tolerância ao risco, gestão ágil de projetos, funcionários capacitados e treinados, culturas colaborativas, falta de silos e uma estrutura eficaz de tomada de decisão. Como em um estudo de Sloan sobre a transformação digital de 2016 do MIT: "Assim, para as empresas que querem começar o caminho para a maturidade digital, o 'truque esquisito' que ajudará é desenvolver uma cultura digital eficaz. As características culturais que identificamos — apetite por risco, estrutura de liderança, estilo de trabalho, agilidade e estilo de tomada de decisão — não são de forma alguma todas as necessidades de sua empresa para competir com sucesso em um mundo digital, mas você não pode competir sem elas."

Sem uma cultura que encoraje a inovação e a assunção de riscos, até mesmo a melhor e mais bem pensada estratégia de transformação digital fracassará.

9. Reeduque sua equipe de liderança.

Encare os fatos. Hoje, sua organização não tem as habilidades para ter sucesso nesse esforço. Não pode contratar consultores para alterar o DNA da sua empresa. Você não pode simplesmente contratar uma empresa de integração de sistemas, passar um cheque de US$100 milhões a US$500 milhões e fazer esse problema desaparecer. Você precisa infundir sua equipe executiva e seus funcionários com novas habilidades e uma nova mentalidade para ter sucesso na transformação digital. E então, você e sua equipe precisam gerenciar os projetos de forma prática.

Comece com uma lista de leitura executiva. Recomendo que você e sua equipe executiva considerem a seguinte lista, para se familiarizarem com a evolução do contexto histórico desse mercado; como a tecnologia está mudando hoje em dia; a teoria subjacente dos IA e IoT; e como ter sucesso na aplicação dessas tecnologias.

- *Informação: Uma História, uma Teoria, uma Enxurrada*, de James Gleick. Este livro leva você de volta ao início da teoria da informação, colocando as inovações de hoje em contexto histórico.

- *Os Inovadores: Uma Biografia da Revolução Digital*, de Walter Isaacson. A história da tecnologia da informação de Isaacson, desde Ada Lovelace e Charles Babbage no século XIX até o iPhone e a internet, permite que você considere sua transformação digital como uma evolução natural de um processo que vem se acelerando nos últimos setenta anos.

- *O Algoritmo Mestre: Como a Busca pelo Algoritmo de Machine Learning Definitivo Recriará Nosso Mundo*, de Pedro Domingos. Se você quer desmistificar a inteligência artificial, leia este livro. Domingos fornece uma evolução da teoria subjacente e promessa de IA no contexto das estatísticas, matemática e aulas de lógica que você teve na faculdade e no ensino médio. Realmente esclarecedor.

- *Big Data: A Revolution that Will Transform How We Live, Work, and Think* (Big Data: Uma Revolução que Transformará a Forma como Vivemos, Trabalhamos e Pensamos, em tradução livre), de Viktor Mayer-Schönberger e Kenneth Cukier. Uma discussão muito pragmática de um tópico altamente incompreendido. Este livro permite que você pense no big data de uma maneira prática, sem espetáculo, extravagância e hype.

- *Máquinas Preditivas: A Simples Economia da Inteligência Artificial*, de Ajay Agrawal, Joshua Gans e Avi Goldfarb. Uma discussão realista sobre a IA e os problemas que ela pode realmente resolver.

- *A Segunda Era das Máquinas: Trabalho, Progresso e Prosperidade em uma Época de Tecnologias Brilhantes*, de Erik Brynjolfsson e Andrew McAfee. Esta é uma obra visionária que aborda a arte do possível. Motivador e inspirador.

Isso pode parecer um pouco assustador, mas tudo isso é altamente acessível, bom para grandes livros. Se você quiser jogar este jogo, precisa investir algum tempo e energia para adquirir experiência de domínio. Não é magia e não é misterioso. Mas você precisa aprender o idioma para se envolver mentalmente, gerenciar o processo, tomar boas decisões e liderar o gerenciamento de mudanças. A maioria do que lhe será dito sobre IA e transformação digital é pura bobagem entregue por especialistas autoproclamados que pouco ou nada conseguiram no campo. Você precisa ser capaz de distinguir entre sinal e ruído. Deve viajar com um livro na mão e encorajar sua equipe de gestão e os funcionários-chave a fazer o mesmo.

10. Reeduque continuamente a sua força de trabalho — invista na autoaprendizagem.

Mais uma vez, enfrente os fatos — seu pessoal técnico e de gestão atualmente não tem as habilidades para ter sucesso nisso. Tentar aumentar isso com conselhos de consultores altamente remunerados não é suficiente. É impraticável pensar em substituir sua força de trabalho por uma nova equipe qualificada. Mas você pode treiná-la.

No C3.ai, recrutamos e contratamos alguns dos mais qualificados cientistas de dados e engenheiros de software do planeta. No ano passado, tivemos 26 mil candidatos para 100 posições em ciência de dados abertos e engenharia de software. Entrevistamos 1.700 pessoas e contratamos 120. Entrevistaremos até 100 candidatos para contratar um cientista de dados. E esses candidatos são treinados com doutores das principais universidades do mundo. Muitos têm de 5 a 10 anos de experiência profissional altamente relevante. Temos uma força de trabalho excepcionalmente talentosa e bem treinada.

Mas reconhecemos que mesmo nós não temos as habilidades necessárias para nos destacar nesse ambiente altamente dinâmico. O campo da ciência de dados está em um estado embrionário — a célula pode ter se dividido oito vezes. A taxa de inovação em todos esses domínios — computação em nuvem, aprendizagem profunda, redes neurais, aprendizado de máquina, processamento de linguagem natural, visualização de dados, a ética da IA e campos relacionados — é impressionante.

Em um esforço para manter nossos colaboradores atualizados na vanguarda dessas tecnologias em rápida mudança, formalizamos um programa para encorajar nossa força de trabalho a atualizar e melhorar continuamente suas competências. Eu encorajo você a considerar o mesmo tipo de programa.

Os recursos educacionais disponíveis hoje em dia a partir de portais de aprendizagem como o Coursera são simplesmente surpreendentes. Pense em todo o currículo do MIT, Stanford, Carnegie Mellon, Harvard etc. online e imediatamente disponível para sua força de trabalho. Se você não está aproveitando esse desenvolvimento de educação continuada do século XXI, está perdendo uma grande oportunidade.

Na C3.ai, incentivamos nossos funcionários com reconhecimento e bônus em dinheiro para completar com sucesso um currículo ajustado para desenvolver conhecimentos adicionais nas habilidades necessárias para a transformação digital.

Esse provou ser um programa incrivelmente bem-sucedido para o desenvolvimento de habilidades. Todos, desde a recepcionista ao nosso cientista de dados principal, fizeram esses cursos. Cada um recebe uma carta de reconhecimento assinada pelo CEO; o nome dele ou dela aparece em nosso quartel-general em uma parede do Hall da Fama autodidata; e cada um recebe um cheque bônus de US$1.000 a US$1.500 por receber um certificado de conclusão.[17] Os cursos estão listados a seguir:

- Aprendizagem Profunda:
  https://www.coursera.org/specializations/deep-learning

- Aprendizagem Automática:
  https://www.coursera.org/learn/machine-learning

- Fundamentos de programação com JavaScript, HTML e CSS:
  https://www.coursera.org/learn/duke-programming-web

- Mineração de Texto e Análise Estatística:
  https://www.coursera.org/learn/text-mining

- Design de Software Seguro:
  https://www.coursera.org/specializations/secure-software-design

- Introdução à Segurança Cibernética:
  https://www.coursera.org/specializations/intro-cyber-security

- Python:
  https://www.coursera.org/specializations/python

- Google Kubernetes Engine:
  https://www.coursera.org/learn/google-kubernetes-engine

- Aplicações de Computação em Nuvem, Parte 1: Sistemas de Nuvem e Infraestrutura:
  https://www.coursera.org/learn/cloud-applications-part1

- Especialização em Modelagem Financeira e de Negócios:
  https://www.coursera.org/specializations/wharton-business-financial-modeling

- TensorFlow:
  https://www.coursera.org/specializations/machine-learning-tensorflow-gcp

- Especialização Avançada em Machine Learning:
  https://www.coursera.org/specializations/aml

- Cloud Computing:
  https://www.coursera.org/specializations/cloud-computing

- IoT e AWS:
  https://www.coursera.org/specializations/internet-of-things

- Princípios da Programação Funcional em Scala:
  https://www.coursera.org/learn/progfun1

Você vai querer aprofundar um currículo específico para as necessidades da sua empresa. Esses que mostrei são apenas exemplos. Mas você deve pensar nisso, pois os retornos são espantosos. Como o usuário implementa um programa de autoaprendizagem semelhante para sua empresa, não é suficiente atribuir esse programa ao departamento de recursos humanos. Você, como CXO, precisa se apropriar, participar, liderar pelo exemplo, reconhecer a participação e torná-la central para sua cultura corporativa contínua.

O Caminho para a Transformação Digital

Espero que este livro tenha lhe dado uma compreensão prática da transformação digital acionada por computação em nuvem, grandes dados, IA e IoT. Descrevi como a evolução dessas tecnologias e sua confluência no início do século XXI produziram o período atual de extinção em massa e a diversificação massiva no mundo dos negócios.

Como na biologia evolutiva, o novo ambiente criado pela confluência dessas tecnologias representa uma ameaça existencial para as organizações, mas também cria uma enorme oportunidade para aqueles que se aproveitam desses novos recursos. As organizações que reconhecem a magnitude da oportunidade e estão dispostas e são capazes de se adaptar estarão bem posicionadas para desbloquear um valor econômico significativo. Os resistentes a essa mudança enfrentam um caminho espinhoso pela frente.

As transformações digitais impulsionadas por IA e IoT são desafiadoras, mas podem levar a um tremendo valor econômico e a benefícios competitivos magníficos.

As próximas duas décadas trarão mais inovação de tecnologia da informação do que a obtida em metade do século passado. A intersecção da inteligência artificial e a internet das coisas modifica tudo. Isso representa um mercado de substituição inteiro de todas as aplicações empresariais e software de consumo. Novos modelos de negócio surgirão. Produtos e serviços inimagináveis hoje serão onipresentes. Novas oportunidades serão abundantes. Mas a grande maioria das corporações e instituições que não conseguirem aproveitar este momento se tornarão notas na história.

NOTAS

Fontes de Dados para Figuras

1.2. *Cosmos Magazine*, "The Big Five Mass Extinctions", (s.d.): https://cosmosmagazine.com/palaeontology/big-five-extinctions

2.1. Fórum Econômico Mundial, "Societal Implications: Can Digital Create Value for Industry and Society?" junho de 2016; PwC, "Sizing the Prize", 2017; McKinsey, "Notes from the AI Frontier: Modeling the Impact of AI on the World Economy", setembro de 2018; McKinsey, "Unlocking the Potential of the Internet of Things", junho de 2015; *Forbes*, "Gartner Estimates AI Business Value to Reach Nearly $4 Trillion by 2022", 25 de abril de 2018

3.4. Cisco, "Cisco Visual Networking Index, 2018"

6.3. AIIndex.org, "2017 AI Index Report"

7.3. IHS Markit, "IoT platforms: Enabling the Internet of Things", março de 2016

7.4. McKinsey, "Unlocking the Potential of the Internet of Things", junho de 2015

7.5. Boston Consulting Group, "Winning in IoT: It's All About the Business Processes", 5 de janeiro de 2017

7.6. *The Economist*, 10 de março de 2016

8.1. OECD, "Science, Technology and Innovation Outlook 2018"

8.2. Congressional Budget Office, "The Cost of Replacing Today's Air Force Fleet", dezembro de 2018

10.5. Amazon Web Services

11.2. Bain, "Predator or Prey: Disruption in the Era of Advanced Analytics", 8 de novembro de 2017

Prefácio

1. Tom Forester, *The Microelectronics Revolution: The Complete Guide to the New Technology and Its Impact on Society* (Cambridge: MIT Press, 1981).
2. Daniel Bell, *The Coming of Post-industrial Society* (Nova York: Basic Books, 1973).
3. Malcolm Waters, *Daniel Bell* (Nova York: Routledge, 1996), 15.
4. Ibid.
5. Forester, *Microelectronics Revolution*, 500.
6. Bell, *Coming of Post-industrial Society*, 126.
7. Ibid., 358–59.
8. Ibid., 126–27.
9. Waters, *Daniel Bell*, 109.
10. Bell, *Coming of Post-industrial Society*, 359.
11. Ibid., 127.
12. Ibid.
13. Waters, *Daniel Bell*.
14. Bell, *Coming of Post-industrial Society*, 359.

15. A. S. Duff, "Daniel Bell's Theory of the Information Society", *Journal of Information Science* 24, nº 6 (1998): 379.
16. Ibid., 383.
17. Forester, *Microelectronics Revolution*, 505.
18. Ibid., 507.
19. Ibid., 513.
20. Ibid., 513-14.
21. Ibid., 521.
22. "Gartner Says Global IT Spending to Grow 3.2 Percent in 2019", Gartner, 17 de outubro de 2018, https://www.gartner.com/en/newsroom/press-releases/2018-10-17-gartner-says-global-it-spending-to-grow-3-2-percent-in-2019
23. Larry Dignan, "Global IT, Telecom Spending to Hit $4 Trillion, but Economic Concerns Loom", ZDnet, 21 de junho de 2018, https://www.zdnet.com/article/global-it-telecom-spending-to-hit-4-trillion-but-economic-concerns-loom/

Capítulo 1

1. Isto alude a uma citação frequentemente atribuída a Mark Twain, mas não há registro que ele realmente o disse. Veja: https://quoteinvestigator.com/2014/01/12/history-rhymes/
2. Charles Darwin, *On the Origin of Species by Means of Natural Selection, or Preservation of Favoured Races in the Struggle for Life* (Londres: John Murray, 1859).
3. *Dinosaurs in Our Backyard*, Museu Smithsoniano de História Natural, Washington, DC.
4. Jeffrey Bennet e Seth Shostak, *Life in the Universe*, 2ª ed. (São Francisco: Pearson Education, 2007).
5. Stephen Jay Gould, *Punctuated Equilibrium* (Cambridge: Harvard University Press, 2007).
6. Stephen Jay Gould e Niles Eldredge, "Punctuated Equilibrium Comes of Age", *Nature* 366 (18 de novembro de 1993): 223-27.
7. NASA, "The Great Dying", Science Mission Directorate, 28 de janeiro de 2002, https://science.nasa.gov/science-news/science-at-nasa/2002/28jan_extinction
8. Yuval N. Harari, *Sapiens: A Brief History of Humankind* (Nova York: Harper, 2015).
9. Lynn Margulis e Dorion Sagan, "The Oxygen Holocaust," em *Microcosmos: Four Billion Years of Microbial Evolution* (Califórnia: University of California Press, 1986), 99.
10. Bennet e Shostak, *Life in the Universe*.
11. Phil Plait, "Poisoned Planet", *Slate*, 28 de julho de 2014, https://slate.com/technology/2014/07/the-great-oxygenation-event-the-earths-first-mass-extinction.html
12. "50 Years of Moore's Law", Intel, s.d., https://www.intel.sg/content/www/xa/en/silicon-innovations/moores-law-technology.html
13. Harari, *Sapiens*.
14. "Timeline", Telecommunications History Group, 2017, http://www.telcomhistory.org/timeline.shtml
15. "Smartphone Users Worldwide from 2014–2020", Statista, 2017, https://www.statista.com/statistics/330695/number-of-smartphone-users-worldwide/
16. Benjamin Hale, "The History of the Hollywood Movie Industry", History Cooperative, 2014, http://historycooperative.org/the-history-of-the-hollywood-movie-industry/
17. *America on the Move*, Museu Nacional de História Americana, Washington, DC.

Capítulo 2

1. Tanguy Catlin et al., "A Roadmap for a Digital Transformation", McKinsey, março de 2017, https://www.mckinsey.com/industries/financial-services/our-insights/a-roadmap-for-a-digital-transformation
2. "Overview", DigitalBCG, s.d., https://www.bcg.com/en-us/digital-bcg/overview.aspx
3. Brian Solis, "The Six Stages of Digital Transformation Maturity", Altimeter Group and Cognizant, 2016, https://www.cognizant.com/whitepapers/the-six-stages-of-digital-transformation-maturity.pdf
4. Frederick Harris et al., "Impact of Computing on the World Economy: A Position Paper", Universidade de Nevada, Reno, 2008, https://www.cse.unr.edu/~fredh/papers/conf/074-iocotweapp/paper.pdf
5. Gil Press, "A Very Short History of Digitization", *Forbes*, 27 de dezembro de 2015, https://www.forbes.com/sites/gilpress/2015/12/27/a-very-short-history-of-digitization/
6. Tristan Fitzpatrick, "A Brief History of the Internet", *Science Node*, 9 de fevereiro de 2017, https://sciencenode.org/feature/a-brief-history-of-the-internet-.php
7. Larry Carter, "Cisco's Virtual Close", *Harvard Business Review*, abril de 2001, https://hbr.org/2001/04/ciscos-virtual-close
8. Brian Solis, "Who Owns Digital Transformation? According to a New Survey, It's Not the CIO", *Forbes*, 17 de outubro de 2016, https://www.forbes.com/sites/briansolis/2016/10/17/who-owns-digital-transformation-according-to-a-new-survey-its-the-cmo/#55a7327667b5
9. Randy Bean, "Financial Services Disruption: Gradually and Then Suddenly", *Forbes*, 11 de outubro de 2017, https://www.forbes.com/sites/ciocentral/2017/10/11/financial-services-disruption-gradually-and-then-suddenly/2/#7f15b6e0392
10. Avery Hartmans, "How to Use Zelle, the Lightning-Fast Payments App That's More Popular Than Venmo in the US", *Business Insider*, 17 de junho de 2018.
11. Galen Gruman, "Anatomy of Failure: Mobile Flops from RIM, Microsoft, and Nokia", Macworld, 30 de abril de 2011, https://www.macworld.com/article/1159578/anatomy_of_failure_rim_microsoft_nokia.html
12. Rajeev Suri, "The Fourth Industrial Revolution Will Bring a Massive Productivity Boom", Fórum Econômico Mundial, 15 de janeiro de 2018, https://www.weforum.org/agenda/2018/01/fourth-industrial-revolution-massive-productivity-boom-good/
13. Erik Brynjolfsson e Andrew McAfee, *The Second Machine Age: Work, Progress, and Prosperity in a Time of Brilliant Technologies* (Nova York: W. W. Norton, 2014).
14. Michael Sheetz, "Technology Killing Off Corporate America: Average Life Span of Companies under 20 Years", CNBC, 24 de agosto de 2017, https://www.cnbc.com/2017/08/24/technology-killing-off-corporations-average-lifespan-of-company-under-20-years.html
15. BT, "Digital Transformation Top Priority for CEOs, Says New BT and EIU Research", Cision, 12 de Setembro de 2017, https://www.prnewswire.com/news-releases/digital-transformation-top-priority-for-ceos-says-new-bt-and-eiu-research-300517891.html
16. "Strategic Update", Ford Motor Company, 3 de outubro de 2017, https://s22.q4cdn.com/857684434/files/doc_events/2017/10/ceo-strtegic-update-transcript.pdf
17. Karen Graham, "How Nike Is Taking the Next Step in Digital Transformation", *Digital Journal*, 26 de outubro de 2017, http://www.digitaljournal.com/tech-andscience/technology/how-nike-is-taking-the-next-step-in-digital-transformation/article/506051#ixzz5715z4xdC
18. Chris Cornillie, "Trump Embraces Obama's 'Venture Capital Firm' for Pentagon Tech", *Bloomberg Government*, 21 de fevereiro de 2018, https://about.bgov.com/blog/trump-embraces-obamas-venture-capital-firm-pentagon-tech/

19. "The Digital Transformation by ENGIE", ENGIE, s.d., https://www.engie.com/en/group/strategy/digital-transformation/
20. Ibid.
21. "Incumbents Strike Back: Insights from the Global C-Suite Study", IBM Institute for Business Value, fevereiro de 2018, https://public.dhe.ibm.com/common/ssi/ecm/98/en/98013098usen/incumbents-strike-back_98013098USEN.pdf
22. Ibid.
23. "Letter to Shareholders", JPMorgan Chase, 2014, https://www.jpmorganchase.com/corporate/investor-relations/document/JPMC-AR2014-LetterToShareholders.pdf
24. Julie Bort, "Retiring Cisco CEO Delivers Dire Prediction: 40% of Companies Will Be Dead in 10 Years", *Business Insider*, 8 de junho 2015, http://www.businessinsider.com/chambers-40-of-companies-are-dying-2015-6
25. "Geoffrey Moore—Core e Context", Stanford Technology Ventures Program, 6 de abril de 2005, https://www.youtube.com/watch?v=emQ2innvuPo
26. Curt Finch, "Interviewing Geoffrey Moore: Core versus Context", Inc., 26 de abril de 2011, https://www.inc.com/tech-blog/interviewing-geoffrey-moore-core-versus-context.html
27. Geoffrey Moore, *Dealing with Darwin: How Great Companies Innovate at Every Phase of Their Evolution* (Nova York: Penguin, 2005).
28. "Digital Transformation Index II", Dell Technologies, agosto de 2018, https://www.dellemc.com/resources/en-us/asset/briefs-handouts/solutions/dt_index_ii_executive_summary.pdf
29. Paul-Louis Caylar et al., "Digital in Industry: From Buzzword to Value Creation", McKinsey, agosto de 2016, https://www.mckinsey.com/business-functions/digital-mckinsey/our-insights/digital-in-industry-from-buzzword-to-value-creation
30. James Manyika et al., "Digital America: A Tale of the Haves and Have-Mores", McKinsey Global Institute, dezembro de 2015, https://www.mckinsey.com/industries/high-tech/our-insights/digital-america-a-tale-of-the-haves-and-have-mores
31. "The Digital Transformation of Industry", Roland Berger Strategy Consultants, março de 2015, https://www.rolandberger.com/en/Publications/The-digital-transformation-industry.html
32. Manyika et al., "Digital America."
33. "Digital Transformation Consulting Market Booms to $23 Billion", Consultancy, 30 de maio de 2017, https://www.consultancy.uk/news/13489/digital-transformation-consulting-market-booms-to-23-billion
34. "2018 Revision to World Urbanization Prospects", Nações Unidas, 16 de maio de 2018, https://www.un.org/development/desa/publications/2018-revision-of-world-urbanization-prospects.html
35. Ramez Shehadi et al., "Digital Cities the Answer as Urbanisation Spreads", *National*, 3 de fevereiro de 2014, https://www.thenational.ae/business/digital-cities-the-answer-as-urbanisation-spreads-1.472672
36. "Factsheet", AI Singapore, 2018, https://www.aisingapore.org/media/factsheet/37
37. "UAE National Innovation Strategy", Ministério dos Assuntos de Gabinete dos Emirados Árabes Unidos, 2015.
38. Leslie Brokaw, "Six Lessons from Amsterdam's Smart City Initiative", *MIT Sloan Management Review*, 25 de maio de 2016, https://sloanreview.mit.edu/article/six-lessons-from-amsterdams-smart-city-initiative/
39. "The 13th Five-Year Plan", Comissão Econômica e de Análise de Segurança EUA-China, 14 de fevereiro de 2017, https://www.uscc.gov/sites/default/files/Research/The%2013th%20Five-Year%20Plan_Final_2.14.17_Updated%20%28002%29.pdf

40. "Digital Business Leadership", Columbia Business School Executive Education, s.d., https://www8.gsb.columbia.edu/execed/program-pages/details/2055/ERUDDBL
41. "Driving Digital Strategy", Harvard Business School Executive Education, s.d., https://www.exed.hbs.edu/programs/digs/Pages/curriculum.aspx
42. "MIT Initiative on the Digital Economy", MIT Sloan School of Management, s.d., http://ide.mit.edu
43. Gerald C. Kane, "'Digital Transformation' Is a Misnomer", *MIT Sloan Management Review*, 7 de agosto de 2017, https://sloanreview.mit.edu/article/digital-transformation-is-a-misnomer/
44. "Introducing the Digital Transformation Initiative", Fórum Econômico Mundial, 2016, http://reports.weforum.org/digital-transformation/unlocking-digital-value-to-society-building-a-digital-future-to-serve-us-all/
45. "Societal Implications: Can Digital Create Value for Industry and Society?", Fórum Econômico Mundial, junho de 2016, http://reports.weforum.org/digital-transformation/wp-content/blogs.dir/94/mp/files/pages/files/dti-societal-implications-slideshare.pdf
46. Anthony Stephan e Roger Nanney, "Digital Transformation: The Midmarket Catches Up", *Wall Street Journal*, 19 de janeiro de 2018, http://deloitte.wsj.com/cmo/2018/01/19/digital-transformation-the-midmarket-catches-up/
47. Anja Steinbuch, "We Don't Measure Productivity Growth Correctly", T-systems, março de 2016, https://www.t-systems.com/en/best-practice/03-2016/fokus/vordenker/erik-brynjolfsson-463692
48. David Rotman, "How Technology Is Destroying Jobs", *MIT Technology Review*, 12 de junho de 2013, https://www.technologyreview.com/s/515926/how-technology-is-destroying-jobs/
49. "Digital Transformation of Industries: Societal Implications", Fórum Econômico Mundial, janeiro de 2016, http://reports.weforum.org/digital-transformation/wp-content/blogs.dir/94/mp/files/pages/files/dti-societal-implications-white-paper.pdf
50. Derek Thompson, "Airbnb and the Unintended Consequences of 'Disruption,'" *The Atlantic*, 17 de fevereiro de 2018, https://www.theatlantic.com/business/archive/2018/02/airbnb-hotels-disruption/553556//

Capítulo 3

1. Jacques Bughin et al., "Notes from the AI Frontier: Modeling the Impact of AI on the World Economy", McKinsey Global Institute, setembro de 2018, https://www.mckinsey.com/featured-insights/artificial-intelligence/notes-from-the-ai-frontier-modeling-the-impact-of-ai-on-the-world-economy; e James Manyika et al., "Unlocking the Potential of the Internet of Things", McKinsey, junho de 2015, https://www.mckinsey.com/business-functions/digital-mckinsey/our-insights/the-internet-of-things-the-value-of-digitizing-the-physical-world
2. Louis Columbus, "Roundup of Cloud Computing Forecasts, 2017", *Forbes*, 29 de abril de 2017, https://www.forbes.com/sites/louiscolumbus/2017/04/29/roundup-of-cloud-computing-forecasts-2017
3. Ibid.
4. Dave Cappuccio, "The Data Center Is Dead", Gartner, 26 de julho de 2018, https://blogs.gartner.com/david_cappuccio/2018/07/26/the-data-center-is-dead/
5. "Cisco Global Cloud Index: Forecast and Methodology, 2016–2021", Cisco, 19 de novembro de 2018, https://www.cisco.com/c/dam/en/us/solutions/collateral/service-provider/global-cloud-index-gci/white-paper-c11-738085.pdf

6. Brandon Butler, "Deutsche Bank: Nearly a Third of Finance Workloads Could Hit Cloud in 3 Years", *Network World*, 14 de junho de 2016, https://www.networkworld.com/article/3083421/microsoft-subnet/deutsche-bank-nearly-a-third-of-finance-workloads-could-hit-cloud-in-3-years.html
7. "Multicloud", Wikipédia, última atualização em 18 de fevereiro de 2019, https://en.wikipedia.org/wiki/Multicloud
8. A precisão é reportada como me lembro, por exemplo: que porcentagem das falhas históricas dos motores foram identificados. Precisão é a porcentagem do tempo em que uma falha do motor na verdade ocorreu.
9. O processo de treinamento é um problema de otimização que muitas vezes usa um algoritmo chamado "descida de gradiente estocástico" para minimizar o erro entre a saída e o ponto de dados de treino real.
10. Semelhante ao aprendizado de máquina, o aprendizado profundo usa algoritmos de otimização como descida de gradiente estocástico para definir pesos para cada uma das camadas e nós do rede. O objetivo é minimizar a diferença entre a saída de rede e o ponto de dados de treino real.

Capítulo 4

1. Michael Armbrust et al., "A View of Cloud Computing", *Communications of the ACM* 53, nº 4 (abril de 2010): 50–58.
2. IBM, *Data Processor* (White Plains, NY: IBM Data Processing Division, 1966).
3. John McCarthy, "Memorandum to P. M. Morse Proposing Time Sharing", Universidade Stanford, 1º de janeiro de 1959, https://web.stanford.edu/~learnest/jmc/timesharing-memo.pdf
4. Control Program-67 / Cambridge Monitor System (GH20-0857-1), IBM, outubro de 1971.
5. "Connectix Virtual PC to Be Offered by Top Mac CPU Manufacturers", Free Library, 5 de agosto de 1997, https://www.thefreelibrary.com/Connectix+Virtual+PC+to+be+Offered+by+Top+Mac+CPU+Manufacturers%3B+Mac...-a019646924
6. VMware, "VMware Lets Systems Operate Side by Side", reproduzido pelo *USA Today Online*, 3 de novembro de 1999, https://www.vmware.com/company/news/articles/usatoday_1.html
7. "About Us", Defense Advanced Research Projects Agency, s.d., https://www.darpa.mil/about-us/timeline/arpanet
8. Paul McDonald, "Introducing Google App Engine + Our New Blog", Google Developer Blog, 7 de abril de 2008, https://googleappengine.blogspot.com/2008/04/introducing-google-app-engine-our-new.html
9. "Microsoft Cloud Services Vision Becomes Reality with Launch of Windows Azure Platform", Microsoft, 17 de novembro de 2009, https://news.microsoft.com/2009/11/17/microsoft-cloud-services-vision-becomes-reality-with-launch-of-windows-azure-platform/
10. "IBM Acquires SoftLayer: The Marriage of Private and Public Clouds", IBM, 2013, https://www.ibm.com/midmarket/us/en/article_cloud6_1310.html
11. Peter Mell and Tim Grance, *The NIST Definition of Cloud Computing* (Gaithersburg, MD: National Institute of Standards and Technology, 2011).
12. Mark Russinovich, "Inside Microsoft Azure Datacenter Hardware and Software Architecture", Microsoft Ignite, 29 de setembro de 2017, https://www.youtube.com/watch?v=Lv8fDiTNHjk

13. "Gartner Forecasts Worldwide Public Cloud Revenue to Grow 17.3 Percent in 2019", Gartner, 12 de setembro de 2018, https://www.gartner.com/en/newsroom/press-releases/2018-09-12-gartner-forecasts-worldwide-public-cloud-revenue-to-grow-17-percent-in-2019
14. "Cisco Global Cloud Index: Forecast and Methodology, 2016–2021", Cisco, 19 de novembro de 2018, https://www.cisco.com/c/dam/en/us/solutions/collateral/service-provider/global-cloud-index-gci/white-paper-c11-738085.pdf
15. *State of the Internet: Q1 2017 Report*, Akamai, 2017, https://www.akamai.com/fr/fr/multimedia/documents/state-of-the-internet/q1-2017-state-of-the-internet-connectivity-report.pdf
16. "Gartner Forecasts Worldwide Public Cloud Services Revenue to Reach $260 Billion in 2017", Gartner, 12 de outubro de 2017, https://www.gartner.com/en/newsroom/press-releases/2017-10-12-gartner-forecasts-worldwide-public-cloud-services-revenue-to-reach-260-billionin-2017; e "Public Cloud Revenue to Grow."
17. Armbrust et al., "View of Cloud Computing."
18. "British Airways IT Outage Caused by Contractor Who Switched off Power: Times", CNBC, 2 de junho de 2017, https://www.cnbc.com/2017/06/02/british-airways-it-outage-caused-by-contractor-who-switched-off-power-times.html
19. "Amazon Compute Service Level Agreement", Amazon, última atualização em 12 de fevereiro 2018, https://aws.amazon.com/ec2/sla/

Capítulo 5

1. Catherine Armitage, "Optimism Shines through Experts' View of the Future", *Sydney Morning Herald*, 24 de março de 2012, https://www.smh.com.au/national/optimism-shines-through-experts-view-of-the-future-20120323-1vpas.html
2. Gareth Mitchell, "How Much Data Is on the Internet?", *Science Focus*, s.d., https://www.sciencefocus.com/future-technology/how-much-data-is-on-the-internet/
3. "A History of the World in 100 Objects: Early Writing Tablet", BBC, 2014, http://www.bbc.co.uk/ahistoryoftheworld/objects/TnAQ0B8bQkSJzKZFWo6F-g
4. "Library of Ashurbanipal", Museu Britânico, s.d., http://www.britishmuseum.org/research/research_projects/all_current_projects/ashurbanipal_library_phase_1.aspx
5. Mostafa El-Abbadi, "Library of Alexandria", *Encyclopaedia Britannica*, 27 de setembro de 2018, https://www.britannica.com/topic/Library-of-Alexandria
6. Mike Markowitz, "What Were They Worth? The Purchasing Power of Ancient Coins", *CoinWeek*, 4 de setembro de 2018, https://coinweek.com/education/worth-purchasing-power-ancient-coins/
7. Christopher F. McDonald, "Lost Generation: The Relay Computers", *Creatures of Thought* (blog), 10 de maio de 2017, https://technicshistory.wordpress.com/2017/05/10/lost-generation-the-relay-computers/
8. "Delay Line Memory", Wikipédia, última atualização em 20 de dezembro de 2018, https://en.wikipedia.org/wiki/Delay_line_memory#Mercury_delay_lines
9. "Timeline of Computer History: Memory & Storage", Computer History Museum, s.d., http://www.computerhistory.org/timeline/memory-storage/
10. "Timeline of Computer History: 1980s", Computer History Museum, s.d., http://www.computerhistory.org/timeline/1982/#169ebbe2ad45559efbc6eb357202f39
11. "The History of Computer Data Storage, in Pictures", Royal Blog, 8 de abril de 2008, https://www.pingdom.com/blog/the-history-of-computer-data-storage-in-pictures/

12. "Western Digital Breaks Boundaries with World's Highest-Capacity microSD Card", Western Digital, 31 de agosto de 2017, https://www.sandisk.com/about/media-center/press-releases/2017/western-digital-breaks-boundaries-with-worlds-highest-capacity-microsd-card
13. Gil Press, "A Very Short History of Big Data", *Forbes*, 9 de Maio de 2013, https://www.forbes.com/sites/gilpress/2013/05/09/a-very-short-history-of-big-data/
14. Doug Laney, "3D Data Management: Controlling Data Volume, Velocity, and Variety", META Group, 6 de fevereiro de 2001, http://blogs.gartner.com/doug-laney/files/2012/01/ad949-3D-Data-Management-Controlling-Data-Volume-Velocityand-Variety.pdf
15. Seth Grimes, "Unstructured Data and the 80 Percent Rule", Breakthrough Analysis, 1º de agosto de 2008, http://breakthroughanalysis.com/2008/08/01/unstructured-dataand-the-80-percent-rule/
16. Steve Norton, "Hadoop Corporate Adoption Remains Low: Gartner", *Wall Street Journal*, 13 de maio de 2015, https://blogs.wsj.com/cio/2015/05/13/hadoop-corporateadoption-remains-low-gartner/

Capítulo 6

1. Bernard Marr, "The Amazing Ways Google Uses Deep Learning AI", *Forbes*, 8 de agosto de 2017, https://www.forbes.com/sites/bernardmarr/2017/08/08/the-amazing-ways-how-google-uses-deep-learning-ai/#1d9aa5ad3204
2. Cade Metz, "AI Is Transforming Google Search. The Rest of the Web Is Next", *Wired*, 4 de fevereiro de 2016, https://www.wired.com/2016/02/ai-is-changing-the-technology-behind-google-searches/
3. Steven Levy, "Inside Amazon's Artificial Intelligence Flywheel", *Wired*, 1º de fevereiro de 2018, https://www.wired.com/story/amazon-artificial-intelligence-flywheel/
4. A. M. Turing, "Computing Machinery and Intelligence", *Mind* 59, nº 236 (outubro de 1950): 433-60.
5. "Dartmouth Workshop", Wikipédia, última atualização em 13 de janeiro de 2019, https://en.wikipedia.org/wiki/Dartmouth_workshop
6. John McCarthy et al., "A Proposal for the Dartmouth Summer Research Project on Artificial Intelligence", JMC History Dartmouth, 31 de agosto, 1955, http://www-formal.stanford.edu/jmc/history/dartmouth/dartmouth.html
7. James Pyfer, "Project MAC", *Encyclopaedia Britannica*, 24 de junho de 2014, https://www.britannica.com/topic/Project-Mac
8. "Project Genie", Wikipédia, última atualização em 16 de fevereiro de 2019, https://en.wikipedia.org/wiki/Project_Genie
9. John Markoff, "Optimism as Artificial Intelligence Pioneers Reunite", *New York Times*, 8 de dezembro de 2009, http://www.nytimes.com/2009/12/08/science/08sail.html
10. "USC Viterbi's Information Sciences Institute Turns 40", USC Viterbi, abril de 2012, https://viterbi.usc.edu/news/news/2012/usc-viterbi-s356337.htm
11. Will Knight, "Marvin Minsky Reflects on a Life in AI", *MIT Technology Review*, 30 de outubro de 2015, https://www.technologyreview.com/s/543031/marvin-minskyreflects-on-a-life-in-ai/
12. Louis Anslow, "Robots Have Been about to Take All the Jobs for More Than 200 Years", Timeline, maio de 2016, https://timeline.com/robots-have-been-about-to-take-all-the-jobs-for-more-than-200-years-5c9c08a2f41d
13. "Workhorse of Modern Industry: The IBM 650", IBM Archives, s.d., https://www-03.ibm.com/ibm/history/exhibits/650/650_intro.html

14. "iPhone X: Technical Specifications", Apple Support, 12 de setembro de 2018, https://support.apple.com/kb/SP770/
15. "Apple iPhone X: Full Technical Specifications", GSM Arena, s.d., https://www.gsmarena.com/apple_iphone_x-8858.php
16. Marvin Minsky e Seymour Papert, *Perceptrons: An Introduction to Computational Geometry* (Cambridge: MIT Press, 1969)
17. Henry J. Kelley, "Gradient Theory of Optimal Flight Paths", *Ars Journal* 30, nº 10 (1960): 947–54.
18. Ian Goodfellow et al., *Deep Learning* (Cambridge: MIT Press, 2016), 196.
19. James Lighthill, "Artificial Intelligence: A General Survey", *Lighthill Report* (blog), pesquisa publicada em julho de 1972, http://www.chilton-computing.org.uk/inf/literature/reports/lighthill_report/p001.htm
20. Pedro Domingos, *The Master Algorithm: How the Quest for the Ultimate Learning Machine Will Remake Our World* (Nova York: Basic Books, 2015).
21. Peter Jackson, *Introduction to Expert Systems* (Boston: Addison-Wesley, 1998).
22. Bob Violino, "Machine Learning Proves Its Worth to Business", *InfoWorld*, 20 de março de 2017, https://www.infoworld.com/article/3180998/application-development/machine-learning-proves-its-worth-to-business.html
23. R. C. Johnson, "Microsoft, Google Beat Humans at Image Recognition", *EE Times*, 18 de fevereiro de 2015, https://www.ebnonline.com/microsoft-google-beat-humans-at-image-recognition/
24. Jacques Bughin et al., "Artificial Intelligence: The Next Digital Frontier", McKinsey Global Institute, junho de 2017.
25. Michael Porter e James Heppelmann, "How Smart Connected Products Are Transforming Competition", *Harvard Business Review*, novembro de 2014; Porter e Heppelmann, "How Smart Connected Products Are Transforming Companies", *Harvard Business Review*, outubro de 2015.
26. J. Meister e K. Mulcahy, "How Companies Are Mastering Disruption in the Workplace", McGraw Hill Business Blog, outubro de 2016, https://mcgrawhillprofessionalbusinessblog.com/2016/10/31/how-companies-are-mastering-disruption-in-the-workplace/
27. Maureen Dowd, "Elon Musk's Billion-Dollar Crusade to Stop the A.I. Apocalypse", *Vanity Fair*, março de 2017, https://www.vanityfair.com/news/2017/03/elon-musk-billion-dollar-crusade-to-stop-ai-space-x
28. Dan Dovey, "Stephen Hawking's Six Wildest Predictions from 2017—from a Robot Apocalypse to the Demise of Earth", *Newsweek*, 26 de dezembro de 2017, http://www.newsweek.com/stephen-hawking-end-year-predictions-2017-755952
29. Richard Socher, "Commentary: Fear of an AI Apocalypse Is Distracting Us from the Real Task at Hand", *Fortune*, 22 de janeiro de 2018, http://fortune.com/2018/01/22/artificial-intelligence-apocalypse-fear/
30. "Gartner Says by 2020, Artificial Intelligence Will Create More Jobs Than It Eliminates", Gartner, 13 de dezembro de 2017, https://www.gartner.com/en/newsroom/press-releases/2017-12-13-gartner-says-by-2020-artificial-intelligence-will-create-more-jobs-than-it-eliminates
31. "Artificial Intelligence Will Dominate Human Life in Future: PM Narendra Modi", *Economic Times*, 10 de maio de 2017, https://economictimes.indiatimes.com/news/politics-and-nation/artificial-intelligence-will-dominate-human-life-in-future-pm-narendra-modi/articleshow/58606828.cms
32. Jillian Richardson, "Three Ways Artificial Intelligence Is Good for Society", *iQ by Intel*, 11 de maio de 2017, https://iq.intel.com/artificial-intelligence-is-good-for-society/

33. Gal Almog, "Traditional Recruiting Isn't Enough: How AI Is Changing the Rules in the Human Capital Market", *Forbes*, 9 de fevereiro de 2018, https://www.forbes.com/sites/groupthink/2018/02/09/traditional-recruiting-isnt-enough-how-ai-is-changing-the-rules-in-the-human-capital-market
34. *2017 Annual Report*, AI Index, 2017, http://aiindex.org/2017-report.pdf
35. IA foi um tema importante em Davos em 2017, 2018 e 2019. Veja, por exemplo, "Artificial Intelligence", reunião anual do Fórum Econômico Mundial, 17 de janeiro de 2017, https://www.weforum.org/events/world-economic-forum-annual-meeting-2017/sessions/the-real-impact-of-artificial-intelligence; "AI and Its Impact on Society", *Business Insider*, 25 de janeiro de 2018, http://www.businessinsider.com/wef-2018-davos-ai-impact-society-henry-blodget-microsoft-artificial-intelligence-2018-1; e "Artificial Intelligence and Robotics", Arquivo do Fórum Econômico Mundial, s.d., https://www.weforum.org/agenda/archive/artificial-intelligence-and-robotics/
36. Nicolaus Henke et al., "The Age of Analytics: Competing in a Data-Driven World", McKinsey Global Institute, dezembro de 2016.
37. "LinkedIn 2018 Emerging Jobs Report", LinkedIn, 13 de dezembro de 2018, https://economicgraph.linkedin.com/research/linkedin-2018-emerging-jobs-report
38. Will Markow et al., "The Quant Crunch: How the Demand for Data Science Skills Is Disrupting the Job Market", IBM e Burning Glass Technologies, 2017, https://www.ibm.com/downloads/cas/3RL3VXGA
39. Catherine Shu, "Google Acquires Artificial Intelligence Startup DeepMind for More Than $500 Million", *TechCrunch*, 26 de janeiro de 2014, https://techcrunch.com/2014/01/26/google-deepmind/
40. Richard Evans e Jim Gao, "DeepMind AI Reduces Google Data Centre Cooling Bill by 40%", DeepMind, 20 de julho de 2016, https://deepmind.com/blog/deepmind-ai-reduces-google-data-centre-cooling-bill-40/
41. Tony Peng, "DeepMind AlphaFold Delivers 'Unprecedented Progress' on Protein Folding", *Synced Review*, 3 de dezembro, 2018, https://syncedreview.com/2018/12/03/deepmind-alphafold-delivers-unprecedented-progress-on-protein-folding/
42. David Cyranoski, "China Enters the Battle for AI Talent", *Nature* 553 (15 de janeiro de 2018): 260–61, http://www.nature.com/articles/d41586-018-00604-6
43. Carolyn Jones, "'Big Data' Classes a Big Hit in California High Schools", *Los Angeles Daily News*, 22 de fevereiro de 2018, https://www.dailynews.com/2018/02/22/big-data-classes-a-big-hit-in-california-high-schools/
44. "Deep Learning Specialization", Coursera, s.d., https://www.coursera.org/specializations/deep-learning
45. "Insight Data Science Fellows Program", Insight, s.d., https://www.insightdatascience.com/
46. Dorian Pyle e Cristina San José, "An Executive's Guide to Machine Learning", *McKinsey Quarterly*, junho de 2015, https://www.mckinsey.com/industries/high-tech/our-insights/an-executives-guide-to-machine-learning
47. Philipp Gerbert et al., "Putting Artificial Intelligence to Work", Boston Consulting Group, 28 de setembro de 2017, https://www.bcg.com/publications/2017/technology-digital-strategy-putting-artificial-intelligence-work.aspx

Capítulo 7

1. Mik Lamming e Mike Flynn, "'Forget-Me-Not' Intimate Computing in Support of Human Memory", Rank Xerox Research Centre, 1994.
2. Kevin Ashton, "That 'Internet of Things' Thing", *RFID Journal*, 22 de junho de 2009, http://www.rfidjournal.com/articles/view?4986
3. John Koetsier, "Smart Speaker Users Growing 48% Annually, to Hit 90M in USA This Year", *Forbes*, 29 de maio de 2018, https://www.forbes.com/sites/johnkoetsier/2018/05/29/smart-speaker-users-growing-48-annually-will-outnumber-wearable-tech-users-this-year
4. Derivado de C. Gellings et al., "Estimating the Costs and Benefits of the Smart Grid", EPRI, março de 2011.
5. Joe McKendrick, "With Internet of Things and Big Data, 92% of Everything We Do Will Be in the Cloud", *Forbes*, 13 de novembro de 2016, https://www.forbes.com/sites/joemckendrick/2016/11/13/with-internet-of-things-and-big-data-92-of-everything-we-do-will-be-in-the-cloud
6. Jennifer Weeks, "U.S. Electrical Grid Undergoes Massive Transition to Connect to Renewables", *Scientific American*, 28 de abril de 2010, https://www.scientificamerican.com/article/what-is-the-smart-grid/
7. James Manyika et al., "The Internet of Things: Mapping the Value beyond the Hype", McKinsey Global Institute, junho de 2015, http://bit.ly/2CDJnSL
8. "Metcalfe's Law", Wikipédia, última atualização em 28 de dezembro de 2018, https://en.wikipedia.org/wiki/Metcalfe%27s_law
9. Alejandro Tauber, "This Dutch Farmer Is the Elon Musk of Potatoes", Next Web, 16 de fevereiro de 2018, https://thenextweb.com/full-stack/2018/02/16/this-dutch-farmer-is-the-elon-musk-of-potatoes/
10. James Manyika et al., "Unlocking the Potential of the Internet of Things", McKinsey, junho de 2015, https://www.mckinsey.com/business-functions/digital-mckinsey/our-insights/the-internet-of-things-the-value-of-digitizing-the-physical-world
11. Michael Porter e James Heppelmann, "How Smart Connected Products Are Transforming Competition", *Harvard Business Review*, novembro de 2014; Michael E. Porter e James E. Heppelmann, "How Smart, Connected Products Are Transforming Companies", *Harvard Business Review*, outubro de 2015.
12. "Number of Connected IoT Devices Will Surge to 125 Billion by 2030, IHS Markit Says", IHS Markit, 24 de outubro de 2017, http://news.ihsmarkit.com/press-release/number-connected-iot-devices-will-surge-125-billion-2030-ihs-markit-says
13. Manyika et al., "Mapping the Value."
14. "Automation and Anxiety", *The Economist*, 25 de junho de 2016, https://www.economist.com/news/special-report/21700758-will-smarter-machines-cause-mass-unemployment-automation-and-anxiety
15. "Technology Could Help UBS Cut Workforce by 30 Percent: CEO in Magazine", Reuters, 3 de outubro de 2017, https://www.reuters.com/article/us-ubs-group-techworkers/technology-could-help-ubs-cut-workforce-by-30-percent-ceo-in-magazine-idUSKCN1C80RO
16. Abigail Hess, "Deutsche Bank CEO Suggests Robots Could Replace Half the Company's 97,000 Employees", CNBC, 8 de novembro de 2017, https://www.cnbc.com/2017/11/08/deutsche-bank-ceo-suggests-robots-could-replace-half-its-employees.html
17. Anita Balakrishnan, "Self-Driving Cars Could Cost America's Professional Drivers up to 25,000 Jobs a Month, Goldman Sachs Says", CNBC, 22 de maio de 2017, https://www.cnbc.com/2017/05/22/goldman-sachs-analysis-of-autonomous-vehicle-job-loss.html

18. Louis Columbus, "LinkedIn's Fastest-Growing Jobs Today Are in Data Science and Machine Learning", *Forbes*, 11 de dezembro de 2017, https://www.forbes.com/sites/louiscolumbus/2017/12/11/linkedins-fastest-growing-jobs-today-are-in-data-science-machine-learning
19. Louis Columbus, "IBM Predicts Demand for Data Scientists Will Soar 28% by 2020", *Forbes*, 13 de maio de 2017, https://www.forbes.com/sites/louiscolumbus/2017/05/13/ibm-predicts-demand-for-data-scientists-will-soar-28-by-2020
20. Nicolas Hunke et al., "Winning in IoT: It's All about the Business Processes", Boston Consulting Group, 5 de janeiro de 2017, https://www.bcg.com/en-us/publications/2017/hardware-software-energy-environment-winning-in-iot-all-about-winning-processes.aspx
21. Ibid.
22. Harald Bauer et al., "The Internet of Things: Sizing Up the Opportunity", McKinsey, dezembro 2014, https://www.mckinsey.com/industries/semiconductors/our-insights/the-internet-of-things-sizing-up-the-opportunity
23. Tyler Clifford, "RBC's Mark Mahaney: Amazon Will Compete Directly with FedEx and UPS—'It's Just a Matter of Time,'" CNBC, 8 de novembro de 2018, https://www.cnbc.com/2018/11/08/amazon-will-soon-compete-directly-with-fedex-ups-rbcs-mark-mahaney.html
24. Porter e Heppelmann, "Smart, Connected Products."
25. Ibid.

Capítulo 8

1. "'Whoever Leads in AI Will Rule the World': Putin to Russian Children on Knowledge Day", RT News, 1º de setembro de 2017, https://www.rt.com/news/401731-ai-rule-world-putin/
2. *Worldwide Threat Assessment of the U.S. Intelligence Community*, Escritório do Diretor de Inteligência Nacional, 29 de janeiro de 2019, 5, https://www.dni.gov/files/ODNI/documents/2019-ATA-SFR---SSCI.pdf
3. Brendan Koerner, "Inside the Cyberattack That Shocked the US Government", *Wired*, 23 de outubro de 2016, https://www.wired.com/2016/10/inside-cyberattack-shocked-us-government
4. Devlin Barrett, "U.S. Suspects Hackers in China Breached about Four (4) Million People's Records, Officials Say", *Wall Street Journal*, 5 de junho de 2015.
5. Tim Dutton, "An Overview of National AI Strategies", *Medium*, 28 de junho de 2018, https://medium.com/politics-ai/an-overview-of-national-ai-strategies-2a70ec6edfd
6. *Annual Report to Congress: Military and Security Developments Involving the People's Republic of China*, Departamento de Defesa dos Estados Unidos, 16 de maio de 2018, https://media.defense.gov/2018/Aug/16/2001955282/-1/-1/1/2018-CHINA-MILITARY-POWER-REPORT.PDF
7. *Report to Congress*, Departamento de Defesa dos Estados Unidos, maio de 2018.
8. Bill Gertz, "China in Race to Overtake U.S. Military in AI Warfare", *National Interest*, 30 de maio de 2018, https://nationalinterest.org/blog/the-buzz/china-race-overtake-us-military-ai-warfare-26035
9. Robert Walton, "Report: Malware Traced to Ukraine Grid Attacks Could Be Used to Target US Grid", Utilitydive, 14 de junho de 2017, https://www.utilitydive.com/news/report-malware-traced-to-ukraine-grid-attacks-could-be-used-to-target-us-g/444906/; e Morgan Chalfant, "'Crash Override' Malware Heightens Fears for US Electric Grid", *The Hill*, 15 de junho de 2017, http://thehill.com/policy/cybersecurity/337877-crash-override-malware-heightens-fears-for-us-electric-grid

10. Stephanie Jamison et al., "Outsmarting Grid Security Threats", Accenture Consulting, 2017, https://www.accenture.com/us-en/insight-utilities-outsmart-grid-cybersecurity-threats; e Peter Maloney, "Survey: Most Utility Executives Say Cybersecurity Is a Top Concern", Utilitydive, 5 de outubro de 2017, https://www.utilitydive.com/news/survey-most-utility-executives-say-cybersecurity-is-a-top-concern/506509/
11. Rebecca Smith, "U.S. Risks National Blackout from Small-Scale Attack", *Wall Street Journal*, 12 de março de 2014, https://www.wsj.com/articles/u-s-risks-national-blackout-from-small-scale-attack-1394664965
12. James Woolsey e Peter Vincent Pry, "The Growing Threat from an EMP Attack", *Wall Street Journal*, 12 de agosto de 2014, https://www.wsj.com/articles/james-woolsey-and-peter-vincent-pry-the-growing-threat-from-an-emp-attack-1407885281
13. *2008 EMP Commission Report*, Commission to Assess the Threat to the United States from Electromagnetic Pulse (EMP) Attack, abril de 2008, http://www.empcommission.org/
14. "House Subcommittee Hearing: Electromagnetic Pulse (EMP): Threat to Critical Infrastructure, Panel II", US House Committee on Homeland Security, 8 de maio de 2014, https://www.govinfo.gov/content/pkg/CHRG-113hhrg89763/html/CHRG-113hhrg89763.htm
15. Ted Koppel, *Lights Out: A Cyberattack, a Nation Unprepared, Surviving the Aftermath* (Nova York: Broadway Books, 2015), 15.
16. Rebecca Smith e Rob Barry, "America's Electric Grid Has a Vulnerable Back Door—and Russia Walked through It", *Wall Street Journal*, 10 de janeiro de 2019, https://www.wsj.com/articles/americas-electric-grid-has-a-vulnerable-back-doorand-russia-walked-through-it-11547137112
17. John R. Allen e Amir Husain, "On Hyperwar", *Proceedings*, US Naval Institute, julho de 2017, https://www.usni.org/magazines/proceedings/2017-07/hyperwar
18. Kyle Mizokami, "Russia Tests Yet Another Hypersonic Weapon", *Popular Mechanics*, 27 de dezembro de 2018, https://www.popularmechanics.com/military/weapons/a25694644/avangard-hypersonic-weapon/
19. *Providing for the Common Defense*, Departamento de Defesa dos Estados Unidos, setembro de 2018, https://media.defense.gov/2018/Oct/03/2002047941/-1/-1/1/PROVIDING-FORTHe-COMMON-DEFENSE-SEPT-2018.PDF
20. David Axe, "The U.S. Air Force Is Headed for a Crash: Too Many Old Planes, Not Enough Cash", *Daily Beast*, 25 de dezembro de 2018, https://www.thedailybeast.com/the-us-air-force-is-headed-for-a-crash-too-many-old-planes-not-enough-cash
21. *Summary of the 2018 National Defense Strategy of the United States of America*, Departamento de Defesa dos Estados Unidos, 2018.
22. Relatório ao Congresso.
23. Stephen Losey, "Fewer Planes Are Ready to Fly: Air Force Mission-Capable Rates Decline amid Pilot Crisis", *Air Force Times*, 5 de março de 2018, https://www.airforcetimes.com/news/your-air-force/2018/03/05/fewer-planes-are-ready-to-fly-air-force-mission-capable-rates-decline-amid-pilot-crisis/
24. Axe, "U.S. Air Force."
25. *The FY 2019 Defense Overview Book*, Departamento de Defesa dos Estados Unidos, 13 de fevereiro de 2018, https://comptroller.defense.gov/Portals/45/Documents/defbudget/fy2019/FY2019_Budget_Request_Overview_Book.pdf
26. Tajha Chappellet-Lanier, "DIU Chooses Ex-presidential Innovation Fellow to Fill Director Role", *Fedscoop*, 24 de setembro de 2018, https://www.fedscoop.com/michael-brown-diu-director/
27. *Providing for the Common Defense*.

28. Sean Kimmons, "After Hitting Milestones, Futures Command Looks Ahead to More", *Army News Service*, 9 de outubro de 2018, https://www.army.mil/article/212185/after_hitting_milestones_futures_command_looks_ahead_to_more
29. *Summary of the 2018 National Defense Strategy*.
30. Kris Osborn, "F-35 Combat Missions Now Have Operational 'Threat Library' of Mission Data Files", Fox News, 24 de outubro de 2018.
31. *Charting a Course for Success: America's Strategy for STEM Education*, National Science and Technology Council, dezembro de 2018, https://www.whitehouse.gov/wp-content/uploads/2018/12/STEM-Education-Strategic-Plan-2018.pdf
32. National Background Investigations Bureau, *Report on Backlog of Personnel Security Clearance Investigations*, Clearance Jobs, setembro de 2018.
33. Lindy Kyzer, "How Long Does It Take to Get a Security Clearance (Q1 2018)?", Clearance Jobs, 13 de março de 2018, https://news.clearancejobs.com/2018/03/13/long-take-get-security-clearance-q1-2018/
34. Rick Docksai, "Continuous Evaluation System Aims to Streamline Security Clearance Investigations", Clearance Jobs, 7 de setembro de 2018, https://news.clearancejobs.com/2018/09/07/continuous-evaluation-system-aims-to-streamline-security-clearance-investigations/

Capítulo 9

1. Christopher Harress, "The Sad End of Blockbuster Video: The Onetime $5 Billion Company Is Being Liquidated as Competition from Online Giants Netflix and Hulu Prove All Too Much for the Iconic Brand", *International Business Times*, 5 de dezembro de 2013, http://www.ibtimes.com/sad-end-blockbuster-video-onetime-5-billion-company-being-liquidated-competition-1496962
2. Greg Satell, "A Look Back at Why Blockbuster Really Failed and Why It Didn't Have To", *Forbes*, 5 de setembro de 2014, https://www.forbes.com/sites/gregsatell/2014/09/05/a-look-back-at-why-blockbuster-really-failed-and-why-it-didnt-have-to/#6393286c1d64
3. Celena Chong, "Blockbuster's CEO Once Passed Up a Chance to Buy Netflix for Only $50 Million", *Business Insider*, 17 de julho de 2015, http://www.businessinsider.com/blockbuster-ceo-passed-up-chance-to-buy-netflix-for-50-million-2015-7
4. Jeff Desjardins, "The Rise and Fall of Yahoo!", *Visual Capitalist*, 29 de julho de 2016, http://www.visualcapitalist.com/chart-rise-fall-yahoo/
5. Ibid.
6. Ibid.
7. Associated Press, "Winston-Salem Borders Store to Remain Open despite Bankruptcy", *Winston-Salem Journal*, 16 de fevereiro de 2011, https://archive.is/20110219200836/http://www2.journalnow.com/business/2011/feb/16/3/winstonsalem-borders-store-remain-open-despite-ba-ar-788688/
8. Ibid.
9. Ibid.
10. Ibid.
11. "Transformation d'Engie: Les grands chantiers d'Isabelle Kocher", *RSE Magazine*, 4 de janeiro de 2018, https://www.rse-magazine.com/Transformation-d-ENGIE-les-grands-chantiers-d-Isabelle-Kocher_a2531.html#towZyrIe8xYVK106.99

12. "Isabelle Kocher: 'We Draw Our Inspiration from the Major Players in the Digital World,'" ENGIE, 3 de novembro de 2016, https://www.ENGIE.com/en/group/opinions/open-innovation-digital/usine-nouvelle-isabelle-kocher/
13. "Enel Earmarks €5.3bn for Digital Transformation", Smart Energy International, 28 de novembro de 2017, https://www.smart-energy.com/news/digital-technologies-enel-2018-2020/
14. Derek du Preez, "Caterpillar CEO—'We Have to Lead Digital. By the Summer Every Machine Will Be Connected,'" Diginomica, 25 de abril de 2016, https://diginomica.com/2016/04/25/caterpillar-ceo-we-have-to-lead-digital-by-the-summer-every-machine-will-be-connected/
15. "A Q&A with 3M's New CEO Mike Roman", 3M Company, 31 de julho de 2018, https://news.3m.com/English/3m-stories/3m-details/2018/A-QA-with-3Ms-New-CEO-Mike-Roman/default.aspx

Capítulo 11

1. Michael Sheetz, "Technology Killing Off Corporate America: Average Life Span of Companies under 20 Years", CNBC, 24 de agosto de 2017, https://www.cnbc.com/2017/08/24/technology-killing-off-corporations-average-lifespan-of-company-under-20-years.html
2. Thomas M. Siebel, "Why Digital Transformation Is Now on the CEO's Shoulders", *McKinsey Quarterly*, dezembro de 2017, https://www.mckinsey.com/business-functions/digital-mckinsey/our-insights/why-digital-transformation-is-now-on-the-ceos-shoulders
3. Dan Marcec, "CEO Tenure Rates", Harvard Law School Forum on Corporate Governance and Financial Regulation, 12 de fevereiro de 2018, https://corpgov.law.harvard.edu/2018/02/12/ceo-tenure-rates/
4. Sheeraz Raza, "Private Equity Assets under Management Approach $2.5 Trillion", *Value Walk*, 31 de janeiro de 2017, http://www.valuewalk.com/2017/01/private-equity-assets-management-approach-2-5-trillion/
5. Preeti Varathan, "In just Two Hours, Amazon Erased $30 Billion in Market Value for Healthcare's Biggest Companies", *Quartz*, 30 de janeiro de 2018, https://qz.com/1192731/amazons-push-into-healthcare-just-cost-the-industry-30-billion-in-market-cap/
6. Alison DeNisco Rayome, "Why CEOs Must Partner with IT to Achieve True Digital Transformation", *TechRepublic*, 21 de fevereiro de 2018, https://www.techrepublic.com/article/why-ceos-must-partner-with-it-to-achieve-true-digital-transformation/
7. Claudio Feser, "How Technology Is Changing the Job of the CEO", *McKinsey Quarterly*, agosto de 2017, https://www.mckinsey.com/global-themes/leadership/how-technology-is-changing-the-job-of-the-ceo
8. Rayome, "CEOs Must Partner with IT."
9. Khalid Kark et al., "Stepping Up: The CIO as Digital Leader", *Deloitte Insights*, 20 de outubro de 2017, https://www2.deloitte.com/insights/us/en/focus/cio-insider-business-insights/cio-leading-digital-change-transformation.html
10. Ivan Levingston, "Health Stocks Fall after Amazon, JPMorgan, Berkshire Announce Health-Care Deal", *Bloomberg*, 30 de janeiro de 2018, https://www.bloomberg.com/news/articles/2018-01-30/health-stocks-slump-as-amazon-led-group-unveils-efficiency-plans; e Paul R. LaMonica, "Jeff Bezos and His Two Friends Just Spooked Health Care Stocks", CNN, 30 de janeiro de 2018, http://money.cnn.com/2018/01/30/investing/health-care-stocks-jpmorgan-chase-amazon-berkshire-hathaway/index.html
11. Levingston, "Health Stocks Fall"; e LaMonica, "Jeff Bezos."

12. Antoine Gourévitch et al., "Data-Driven Transformation: Accelerate at Scale Now", Boston Consulting Group, 23 de maio de 2017, https://www.bcg.com/publications/2017/digital-transformation-transformation-data-driven-transformation.aspx
13. Jacques Bughin, "Digital Success Requires a Digital Culture", McKinsey, 3 de maio de 2017, https://www.mckinsey.com/business-functions/strategy-and-corporate-finance/our-insights/the-strategy-and-corporate-finance-blog/digital-success-requires-a-digital-culture
14. Forrester Consulting, "Realizing CEO-Led Digital Transformations", Artigo de Liderança de Pensamento comissionado pela C3.ai, maio de 2018, https://c3.ai/wp-content/uploads/2019/07/Realizing-CEO-Led-Digital-Transformations.pdf
15. Peter Dahlström et al., "From Disrupted to Disruptor: Reinventing Your Business by Transforming the Core", McKinsey, fevereiro de 2017, https://www.mckinsey.com/business-functions/digital-mckinsey/our-insights/from-disrupted-to-disruptor-reinventing-your-business-by-transforming-the-core
16. Gerald C. Kane et al., "Aligning the Organization for Its Digital Future", *MIT Sloan Management Review*, 26 de julho de 2016, https://sloanreview.mit.edu/article/one-weird-trick-to-digital-transformation/
17. Adi Gaskell, "The Tech Legend Who Pays Staff to Upskill", *Forbes*, 17 de agosto de 2018, https://www.forbes.com/sites/adigaskell/2018/08/17/the-tech-legend-that-pays-staff-to-upskill/

Projetos corporativos e edições personalizadas
dentro da sua estratégia de negócio. Já pensou nisso?

Coordenação de Eventos
Viviane Paiva
viviane@altabooks.com.br

Assistente Comercial
Fillipe Amorim
vendas.corporativas@altabooks.com.br

A Alta Books tem criado experiências incríveis no meio corporativo. Com a crescente implementação da educação corporativa nas empresas, o livro entra como uma importante fonte de conhecimento. Com atendimento personalizado, conseguimos identificar as principais necessidades, e criar uma seleção de livros que podem ser utilizados de diversas maneiras, como por exemplo, para fortalecer relacionamento com suas equipes/ seus clientes. Você já utilizou o livro para alguma ação estratégica na sua empresa?

Entre em contato com nosso time para entender melhor as possibilidades de personalização e incentivo ao desenvolvimento pessoal e profissional.

PUBLIQUE SEU LIVRO

Publique seu livro com a Alta Books.
Para mais informações envie um e-mail para: autoria@altabooks.com.br

/altabooks /alta-books /altabooks /altabooks

CONHEÇA OUTROS LIVROS DA **ALTA BOOKS**

Todas as imagens são meramente ilustrativas.

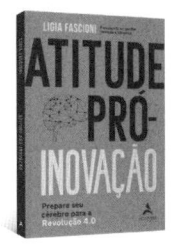

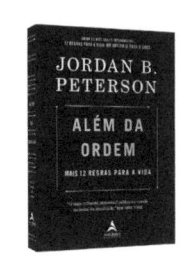

- O Projeto Unicórnio
- Inteligência Artificial em Marketing e Vendas
- O Método Einstein de Administração do Tempo
- Atitude Pró-Inovação
- O Quinto Domínio — Richard A. Clarke e Robert K. Knake
- Python para Data Science e Machine Learning Descomplicado
- 12 Regras para a Vida — Jordan B. Peterson
- Além da Ordem — Jordan B. Peterson

ALTA LIFE EDITORA
ALTA CULT EDITORA
ALTA BOOKS EDITORA
alta club

Este livro foi impresso nas oficinas gráficas da Editora Vozes Ltda.,
Rua Frei Luís, 100 – Petrópolis, RJ.